广义度量空间上压缩型映像的不动点理论及应用

Fixed Point Theory of Contractive Mappings in Generalized Metric Spaces and Applications

◎ 关洪岩 郝 妍 著

重庆大学出版社

内容提要

本书深入系统地介绍了 b-度量空间、b-似度量空间、矩形 b-度量空间等广义度量空间上多种形式的压缩型映射的不动点理论的基本内容和近期的一些最新研究成果.

本书共分为 5 章,第 1 章主要介绍度量空间及其上的各种压缩型映射的不动点理论的基本知识. 第 2—4 章主要介绍 b-度量空间、b-似度量空间、矩形 b-度量空间的基本知识以及三种空间上各种压缩型映射的不动点、公共不动点、重合点理论及其应用知识. 第 5 章主要介绍偏度量空间、G-度量空间、S-度量空间等广义度量空间的基本知识及其上一些简单的关于压缩型映射的不动点结果.

本书可供高等学校基础数学及应用数学等相关专业的教师、研究生和高年级本科生使用.

图书在版编目(CIP)数据

广义度量空间上压缩型映像的不动点理论及应用 /
关洪岩,郝妍著. -- 重庆:重庆大学出版社,2023.5
ISBN 978-7-5689-3978-2

Ⅰ.①广…　Ⅱ.①关…②郝…　Ⅲ.①非线性—泛函
分析—研究　Ⅳ.①O177.91

中国版本图书馆 CIP 数据核字(2023)第 104339 号

广义度量空间上压缩型映像的不动点理论及应用
GUANGYI DULIANG KONGJIAN SHANG
YASUOXING YINGXIANG DE BUDONGDIAN LILUN JI YINGYONG
关洪岩　郝　妍　著
策划编辑:秦旖旎

责任编辑:杨育彪　　版式设计:秦旖旎
责任校对:谢　芳　　责任印制:张　策

*

重庆大学出版社出版发行
出版人:饶帮华
社址:重庆市沙坪坝区大学城西路 21 号
邮编:401331
电话:(023)88617190　88617185(中小学)
传真:(023)88617186　88617166
网址:http://www.cqup.com.cn
邮箱:fxk@ cqup.com.cn(营销中心)
全国新华书店经销
重庆亘鑫印务有限公司印刷

*

开本:720mm×1020mm　1/16　印张:14.75　字数:259 千
2023 年 5 月第 1 版　　2023 年 5 月第 1 次印刷
ISBN 978-7-5689-3978-2　定价:78.00 元

前　言

　　非线性泛函分析起源于 20 世纪 30 年代著名数学家、Wolf 奖获得者 J. Leray 与 J. Schauder 合作建立的无穷维空间上的拓扑度理论. 随后, 经过许多数学工作者几十年的努力, 非线性泛函分析的几个基本理论和方法逐步建立起来, 并广泛地应用于数学和自然科学各个领域中出现的各种非线性问题. 目前非线性泛函分析已经成为研究许多非线性问题的基本工具之一, 也成了现代数学中一个既有深刻理论意义又有广泛应用背景的研究方向. 它的研究成果可以广泛地应用于各种非线性微分方程、积分方程和其他各种类型的方程, 以及计算数学、控制理论、最优化理论、动力系统、经济数学等诸多领域.

　　不动点理论是非线性泛函分析中十分活跃并引起广泛关注的分支之一, 也是研究的热点问题之一, 它不仅在数学学科的微分方程、矩阵方程、积分方程的解的存在性问题中有着应用, 同时在化学、生物、物理、统计、经济学中也有着广泛的应用. 例如, 关于代数方程的基本定理, 要证明 $f(x) = 0$ 必有一根, 只需证明在适当大的圆 $|x| \leqslant R$ 内, 函数 $f(x) + x$ 有一个不动点即可; 又如在运筹学中, 不动点定理的用途至少有两个: 一是对策论中用来证明非合作对策的平衡点的存在和求出平衡点; 二是数学规划中用来寻求数学规划的最优解. 对于一个给定的凸规划问题: $\min\{f(x) \mid g_i(x) \leqslant 0, i = 1, 2, \cdots, m\}$, 其中 $f, g_1, g_2, \cdots, g_m$ 皆为 $\mathbf{R}^n$ 中的凸函数. 通过定义一个适当的函数 $\varphi(x)$, 可以证明: 若上述问题的可行区域非空, 则 $\varphi(x)$ 的不动点即为该问题的解.

　　不动点理论的研究兴起于 20 世纪初, 荷兰数学家布劳威尔在 1911 年证明了如下结论: 如果 f 是 $n+1$ 维实心球 $B^{n+1} = \{x \in \mathbf{R}^{n+1} : \|x\| \leqslant 1\}$ ($n = 1, 2, \cdots$) 到自身的连续映射, 则 f 存在一个不动点 $x^* \in B^{n+1}$, 即满足 $f(x^*) = x^*$. 同时在定理证明的过程中, 他引入了从一个复形到另一个复形的映射类, 以及一个映射的映射度等概念, 并且利用这些概念, 他成功地处理了流形上向量场的奇点问题. 布劳威尔不动点定理不仅是代数拓扑的早期成就, 而且还是更一般的不动点定理的基础, 在泛函分析中尤其重要.

　　不动点理论中另一个重要的成果是 1922 年波兰数学家巴拿赫提出的压缩映像原理——设 f 是完备度量空间 (X, d) 中的自映射, 并且满足条件:

$$d(fx, fy) \leq cd(x, y), \forall x, y \in X,$$

其中 $c \in [0, 1)$ 是一个常数，则 f 在 X 中有唯一的不动点 x^*，并且 $\forall x \in X, \lim_{n \to \infty} f^n(x) = x^*$. 巴拿赫压缩映像原理的重要性在于它发展了迭代思想，其能够逼近不动点到任何程度，为许多方程解的存在性、唯一性及迭代算法提供了理论依据.

1964 年以前，所有不动点定理的证明都是存在性的证明，即只证明有此种点存在. 1964 年，C. E. 莱姆基和 J. T. Jr. 豪森对双矩阵对策的平衡点提出了一个构造性证明. 1967 年，H. 斯卡夫将此证法应用到数学规划中去. 其后，不动点定理的构造性证明有了很大的发展和改进. 1990 年以后，关于不动点理论的研究达到一个高潮，在各种映射或空间条件下，关于不动点、公共不动点、随机不动点、几乎不动点等问题的讨论，每年有上百篇论文发表，新的不动点定理和各种迭代逼近方法不断涌现.

近年来，在不动点理论中关于巴拿赫映像原理的研究分支上，研究主要集中在以下 4 个方向：

①从映射定义的空间角度，将原有定义的标准度量空间推广，研究 b-度量空间、似度量空间、偏度量空间、G-度量空间等.

②从映射的类型角度，将原有的压缩型映射推广，研究积分型映射、扩张型映射、非扩张型映射、F-压缩型映射等.

③从映射的值域角度，将原有的单值映射情形推广到多值映射情形.

④从应用的角度，给出各种空间上各类型不动点定理在其他学科及实际生活中的应用.

本书的目的在于把目前为止散见于国内外重要书刊上的有关广义度量空间上压缩型映射的不动点结果，经过整理加工，系统地呈现给读者. 希望读者通过本书的学习，能够对不动点理论方面的研究起到促进作用.

本书共分为 5 章. 第 1 章主要介绍度量空间和包括积分型压缩和 F-型压缩在内的多种形式的压缩型映射的不动点理论的基本知识. 第 2 章主要介绍 b-度量空间的基本概念以及广义 $(g\text{-}\alpha_{s^p}, \psi, \varphi)$ 型压缩映射和广义 $\alpha\text{-}\varphi_E\text{-}$Geraghty 型压缩映射对的公共不动点和重合点定理. 第 3 章主要介绍 b-似度量空间的基本知识和 $\alpha_{qs^p}\text{-}\lambda\text{-}$拟压缩、$(\alpha_{qs^p}\text{-}\psi, \varphi)$ 广义压缩映射和广义 (ψ, φ)-弱相容型压缩映射对的不动点以及公共不动点定理. 第 4 章主要介绍矩形 b-度量空间上 Sehgal-Guseman 型压缩映射和广义弱压缩型映射的不动点及公共不动点结果. 第 5 章主要介绍偏度量空间、G-度量空间、S-度量空间等广义度量空间的基本知识及其一些简单的关于压缩型映射的不动点结果.

本书作为不动点理论知识学习的参考书，内容安排上从度量空间上压缩型映射的不动点理论到 b-度量空间、b-似度量空间、矩形 b-度量空间,再到偏度量空间、G-度量空间、S-度量空间上的不动点理论,其内容循序渐进,由浅入深,易于接受.同时,与其他不动点理论的书目不同,本书的主要着眼点是研究压缩型映射的不动点结果,涵盖了从一般的广义压缩映射到积分型压缩、F-型压缩的主要研究成果,覆盖面更为广泛.

　　本书的出版得到了沈阳师范大学学术文库以及沈阳师范大学数学与系统科学学院的资助,在此表示由衷的感谢!

　　由于作者学识浅薄,书中疏漏与不足在所难免,敬请读者批评指正.

著　者

2023 年 1 月

目　录

第1章　度量空间中的不动点理论

1.1　度量空间的基本理论

1.1.1　度量空间的定义

在数学分析中,经常会遇到一些极限的概念,而且在某些情况下对同一数学对象的序列常由问题性质的不同而引入不同的极限概念. 首先将实数序列的极限概念推广到复数序列和 n 维矢量序列;其次,推广到函数序列的收敛概念(逐点收敛、一致收敛、平均收敛等).

这些收敛概念都具有一个共性,一个序列的元 x_n(代表数、矢量或函数)收敛于元 x,它的意思是 x_n 无限地"接近"于 x,也就是说,当下标无限地增大时,这些元之间的"距离"就无限地缩小. 依随于元 x_n 和 x 之间距离的不同理解,就得出不同的极限定义. 因此,对集合的元素之间给出距离的一个"一般定义(或称为公理化定义)"而使之能保持上面所说的特性是必要的. 但是,距离的"一般定义"需要哪些条件? 要回答这个问题远非那么简单. 事实上,要选取和形成定义中的公理体系,总是要反复试验,并与具体问题进行类比,最后才能得到一个清晰而完整的概念. 目前所给出的度量空间的概念,就是经过六十多年的发展过程才奠定的,它在泛函分析及其应用中是基本的,也是极为重要的.

在本书中,设 $\mathbf{R}$ 和 $\mathbf{R}^+$ 分别表示所有实数和非负实数的集合,$\mathbf{N}$ 表示正整数集合并且 $\mathbf{N}_0 = \mathbf{N} \cup \{0\}$.

定义 1.1.1　设 X 为一非空集合,如果对于 X 中的任何两个元素 x, y,均有一个确定的实数,记为 $d(x, y)$ 与之对应,且它满足下面三个条件:

（ⅰ）非负性:对任何 $x, y \in X, d(x, y) \geqslant 0$,而且 $d(x, y) = 0$ 的充分必要条件是 $x = y$;

（ⅱ）对称性:对任何 $x, y \in X$,有 $d(x, y) = d(y, x)$;

（ⅲ）三角不等式：对任何 $x,y,z \in X$,有
$$d(x,y) \leq d(x,z) + d(z,y).$$
则称 d 是 X 上的一个距离. 而称 X 是以 d 为距离的度量空间或距离空间,记为 (X,d). 条件（ⅰ）—（ⅲ）称为距离公理. 在不引起混淆的情况下,我们也将 (X,d) 简记为 X.

注 1.1.1　有些书中用下列的方法来定义距离：

（ⅰ）非负性：对任何 $x,y \in X, d(x,y) \geq 0$,而且 $d(x,y)=0$ 的充分必要条件是 $x=y$;

（ⅱ′）三角不等式：对任何 $x,y,z \in X$,有
$$d(x,y) \leq d(x,z) + d(y,z).$$

可以证明,此定义与定义 1.1.1 是等价的. 事实上,由（ⅱ′）可以推出对称性. 在（ⅱ′）中令 $z=x$,则
$$d(x,y) \leq d(x,x) + d(y,x),$$
推出
$$d(x,y) \leq d(y,x).$$
又因为
$$d(y,x) \leq d(y,z) + d(x,z),$$
再令 $z=y$,可推出
$$d(y,x) \leq d(x,y).$$
于是可得对称性.

现在设 X 为一度量空间,以 d 为距离. 又设 A 为 X 的一非空子集,则 A 按照距离 d 也是一个度量空间,称它为 X 的**子空间**. 如果 $A \neq X$,则称它为 X 的**真子空间**.

问题:是否所有的非空集合上均可以定义距离?

答案:是. 例如:设 X 为一非空集合. $\forall x \in X$,定义 $d(x,x)=0$; $\forall y \neq x$,定义 $d(x,y)=1$,则 d 为 X 上的距离,(X,d) 为一个度量空间. 此时称 X 为**离散的度量空间**.

1.1.2　常见的度量空间

例 1.1.1　n 维欧氏空间 $\mathbf{R}^n$ 是所有 n 维实向量 $(\xi_1,\xi_2,\cdots,\xi_n)$ 组成的集合,这里所有的 $\xi_i(i=1,2,\cdots,n)$ 都是实数. 如果定义向量 $x=(\xi_1,\xi_2,\cdots,\xi_n)$ 与向量 $y=(\eta_1,\eta_2,\cdots,\eta_n)$ 之间的距离如下：

$$d(x,y) = \left(\sum_{k=1}^{n} |\xi_k - \eta_k|^2 \right)^{\frac{1}{2}}. \tag{1.1.1}$$

则 $(\mathbf{R}^n, d)$ 是一个度量空间.

证明: 显然,d 满足定义 1.1.1 中的条件（ⅰ）和（ⅱ）. 下面证明（ⅲ）三角不等式成立. 为此,先证明如下的柯西(Cauchy)不等式:

$$\left(\sum_{k=1}^{n} a_k b_k \right)^2 \leqslant \left(\sum_{k=1}^{n} a_k^2 \right) \left(\sum_{k=1}^{n} b_k^2 \right), \tag{1.1.2}$$

其中 $a_k, b_k (k=1,2,\cdots,n)$ 均为实数. 事实上,任取实数 λ,则

$$0 \leqslant \sum_{k=1}^{n} (a_k + \lambda b_k)^2 = \sum_{k=1}^{n} a_k^2 + 2\lambda \sum_{k=1}^{n} a_k b_k + \lambda^2 \sum_{k=1}^{n} b_k^2.$$

右端是 λ 的二次三项式,而且这个二次三项式对 λ 的一切实数值都是非负的,故其判别式不大于零,即

$$\left(\sum_{k=1}^{n} a_k b_k \right)^2 \leqslant \left(\sum_{k=1}^{n} a_k^2 \right) \left(\sum_{k=1}^{n} b_k^2 \right).$$

因此,柯西不等式(1.1.2)成立. 由这个不等式得到

$$\begin{aligned}
\sum_{k=1}^{n} (a_k + b_k)^2 &= \sum_{k=1}^{n} a_k^2 + 2\sum_{k=1}^{n} a_k b_k + \sum_{k=1}^{n} b_k^2 \\
&\leqslant \sum_{k=1}^{n} a_k^2 + 2\left(\sum_{k=1}^{n} a_k^2 \cdot \sum_{k=1}^{n} b_k^2 \right)^{\frac{1}{2}} + \sum_{k=1}^{n} b_k^2 \\
&= \left[\left(\sum_{k=1}^{n} a_k^2 \right)^{\frac{1}{2}} + \left(\sum_{k=1}^{n} b_k^2 \right)^{\frac{1}{2}} \right]^2.
\end{aligned}$$

在 $\mathbf{R}^n$ 中取点 $x=(\xi_1,\xi_2,\cdots,\xi_n)$,$y=(\eta_1,\eta_2,\cdots,\eta_n)$,$z=(\zeta_1,\zeta_2,\cdots,\zeta_n)$,并在上述不等式中,令 $a_k=\xi_k-\zeta_k$,$b_k=\zeta_k-\eta_k (k=1,2,\cdots,n)$,便得到三角不等式

$$d(x,y) \leqslant d(x,z) + d(z,y).$$

从而 $\mathbf{R}^n$ 按距离［式(1.1.1)］是一个度量空间.

在集合 $\mathbf{R}^n$ 中,还可以引入如下的距离:

$$\rho(x,y) = \max_{1 \leqslant k \leqslant n} |\xi_k - \eta_k|.$$

同样可以证明 ρ 也满足距离公理的全部条件,故 $\mathbf{R}^n$ 按照距离 ρ 也是一个度量空间.

上述结果告诉我们,在一个集合中定义距离的方式不是唯一的. 一般来说,如果在一个非空集合 X 中定义了距离 d 与 ρ,当它们不同时,那么 X 按照距离 d 与 ρ 构成的两个度量空间是不同的. 因此,$\mathbf{R}^n$ 按照距离 d,ρ 是两个不同的度量

空间.

例 1.1.2 集合 $C[a,b]$ 表示闭区间 $[a,b]$ 上实值(或复值)连续函数的全体. 对 $C[a,b]$ 中任意两个元素 x,y,定义

$$d(x,y) = \max_{a \le t \le b} |x(t) - y(t)|,$$

则 $C[a,b]$ 按上述距离是一个度量空间.

证明:距离公理中的条件(i),(ii)是显然成立的. 下面验证三角不等式. $\forall x,y,z \in C[a,b]$,则

$$|x(t) - y(t)| \le |x(t) - z(t)| + |z(t) - y(t)|$$
$$\le \max_{a \le t \le b} |x(t) - z(t)| + \max_{a \le t \le b} |z(t) - y(t)|.$$

因此

$$d(y,x) \le d(y,z) + d(x,z).$$

即三角不等式成立. 故 $C[a,b]$ 按照距离 d 是一个度量空间.

例 1.1.3 集合 $L^p[a,b]$ $(1 \le p < +\infty)$ 表示 $[a,b]$ 上 p 次可积的可测函数全体. 对 $L^p[a,b]$ 中任意两个元素 x,y,定义

$$d(x,y) = \left(\int_a^b |x(t) - y(t)|^p \mathrm{d}t \right)^{\frac{1}{p}},$$

则 $L^p[a,b]$ 按距离 d 是一个度量空间.

证明:此定理证明可参考文献[1]. 注意:两个几乎处处相等的 p 幂可积函数在 $L^p[a,b]$ 中视为同一元素.

例 1.1.4 集合 $L^\infty[a,b] = \{f: \exists E \subset [a,b], mE = 0, \sup_{x \in [a,b]-E} |f(x)| < +\infty\}$ 表示区间 $[a,b]$ 上本性有界可测函数的全体(几乎处处相等的两个本性有界的可测函数看作同一元素). $\forall x,y \in L^\infty[a,b]$,定义

$$d(x,y) = \inf_{mE=0, E \subset [a,b]} \{ \sup_{t \in [a,b]-E} |x(t) - y(t)| \} = \mathrm{Vari} \sup_{t \in [a,b]} |x(t) - y(t)|,$$

则 $L^\infty[a,b]$ 按上述距离是一个度量空间.

证明:显然 d 满足距离公理的条件(i),(ii). 下面验证三角不等式成立. 设 $x, y,z \in L^\infty[a,b]$,由 d 的定义,对任给的 $\varepsilon>0$,存在 $E_1,E_2 \subset [a,b]$,$mE_1 = mE_2 = 0$,使得

$$\sup_{t \in [a,b]-E_1} |x(t) - z(t)| \le d(x,z) + \frac{\varepsilon}{2},$$

$$\sup_{t \in [a,b]-E_2} |z(t) - y(t)| \le d(z,y) + \frac{\varepsilon}{2}.$$

注意到 $m(E_1 \cup E_2) = 0$,于是

$$d(x,y) \leqslant \sup_{t \in [a,b]-E_1 \cup E_2} |x(t) - y(t)|$$

$$\leqslant \sup_{t \in [a,b]-E_1 \cup E_2} |x(t) - z(t)| + \sup_{t \in [a,b]-E_1 \cup E_2} |z(t) - y(t)|$$

$$\leqslant \sup_{t \in [a,b]-E_1} |x(t) - z(t)| + \sup_{t \in [a,b]-E_2} |z(t) - y(t)|$$

$$\leqslant d(x,z) + d(z,y) + \varepsilon.$$

令 $\varepsilon \rightarrow 0$,有

$$d(x,y) \leqslant d(x,z) + d(z,y).$$

即三角不等式成立. 因此 $L^\infty[a,b]$ 按上述距离是一个度量空间.

　　例 1.1.5　集合 $l^p(1 \leqslant p < +\infty) = \{x : x = \{\xi_1, \xi_2, \cdots, \xi_n, \cdots\}, \sum_{k=1}^\infty |\xi_k|^p < +\infty\}$,即满足 $\sum_{k=1}^\infty |\xi_k|^p < +\infty$ 的实数序列的全体. 对任意的 $x = \{\xi_1, \xi_2, \cdots, \xi_n, \cdots\}, y = \{\eta_1, \eta_2, \cdots, \eta_n, \cdots\} \in l^p$, 定义

$$d(x,y) = \left(\sum_{k=1}^\infty |\xi_k - \eta_k|^p\right)^{\frac{1}{p}},$$

则 (l^p, d) 为一个度量空间.

　　证明: 距离公理中的条件(ⅰ),(ⅱ)显然成立. 下证(ⅲ)成立. 首先证明当 $p>1$ 时,赫尔德(Hölder)不等式成立,即

$$\sum_{n=1}^\infty |\xi_n \eta_n| \leqslant \left(\sum_{n=1}^\infty |\xi_n|^p\right)^{\frac{1}{p}} \left(\sum_{n=1}^\infty |\eta_n|^q\right)^{\frac{1}{q}}, 其中 \frac{1}{p} + \frac{1}{q} = 1.$$

为此,先证明当 $u,v \geqslant 0$ 时,

$$u^\alpha v^\beta \leqslant \alpha u + \beta v, 其中 \alpha, \beta > 0, \alpha + \beta = 1.$$

考虑函数 $y = x^\alpha, 0 < \alpha < 1, x \geqslant 0$,则函数是上凸的. 因此在 $(1,1)$ 处的切线 $y = \alpha x + \beta$ 位于曲线的上方,故有不等式 $x^\alpha \leqslant \alpha x + \beta$ 成立. 令 $x = \dfrac{u}{v}$,即得 $u^\alpha v^\beta \leqslant \alpha u + \beta v$. 再取 $\alpha = \dfrac{1}{p}, \beta = \dfrac{1}{q}$,有

$$u^{\frac{1}{p}} v^{\frac{1}{q}} \leqslant \frac{u}{p} + \frac{v}{q}.$$

任取该空间中的元素 $x = \{\xi_1, \xi_2, \cdots, \xi_n, \cdots\}, y = \{\eta_1, \eta_2, \cdots, \eta_n, \cdots\}$, 取 $u = \dfrac{|\xi_n|^p}{\sum\limits_{n=1}^\infty |\xi_n|^p}, v = \dfrac{|\eta_n|^q}{\sum\limits_{n=1}^\infty |\eta_n|^q}$,代入上式中,得

$$\frac{|\xi_n|}{\left(\sum\limits_{n=1}^{\infty}|\xi_n|^p\right)^{\frac{1}{p}}}\frac{|\eta_n|}{\left(\sum\limits_{n=1}^{\infty}|\eta_n|^q\right)^{\frac{1}{q}}}\leqslant\frac{|\xi_n|^p}{p\sum\limits_{n=1}^{\infty}|\xi_n|^p}+\frac{|\eta_n|^q}{q\sum\limits_{n=1}^{\infty}|\eta_n|^q}.$$

对上式两边的 n 求和,有

$$\sum_{n=1}^{\infty}|\xi_n\eta_n|\leqslant\left(\sum_{n=1}^{\infty}|\xi_n|^p\right)^{\frac{1}{p}}\left(\sum_{n=1}^{\infty}|\eta_n|^q\right)^{\frac{1}{q}}.$$

任取 l^p 中的元素 $x=\{\xi_1,\xi_2,\cdots\}$,元素 $y=\{\eta_1,\eta_2,\cdots\}$,由不等 $|a+b|^p\leqslant2^p(|a|^p+|b|^p)$[可由 $|a+b|^p\leqslant(|a|+|b|)^p\leqslant(2\max\{|a|,|b|\})^p\leqslant2^p(|a|^p+|b|^p)$ 推出]可知 $x+y\in l^p$. 于是,$\{(\xi_1+\eta_1)^{\frac{p}{q}},(\xi_2+\eta_2)^{\frac{p}{q}},\cdots\}\in l^q$. 由赫尔德不等式有

$$\sum_{n=1}^{\infty}|\xi_n|\cdot|\xi_n+\eta_n|^{\frac{p}{q}}\leqslant\left(\sum_{n=1}^{\infty}|\xi_n|^p\right)^{\frac{1}{p}}\left(\sum_{n=1}^{\infty}|\xi_n+\eta_n|^p\right)^{\frac{1}{q}},$$

$$\sum_{n=1}^{\infty}|\eta_n|\cdot|\xi_n+\eta_n|^{\frac{p}{q}}\leqslant\left(\sum_{n=1}^{\infty}|\eta_n|^p\right)^{\frac{1}{p}}\left(\sum_{n=1}^{\infty}|\xi_n+\eta_n|^p\right)^{\frac{1}{q}}.$$

于是,

$$\sum_{n=1}^{\infty}|\xi_n+\eta_n|^p=\sum_{n=1}^{\infty}(|\xi_n+\eta_n|)(|\xi_n+\eta_n|)^{p-1}$$

$$\leqslant\sum_{n=1}^{\infty}(|\xi_n|+|\eta_n|)(|\xi_n+\eta_n|)^{\frac{p}{q}}$$

$$=\sum_{n=1}^{\infty}|\xi_n|\cdot|\xi_n+\eta_n|^{\frac{p}{q}}+\sum_{n=1}^{\infty}|\eta_n|\cdot|\xi_n+\eta_n|^{\frac{p}{q}}$$

$$\leqslant\left[\left(\sum_{n=1}^{\infty}|\xi_n|^p\right)^{\frac{1}{p}}+\left(\sum_{n=1}^{\infty}|\eta_n|^p\right)^{\frac{1}{p}}\right]\left(\sum_{n=1}^{\infty}|\xi_n+\eta_n|^p\right)^{\frac{1}{q}}.$$

移项合并得

$$\left(\sum_{n=1}^{\infty}|\xi_n+\eta_n|^p\right)^{\frac{1}{p}}\leqslant\left(\sum_{n=1}^{\infty}|\xi_n|^p\right)^{\frac{1}{p}}+\left(\sum_{n=1}^{\infty}|\eta_n|^p\right)^{\frac{1}{p}}.$$

如果 $p=1$,上式显然成立. 一般地,称上式为**闵可夫斯基**(Minkowski)**不等式**. 在上式中,将 $\xi_n\rightarrow\xi_n-\zeta_n$,$\eta_n\rightarrow\zeta_n-\eta_n$,得到所求的三角不等式.

例 1.1.6 集合 l^{∞} 表示有界实(或复)数列全体. 任取 l^{∞} 中的两个元素 $x=(\xi_1,\xi_2,\cdots)$,$y=(\eta_1,\eta_2,\cdots)$,定义 $d(x,y)=\sup\limits_{k\geqslant1}|\xi_k-\eta_k|$,则 (l^{∞},d) 为一个度量空间.

证明:首先,显然有 $d(x,y)\geqslant0$ 且

$$d(x,y)=0\Leftrightarrow\sup_{k\geqslant1}|\xi_k-\eta_k|=0\Leftrightarrow\forall k\in\mathbf{N},都有|\xi_k-\eta_k|=0$$

$$\Leftrightarrow\forall k\in\mathbf{N},都有\xi_k=\eta_k\Leftrightarrow x=y.$$

其次, $\forall z=(\zeta_1,\zeta_2,\cdots)\in l^\infty$, 因为 $\forall k\in\mathbf{N}$, 都有

$$|\xi_k-\eta_k|\leqslant|\xi_k-\zeta_k|+|\zeta_k-\eta_k|\leqslant\sup_{k\geqslant1}|\xi_k-\zeta_k|+\sup_{k\geqslant1}|\zeta_k-\eta_k|,$$

所以

$$\sup_{k\geqslant1}|\xi_k-\eta_k|\leqslant\sup_{k\geqslant1}|\xi_k-\zeta_k|+\sup_{k\geqslant1}|\zeta_k-\eta_k|.$$

即, $d(x,y)\leqslant d(x,z)+d(z,y)$. 于是 l^∞ 按 $d(x,y)$ 成为一个度量空间.

1.1.3　度量空间中的收敛概念

上一小节中,我们在一个非空集合中引进距离后,使之成为度量空间. 本节将着手引进收敛的概念,并在此基础上讨论与它有关的一些性质.

定义 1.1.2　设 $\{x_n\}$ 为度量空间 X 中的一个点列(或称序列),这里 $n=1$, $2,3,\cdots$. 如果存在 X 中的点 x_0, 使得当 $n\to\infty$ 时, $d(x_n,x_0)\to0$, 则称点列 $\{x_n\}$ 收敛于 x_0, 记为

$$\lim_{n\to\infty}x_n=x_0 \text{ 或 } x_n\to x_0(n\to\infty).$$

此时称点 x_0 为点列 $\{x_n\}$ 的极限.

定理 1.1.1　度量空间 X 中的收敛点列的极限是唯一的.

定理 1.1.2　设度量空间 X 中的点列 $\{x_n\}$ 收敛于 x_0, 则 $\{x_n\}$ 的任一子列(或称子点列、子序列) $\{x_{n_k}\}$ 也收敛于 x_0.

定理 1.1.3　设度量空间 X 中的点列 $\{x_n\}$ 收敛于 x_0, 则对于 X 中的任一点 y, 数列 $\{d(x_n,y)\}$ 有界.

定理 1.1.1—1.1.3 的证明与数学分析中极限性质的证明相似,此处略去.

下面给出一些常见度量空间中点列收敛的含义.

例 1.1.7　$\mathbf{R}^n$ 中点列 $\{x^{(m)}\}=\{(\xi_1^{(m)},\xi_2^{(m)},\cdots,\xi_n^{(m)})\}$ 按 $d(x,y)=\left(\sum_{i=1}^n|\xi_i-\eta_i|^2\right)^{\frac12}$ 的距离收敛于 $x^{(0)}=(\xi_1^{(0)},\xi_2^{(0)},\cdots,\xi_n^{(0)})$ 的充要条件是 $\{x^{(m)}\}$ 的每个坐标收敛于 $x^{(0)}$ 的相应坐标,即按坐标收敛.

证明:由 $|\xi_j^{(m)}-\xi_j^{(0)}|\leqslant\left(\sum_{j=1}^n|\xi_j^{(m)}-\xi_j^{(0)}|^2\right)^{\frac12}=d(x^{(m)},x^{(0)})$, 当 $d(x^{(m)},x^{(0)})\to0$ 时,有 $|\xi_j^{(m)}-\xi_j^{(0)}|\to0(\forall j)$, 即 $\xi_j^{(m)}\to\xi_j^{(0)}(\forall j)$.

反过来,由于 $d(x^{(m)},x^{(0)})=\left(\sum_{j=1}^n|\xi_j^{(m)}-\xi_j^{(0)}|^2\right)^{\frac12}\leqslant\sqrt{n}\sqrt{\max_{1\leqslant j\leqslant n}|\xi_j^{(m)}-\xi_j^{(0)}|}\to0$, 从而当 $|\xi_j^{(m)}-\xi_j^{(0)}|\to0(\forall j)$ 时 $d(x^{(m)},x^{(0)})\to0$.

综上所述,点列 $\{x^{(m)}\}=\{(\xi_1^{(m)},\xi_2^{(m)},\cdots,\xi_n^{(m)})\}$ 收敛于 $x^{(0)}=(\xi_1^{(0)},\xi_2^{(0)},\cdots,$

$\xi_n^{(0)}$)的充要条件是$\{x^{(m)}\}$的每个坐标收敛于$x^{(0)}$的相应坐标.

注 1.1.2 可以证明 $\mathbf{R}^n$ 按 $\rho(x,y) = \max\limits_{1 \leqslant k \leqslant n} |\xi_k - \eta_k|$ 定义的距离收敛也等价于按坐标收敛. 由此可知, $\mathbf{R}^n$ 按照上述两种距离导出的收敛概念是等价的.

例 1.1.8 $C[a,b]$ 中的点列 $\{x_n\}$ 按 $d(x,y) = \max\limits_{a \leqslant t \leqslant b} |x(t) - y(t)|$ 定义的距离收敛于 x_0 的充分必要条件是:作为函数列的 $\{x_n(t)\}$ 在 $[a,b]$ 上一致收敛于函数 $x_0(t)$.

证明:设 $x_n \to x_0 (n \to \infty)$. 于是

$$d(x_n, x_0) = \max\limits_{a \leqslant t \leqslant b} |x_n(t) - x_0(t)| \to 0 (n \to \infty).$$

这意味着,对任给的 $\varepsilon > 0$,存在着仅与 ε 有关的 N,使得当 $n > N$ 时,对于所有的 $t \in [a,b]$,有

$$|x_n(t) - x_0(t)| < \varepsilon.$$

故 $\{x_n(t)\}$ 在 $[a,b]$ 上一致收敛于函数 $x_0(t)$.

反之,设 $\{x_n(t)\}$ 在 $[a,b]$ 上一致收敛于函数 $x_0(t)$. 于是对于任给的 $\varepsilon > 0$,存在着仅与 ε 有关的 N,使得当 $n > N$ 时,有不等式

$$|x_n(t) - x_0(t)| < \varepsilon$$

对所有的 $t \in [a,b]$ 一致地成立. 于是

$$d(x_n, x_0) = \max\limits_{a \leqslant t \leqslant b} |x_n(t) - x_0(t)| \leqslant \varepsilon (n > N),$$

即有 $x_n \to x_0 (n \to \infty)$.

注 1.1.3 在 $C[a,b]$ 中还可以定义其他的距离,但相应的收敛概念未必与一致收敛等价. 例如,对 $C[a,b]$ 中任意两个元素 x,y,定义

$$\rho(x,y) = \left(\int_a^b |x(t) - y(t)|^2 \mathrm{d}t \right)^{\frac{1}{2}}.$$

容易看出,$C[a,b]$ 按照 ρ 也是一个度量空间,而且是 $L^2[a,b]$ 的子空间. 在 $C[a,b]$ 中取函数列

$$x_n(t) = \frac{(t-a)^n}{(b-a)^n} (t \in [a,b], n = 1,2,\cdots).$$

由勒贝格控制收敛定理,$\{x_n\}$ 按照距离 ρ 收敛于 $C[a,b]$ 中的零元素,但作为函数列,$\{x_n(t)\}$ 在 $[a,b]$ 上显然不一致收敛于零. 因此在 $C[a,b]$ 中,按照距离 ρ 导出的收敛概念不等价于一致收敛.

1.1.4 度量空间中的开集与闭集

类似于空间 $\mathbf{R}^n$ 的情形,在一般的度量空间中也可以引进邻域、开集、闭集

等一系列基本概念.

定义 1.1.3　度量空间 X 中的点集
$$\{x:d(x,x_0)<r\}\ (r>0),$$
叫做以 x_0 为中心,以 r 为半径的开球,这里 x_0 是 X 中一个给定的点. 如果在上式中将"<"换成"≤",则相应的点集 $\{x:d(x,x_0)\leq r\}$ ($r>0$) 叫做以 x_0 为中心,以 r 为半径的闭球. 上述开球与闭球分别用 $S(x_0,r)$,$\overline{S}(x_0,r)$ 表示. 开球又称为邻域.

定义 1.1.4　(开集、内点、内部)设 X 是一个度量空间,$G\subset X$,$x\in G$. 若存在某个邻域 $S(x,r)\subset G$,则称 x 是 G 的内点. G 的全部内点构成的集合称为 G 的内部,记为 G^0. 如果 G 中的每一个点都是它的内点,称 G 为开集. 规定空集为开集.

开集具有如下运算性质.

定理 1.1.4　设 X 是一个度量空间,则

（i）空间 X 与空集 $\varnothing$ 都是开集;

（ii）任意多个开集的并是开集;

（iii）有限多个开集的交是开集.

证明:略.

定义 1.1.5　设 X 是一个度量空间,$A\subset X$,$x_0\in X$. 若对任给的 $\varepsilon>0$,x_0 的邻域 $S(x_0,\varepsilon)$ 中含有 A 中异于 x_0 的点,即
$$S(x_0,\varepsilon)\cap(A\backslash\{x_0\})\neq\varnothing,$$
则称 x_0 是 A 的聚点或极限点. 如果 $x_0\in A$,但不是 A 的聚点,则称 x_0 为 A 的孤立点. 集合 A 及其全部聚点构成的集合称为 A 的闭包,记为 $\overline{A}$. 如果 $A=\overline{A}$,则称 A 为闭集.

容易看出,集合 A 的内点与孤立点必属于 A,聚点则可能属于 A 也可能不属于 A. 此外,聚点与孤立点是两个不相容的概念. 同时,一个开集恰好由它的全部内点构成,一个集合的闭包恰好由它的全部聚点(可能属于这个集合也可能不属于这个集合)与它的全部孤立点(必属于这个集合)构成,闭集也恰好由它的全部聚点与全部孤立点(二者均属于这个集合)构成.

以下的定理给出了闭包的基本特性.

定理 1.1.5　设 X 是一个度量空间,A,B 都是 X 的子集,则

（i）$A\subset\overline{A}$; （ii）$\overline{\overline{A}}=\overline{A}$; （iii）$\overline{A\cup B}=\overline{A}\cup\overline{B}$; （iv）$\overline{\varnothing}=\varnothing$.

证明:略.

定理 1.1.6 设 X 是一个度量空间,则

（ⅰ）空间 X 及空集 $\varnothing$ 都是闭集；

（ⅱ）任意多个闭集的交是闭集；

（ⅲ）有限多个闭集的并是闭集.

证明:略.

下面举例说明集合的开、闭性并非是互相排斥的.

例 1.1.9 设 X 为一离散的度量空间,X 中的距离由下面的等式给出:

$$d(x,y) = \begin{cases} 0, & x = y, \\ 1, & x \neq y. \end{cases}$$

这里 x,y 均属于 X. 根据这个定义,X 中的每个点既为它的内点也为它的孤立点,因此每个单元素集既是开集也是闭集,即每个单元素集是既开且闭的集.

1.1.5 度量空间上的连续映射

前一小节中给出了度量空间中点集的性质. 为了更全面深入地研究度量空间,我们还需要研究从一个度量空间到另一个度量空间上的映射,特别是连续映射.

设 X,Y 都是度量空间,如果对每一个 $x \in X$,必有 Y 中唯一的点 y 与之对应,则称这个对应关系是一个映射. 映射常用记号 T 来表示.

定义 1.1.6 设 (X,d),(Y,d_1) 都是度量空间. 如果对于某一给定的点 $x_0 \in X$,映射 T 满足下面的条件:对任给的 $\varepsilon > 0$,存在 $\delta > 0$,使得当 $d(x,x_0) < \delta$ 时,有

$$d_1(Tx, Tx_0) < \varepsilon,$$

则称映射 T 在点 x_0 处连续. 如果映射 T 在 X 中的每一点处都连续,则称 T 在 X 上连续,且称 T 是连续映射.

定义 1.1.7 设 T 是由度量空间 X 到度量空间 Y 的映射,$A \subset X$. 我们称集合 $\{Tx : x \in A\}$ 为集合 A 的像,记为 $T(A)$. 设 $B \subset Y$,则称集合 $\{x : Tx \in B\}$ 为集合 B 的原像,记为 $T^{-1}(B)$.

根据定义,集合 A 的像是 Y 的子集,集合 B 的原像则是 X 的子集.

例 1.1.10 设 X 是一度量空间,以 d 为距离,$x_0 \in X$ 为一定点,则

$$f(x) = d(x,x_0)$$

是 X 到 $\mathbf{R}$ 的连续映射.

证明:对于任意的 $x,y \in X$,由三角不等式有

$$d(y,x_0) \leqslant d(y,x) + d(x,x_0).$$

因此

$$d(y,x_0) - d(x,x_0) \leqslant d(y,x).$$

同理,

$$d(x,x_0) - d(y,x_0) \leqslant d(y,x).$$

由以上两式可知

$$|f(y) - f(x)| = |d(y,x_0) - d(x,x_0)| \leqslant d(y,x).$$

对任给的 $\varepsilon > 0$,取 $\delta = \varepsilon$,则当 $d(y,x) < \delta$ 时,有 $|f(y)-f(x)| < \varepsilon$. 因此映射 f 在 X 中的任一点 x 处连续,故 f 是连续映射.

下面的两个定理给出了映射连续性的等价条件.

定理 1.1.7　度量空间 X 到度量空间 Y 中的映射 T 在点 $x_0 \in X$ 连续的充分必要条件是对任何收敛于 x_0 的点列 $\{x_n\} \subset X$,有 $\{Tx_n\}$ 收敛于 Tx_0.

证明:(必要性)设 X,Y 上的距离分别用 d,d_1 表示. 设 T 在点 x_0 处连续,则对于任给的 $\varepsilon > 0$,存在 $\delta > 0$,使得当 $d(y,x_0) < \delta$ 时,有 $d_1(Ty,Tx_0) < \varepsilon$.

今设 $\{x_n\} \subset X(n=1,2,3,\cdots)$ 且收敛于 x_0. 对上述的 ε,存在 $N > 0$,使得当 $n > N$ 时,$d(x_n,x_0) < \delta$,因此 $d_1(Tx_n,Tx_0) < \varepsilon$,即 $\{Tx_n\} \to Tx_0$.

(充分性)用反证法. 设定理的条件成立,但 T 在点 x_0 处不连续. 于是存在某个正数 ε_0 以及点列 $\{x_n\} \subset X$,使得对于每个 $n(n=1,2,3,\cdots)$,有 $d(x_n,x_0) < \dfrac{1}{n}$,但 $d_1(Tx_n,Tx_0) \geqslant \varepsilon_0$. 显然与定理中的充分性假设矛盾,故 T 在点 x_0 处连续.

定理 1.1.8　度量空间 X 到度量空间 Y 中的映射是连续映射的充分必要条件是下列两个条件之一成立:

(i)对于 Y 中的任一开集 G,G 的原像 $T^{-1}(G)$ 是 X 中的开集;

(ii)对于 Y 中的任一闭集 F,F 的原像 $T^{-1}(F)$ 是 X 中的闭集.

证明:先证(i)的必要性. 设 X,Y 上的距离分别用 d,d_1 表示. 设 G 是 Y 中的开集,如果 $T^{-1}(G)$ 是空集,则它显然是开集. 今设 $T^{-1}(G)$ 非空. 任取 $x_0 \in T^{-1}(G)$,令 $y_0 = Tx_0$,则 y_0 是 G 的内点,故存在 $\varepsilon > 0$,使 $S(y_0,\varepsilon) \subset G$. 因 T 连续,故存在 $\delta > 0$,使得当 $d(x,x_0) < \delta$ 时,$d_1(Tx,Tx_0) < \varepsilon$,即当 $x \in S(x_0,\delta)$ 时,$Tx \in S(y_0,\varepsilon) \subset G$,故 $x \in T^{-1}(G)$. 由 x 的任意性,有 $S(x_0,\delta) \subset T^{-1}(G)$,于是 $T^{-1}(G)$ 是 X 中的开集.

再证(i)的充分性. 任取 $x_0 \in X$,并任取 $\varepsilon > 0$. 令 $G = S(Tx_0,\varepsilon)$. 由假设,$T^{-1}(G)$ 为开集,故存在 $\delta > 0$,使 $S(x_0,\delta) \subset T^{-1}(G)$. 由此可知,当 $d(x,x_0) < \delta$ 时,$d_1(Tx,Tx_0) < \varepsilon$. 故 T 在 x_0 处连续. 又因为 x_0 在 X 中是任意的,所以 T 在 X 上连续.

不难证明:对于 Y 中的任何两个子集 A,B,如果 A,B 在 Y 中互为余集,那么它们的原像在 X 中也互为余集. 注意到开集与闭集互为余集,由(i)的充分必要性可知,(ii)也是 T 连续的充分必要条件.

连续映射的一个重要特例是同胚映射.

定义 1.1.8 设 T 是由度量空间 X 到度量空间 Y 的可逆映射. 若 T 及 T^{-1} 均连续,则称 T 是 X 到 Y 的同胚映射. 如果存在一个从 X 到 Y 上的同胚映射,则称 X 与 Y 同胚.

例 1.1.11 $y = \arctan x$ 是 $\mathbf{R}$ 到 $\left(-\dfrac{\pi}{2},\dfrac{\pi}{2}\right)$ 上的同胚映射,因此 $\mathbf{R}$ 与 $\left(-\dfrac{\pi}{2},\dfrac{\pi}{2}\right)$ 同胚. $y = e^x$ 是 $\mathbf{R}$ 到 $(0,+\infty)$ 上的同胚映射,因此 $\mathbf{R}$ 与 $(0,+\infty)$ 同胚.

1.1.6 完备的度量空间

在数学分析的学习过程中,在研究数列极限、函数极限问题时柯西收敛准则非常重要,而其成立的环境为实数域. 究其原因是实数域具有一个非常重要的特性,也就是通常所说的实数域的完备性. 这个性质在分析中起着关键作用,基于此得到了实数完备性理论的若干结果. 在本小节中,我们将引进完备性的概念,并研究具有完备性的度量空间.

定义 1.1.9 度量空间 X 中的点列 $\{x_n\}$ 叫做基本列或柯西列,是指对任给的 $\varepsilon>0$,存在 $N>0$,使得当 $m,n>N$ 时,$d(x_m,x_n)<\varepsilon$. 如果 X 中的任一基本列必收敛于 X 中的某一点,则称 X 为完备的度量空间.

由定义可以直接导出下面两个性质:

(i)度量空间中的任一收敛点列必是基本列.

(ii)完备度量空间的任何闭子空间也是完备的.

注 1.1.4 性质(i)的逆不成立,这是因为存在不完备的度量空间. 例如:有理数域按照距离 $\rho(x,y) = |x-y|$ 是不完备的度量空间.

利用 $\mathbf{R}$ 的完备性,不难证明 $\mathbf{R}^n$ 的完备性. 下面研究 $C[a,b]$ 以及几个常见的度量空间的完备性.

例 1.1.12 空间 $C[a,b]$ 完备.

证明:设 $\{x_n\} \subset C[a,b]$ 为一基本列. 于是 $\forall \varepsilon>0$,$\exists N(\varepsilon)>0$,当 $n,m>N$ 时,$d(x_m,x_n)<\varepsilon$,即有 $\max\limits_{a \leqslant t \leqslant b} |x_m(t)-x_n(t)| <\varepsilon$. 从而 $\{x_n(t)\}$ 一致地收敛于某个连续函数 $x_0(t)$,且有 $x_0 \in C[a,b]$[注:此处应先固定 t_0,则数列 $\{x_n(t_0)\}$ 为 $\mathbf{R}$ 中的基本列,故收敛于 $x(t_0)$,再变化 t_0]. 注意到一致收敛与距离 d 下定义的收敛是等

价的,于是 $x_n \to x_0 (n \to \infty) \in C[a,b]$,故 $C[a,b]$ 完备.

例 1.1.13 空间 $L^p[a,b]$ $(1 \leqslant p < +\infty)$ 完备.

证明:设 $\{f_n\}$ 是 $L^p[a,b]$ 中的基本列. 由定义,对于任意的 k,存在自然数 n_k,使得当 $n,m \geqslant n_k$ 时,

$$d(f_n, f_m) = \left(\int_a^b |f_n(t) - f_m(t)|^p \mathrm{d}t \right)^{\frac{1}{p}} < \frac{1}{2^k}.$$

不妨设 $n_1 < n_2 < \cdots < n_k < \cdots$. 于是

$$d(f_{n_k}, f_{n_{k+1}}) = \left(\int_a^b |f_{n_k}(t) - f_{n_{k+1}}(t)|^p \mathrm{d}t \right)^{\frac{1}{p}} < \frac{1}{2^k}.$$

因此,

$$\sum_{k=1}^{\infty} \left(\int_a^b |f_{n_k}(t) - f_{n_{k+1}}(t)|^p \mathrm{d}t \right)^{\frac{1}{p}} \leqslant \sum_{k=1}^{\infty} \frac{1}{2^k} < +\infty. \qquad (1.1.3)$$

当 $p = 1$ 时,式(1.1.3)即

$$\sum_{k=1}^{\infty} \int_a^b |f_{n_k}(t) - f_{n_{k+1}}(t)| \mathrm{d}t < +\infty. \qquad (1.1.4)$$

当 $p > 1$ 时,由于常值函数 $1 \in L^q[a,b]$,其中 $\frac{1}{p} + \frac{1}{q} = 1$,由赫尔德不等式可得

$$\int_a^b |f_{n_k}(t) - f_{n_{k+1}}(t)| \mathrm{d}t \leqslant \left(\int_a^b |f_{n_k}(t) - f_{n_{k+1}}(t)|^p \mathrm{d}t \right)^{\frac{1}{p}} \cdot (b-a)^{\frac{1}{q}}.$$

再利用式(1.1.3),可知式(1.1.4)仍成立.

由式(1.1.4)可知,$\sum_{k=1}^{\infty} |f_{n_k}(t) - f_{n_{k+1}}(t)|$ 在 $[a,b]$ 上可积,进而在 $[a,b]$ 上几乎处处有限. 于是

$$|f_{n_1}(x)| + |f_{n_2}(x) - f_{n_1}(x)| + |f_{n_3}(x) - f_{n_2}(x)| + \cdots$$

在 $[a,b]$ 上几乎处处收敛. 进一步地,

$$f_{n_1}(x) + (f_{n_2}(x) - f_{n_1}(x)) + (f_{n_3}(x) - f_{n_2}(x)) + \cdots$$

在 $[a,b]$ 上几乎处处收敛于某一可测函数 $f(x)$,即 $\lim_{k \to \infty} f_{n_k}(x) = f(x)$.

下面证明 $f(x) \in L^p[a,b]$. 因为 $\{f_n\}$ 是 $L^p[a,b]$ 中的基本列,对于任一 $\varepsilon > 0$,存在自然数 N,使得当 $n, n_k > N$ 时,

$$d(f_n, f_{n_k}) = \left(\int_a^b |f_n(t) - f_{n_k}(t)|^p \mathrm{d}t \right)^{\frac{1}{p}} < \varepsilon.$$

应用法杜定理于函数列 $\{|f_n(t) - f_{n_k}(t)|^p, k = 1, 2, \cdots\}$,得到

$$\int_a^b |f_n(t) - f(t)|^p \mathrm{d}t \leqslant \varlimsup_{k \to \infty} \int_a^b |f_n(t) - f_{n_k}(t)|^p \mathrm{d}t \leqslant \varepsilon^p. \qquad (1.1.5)$$

由于 $f_n-f \in L^p[a,b]$,所以 $f=f_n+(f-f_n) \in L^p[a,b]$. 又由式(1.1.5)知

$$d(f_n,f) \leqslant \varepsilon,$$

即 $\{f_n\}$ 按 $L^p[a,b]$ 的距离收敛于 f,因而 $L^p[a,b]$ 是完备的.

例 1.1.14 空间 $l^p = \left\{ x = (x_1,x_2,\cdots,x_n,\cdots) : \sum_{k=1}^{\infty} |x_k|^p < +\infty \right\}$ $(1 \leqslant p < +\infty)$ 完备.

证明: 设 $\{x^{(n)}\} \subset l^p$ 是基本列,其中 $x^{(n)} = (x_1^{(n)},x_2^{(n)},\cdots,x_n^{(n)},\cdots)$,则 $\forall \varepsilon > 0$,$\exists N$,当 $m,n > N$ 时,有

$$d(x^{(n)},x^{(m)}) = \left(\sum_{k=1}^{\infty} |x_k^{(n)} - x_k^{(m)}|^p \right)^{\frac{1}{p}} < \varepsilon.$$

故有 $\forall k$,$|x_k^{(n)} - x_k^{(m)}| < \varepsilon$. 从而 $\forall k$,$\{x_k^{(n)}\}$ 收敛,记 $x_k^{(n)} \to x_k (n \to \infty)$. 令 $x = (x_1,x_2,\cdots,x_n,\cdots)$. 下证 $x \in l^p$ 且 $x^{(n)} \to x (n \to \infty)$(即 $\{x^{(n)}\}$ 收敛于 x 等价于按坐标分量收敛). $\forall$ 自然数 i,有

$$\sum_{k=1}^{i} |x_k^{(n)} - x_k^{(m)}|^p < \varepsilon^p (m,n \geqslant N).$$

令 $m \to \infty$,则有

$$\sum_{k=1}^{i} |x_k^{(n)} - x_k|^p \leqslant \varepsilon^p (n \geqslant N).$$

再令 $i \to \infty$ 得

$$\sum_{k=1}^{\infty} |x_k^{(n)} - x_k|^p \leqslant \varepsilon^p.$$

故有 $d(x^{(n)},x) \leqslant \varepsilon$,即 $d(x^{(n)},x) \to 0 (n \to \infty)$. 显然有 $x \in l^p$. 事实上,对于任意的 $x = (x_1,x_2,\cdots,x_n,\cdots)$,

$$\sum_{k=1}^{\infty} |x_k|^p = \sum_{k=1}^{\infty} |x_k - x_k^{(n)} + x_k^{(n)}|^p$$

$$\leqslant \sum_{k=1}^{\infty} (|x_k - x_k^{(n)}| + |x_k^{(n)}|)^p$$

$$\leqslant 2^p \sum_{k=1}^{\infty} |x_k - x_k^{(n)}|^p + 2^p \sum_{k=1}^{\infty} |x_k^{(n)}|^p$$

$$< +\infty.$$

从而 $x \in l^p$. 于是 l^p 是完备的.

不完备空间的例子如下.

例 1.1.15 $C[a,b]$ 按照距离

$$d(x,y) = \max_{a \le t \le b} |x(t) - y(t)|, \forall x,y \in C[a,b]$$

完备,但按 $\rho(x,y) = \left(\int_a^b |x(t) - y(t)|^2 \mathrm{d}t \right)^{\frac{1}{2}}$ 不完备. 取 $c = \dfrac{a+b}{2}$,考虑 $C[a,b]$

中的点列

$$x_n(t) = \begin{cases} -1, & a \le t \le c - \dfrac{1}{n}, \\ \text{线性}, & c - \dfrac{1}{n} < t < c + \dfrac{1}{n}, \\ 1, & c + \dfrac{1}{n} \le t \le b. \end{cases}$$

则 $\{x_n\} \subset C[a,b]$,且当 $m > n$ 时,有

$$\rho(x_n, x_m) = \left(\int_a^b |x_n(t) - x_m(t)|^2 \mathrm{d}t \right)^{\frac{1}{2}}$$

$$= \left(\int_{c-\frac{1}{n}}^{c+\frac{1}{n}} |x_n(t) - x_m(t)|^2 \mathrm{d}t \right)^{\frac{1}{2}}.$$

又 $\{x_n\} \subset C[a,b]$,故 $x_n(t), x_m(t)$ 有界,记为 M. 从而

$$\rho(x_n, x_m) \le \left(4M^2 \cdot \dfrac{2}{n} \right)^{\frac{1}{2}} \to 0 (n \to \infty),$$

故 $\{x_n\}$ 为基本列. 但可以计算

$$x_n(t) \to x_0(t) = \begin{cases} 1, & c < t \le b, \\ 0, & t = c, \\ -1, & a \le t \le c. \end{cases}$$

显然 $x_0(t)$ 不连续,且不可能对等于一个连续函数,故 $x_0 \notin C[a,b]$. 因此 $(C[a,b], \rho)$ 不完备.

类似于数学分析中的完备性结论,我们给出完备度量空间的一些性质.

定理 1.1.9　设 X 是一个完备的度量空间,$\{K_n = \overline{S}(x_n, r_n)\}_{n \in \mathbf{N}}$ 是 X 中的一列闭球,满足

$$K_1 \supset K_2 \supset \cdots \supset K_n \supset \cdots (\text{称为闭球套}).$$

如果半径 r_n 构成的序列满足 $\{r_n\} \to 0 (n \to \infty)$,则有唯一的点 x_0 含于所有的球中.

证明:先证存在性. 考察闭球套中球的中心构成的点列 $\{x_n\}$. 设 $m > n$,则有 $K_m \subset K_n$,所以 $x_m \in K_n$,于是 $d(x_m, x_n) \le r_n$,故当 $n \to \infty$ 时,$d(x_m, x_n) \to 0$,即 $\{x_n\}$ 为基本列. 由 X 的完备性知,$\{x_n\}$ 收敛于 X 中的某一点 x_0.

下面证明 $x_0 \in K_n$, $\forall n \in \mathbf{N}$. 固定 n_0, 当 $n \geqslant n_0$ 时, 有 $x_n \in K_{n_0}$, 而 K_{n_0} 为闭球, 故 $x_0 \in K_{n_0}$. 从而 $x_0 \in K_n$, $\forall n \in \mathbf{N}$.

再证唯一性. 设有另外一点 $y_0 \in K_n$, $\forall n \in \mathbf{N}$. 于是有

$$d(x_0, y_0) \leqslant d(x_0, x_n) + d(x_n, y_0) \leqslant r_n + r_n = 2r_n \to 0 (n \to \infty).$$

从而 $x_0 = y_0$, 故唯一性得证.

定理 1.1.9 的逆定理也成立.

定理 1.1.10 若度量空间 X 中半径趋于零的任一闭球套都有非空的交, 则空间 X 是完备的.

证明: 设 $\{x_n\}$ 为 X 中的一基本列, 则存在子列 $\{x_{n_k}\}$, 使得 $d(x_{n_k}, x_{n_{k+1}}) \leqslant \dfrac{1}{2^k}$.

记 K_k 是以 x_{n_k} 为中心, $\dfrac{1}{2^{k-1}}$ 为半径的闭球, 则有 $K_{k+1} \subset K_k$. 事实上, 设 $x \in K_{k+1}$, 则有

$$d(x, x_{n_k}) \leqslant d(x, x_{n_{k+1}}) + d(x_{n_{k+1}}, x_{n_k}) < \frac{1}{2^k} + \frac{1}{2^k} = \frac{1}{2^{k-1}}.$$

从而 $x \in K_k$, 故 $\{K_k\}$ 为一个闭球套, 且半径为 $\dfrac{1}{2^{k-1}} \to 0 (k \to \infty)$. 由假设, 存在 X 中一点 x_0, 使得 $x_0 \in K_k$, $\forall k \in \mathbf{N}$.

现在证明 $x_n \to x_0 (n \to \infty)$. 由于

$$d(x_n, x_0) \leqslant d(x_n, x_{n_k}) + d(x_{n_k}, x_0) \leqslant d(x_n, x_{n_k}) + \frac{1}{2^{k-1}},$$

而 $\{x_n\}$ 为 X 中柯西列, 从而当 $n, k \to \infty$ 时, 上述不等式的右边 $\to 0$. 于是 $x_n \to x_0 (n \to \infty)$, 即有 $x_0 \in X$, 故 X 完备.

1.2　Banach 压缩映像原理及应用

在本节中, 我们将介绍 1922 年由波兰数学家 Banach 引入的一种比较简单但又比较重要的不动点定理——Banach 压缩映像原理. Banach 压缩映像原理的重要性在于它发展了迭代思想, 其能够逼近不动点到任何程度, 为许多方程解的存在性、唯一性及迭代算法提供了理论依据. 因此, 许多数学分支中的重要成果, 尤其是应用数学, 都是借助它得到的.

定义 1.2.1 设 X 是一个非空集合, $T: X \to X$. 如果对于 $x \in X$, 有 $Tx = x$, 则称 x 是映射 T 的一个不动点. 设 G 也是 X 上的自映射, 如果对于 $x \in X$, 有 $Tx = Gx =$

x,则称 x 是映射 T 和 G 的一个公共不动点. 如果对于 $x \in X$,有 $Tx = Gx = y$,则称 x 是映射 T 和 G 的一个重合点,称 y 是重合值.

定理 1.2.1　设 (X,d) 是一个完备的度量空间,T 是由 X 到其自身的映射,并且对于任意的 $x, y \in X$,不等式

$$d(Tx, Ty) \leqslant hd(x, y) \tag{1.2.1}$$

成立,其中 h 是满足 $0 \leqslant h < 1$ 的一个定数. 那么映射 T 在 X 中存在唯一不动点 x^*,而且对任一 $x_0 \in X$,迭代序列 $\{T^n x_0\}$ 都收敛于 x^*,并有如下的误差估计:

$$d(T^n x_0, x^*) \leqslant \frac{h^n}{1 - h} d(x_0, Tx_0), n = 1, 2, \cdots. \tag{1.2.2}$$

证明:任取 $x_0 \in X$,定义 $x_n = T^n x_0, n = 0, 1, 2, \cdots$. 首先证明 $\{x_n\}$ 是 X 中的 Cauchy 列. 事实上,对任意正整数 n,由条件 (1.2.1) 可得

$$d(x_n, x_{n+1}) = d(T^n x_0, T^{n+1} x_0) \leqslant hd(T^{n-1} x_0, T^n x_0) \leqslant \cdots$$
$$\leqslant h^n d(x_0, Tx_0)(n = 1, 2, \cdots).$$

于是,对于任何自然数 m, n,有

$$d(x_n, x_{n+m}) \leqslant d(x_n, x_{n+1}) + d(x_{n+1}, x_{n+2}) + \cdots + d(x_{n+m-1}, x_{n+m})$$
$$\leqslant (h^n + h^{n+1} + \cdots + h^{n+m-1}) d(x_0, Tx_0)$$
$$= \frac{h^n(1 - h^m)}{1 - h} d(x_0, Tx_0)$$
$$\leqslant \frac{h^n}{1 - h} d(x_0, Tx_0). \tag{1.2.3}$$

由 $h \in [0, 1)$ 及式 (1.2.3) 知,$\{x_n\}$ 是 X 中的 Cauchy 列.

其次证明 T 在 X 中存在唯一的不动点. 事实上,由 $\{x_n\}$ 是 Cauchy 列及 X 的完备性可知,存在 $x^* \in X$,使 $x_n \to x^* (n \to \infty)$. 现证 x^* 是 T 的唯一不动点,由三角不等式有

$$d(x^*, Tx^*) \leqslant d(x^*, x_n) + d(x_n, Tx^*)$$
$$\leqslant d(x^*, x_n) + hd(x_{n-1}, x^*).$$

于上式两端令 $n \to \infty$,得到 $d(x^*, Tx^*) = 0$,故 $Tx^* = x^*$. 即 x^* 是 T 的一个不动点.

若 $y^* \in X$ 也是 T 的一个不动点,则有

$$d(x^*, y^*) = d(Tx^*, Ty^*) \leqslant hd(x^*, y^*).$$

由于 $0 \leqslant h < 1$,故得 $d(x^*, y^*) = 0$,即 $x^* = y^*$. 这说明 T 只有唯一的不动点 x^*.

最后我们证明误差估计式 (1.2.2). 事实上,在式 (1.2.3) 中令 $m \to \infty$,即得

所求的误差估计式.

满足上述定理中压缩条件的映射也称为 Banach **压缩映射**.

定理 1.2.1 还可作如下推广.

定理 1.2.2 设 T 是完备度量空间 X 到自身的映射. 如果存在常数 $h \in [0, 1)$ 及自然数 n, 使得

$$d(T^n x, T^n y) \leqslant h d(x, y), \forall x, y \in X, \tag{1.2.4}$$

那么 T 在 X 中存在唯一的不动点.

证明: 由映射 T 满足式(1.2.4)易知, 映射 T^n 满足定理 1.2.1 的条件, 故 T^n 存在唯一的不动点 x^*. 下证 x^* 也是 T 的唯一不动点. 事实上, 由于

$$T^n(Tx^*) = T^{n+1} x^* = T(T^n x^*) = Tx^*,$$

所以 Tx^* 也是 T^n 的一个不动点, 由 T^n 的不动点唯一可知 $Tx^* = x^*$, 故 x^* 是 T 的一个不动点.

下证 x^* 是 T 的唯一不动点. 否则, 设 y^* 也是 T 的一个不动点, 则易知 $T^n y^* = y^*$, 因此 y^* 也是 T^n 的一个不动点. 由 T^n 的不动点的唯一性知 $y^* = x^*$. 故 T 在 X 中的不动点唯一.

下面的结论是定理 1.2.2 的一种局部性表述.

定理 1.2.3 设 X 是一完备度量空间. 设 $B(y_0, r) = \{x \in X : d(x, y_0) < r\}$, $T: B(y_0, r) \to X$, $h \in (0, 1)$, 且满足压缩条件(1.2.1). 若 $d(Ty_0, y_0) < (1-h) r$, 则 T 有不动点.

证明: 取 $\varepsilon < r$ 使得 $d(Ty_0, y_0) \leqslant (1-h) \varepsilon < (1-h) r$. 现证 T 把闭球

$$\overline{D} = \{x \in X : d(x, y_0) \leqslant \varepsilon\}$$

映射到其自身. 因为若 $x \in \overline{D}$, 则

$$\begin{aligned} d(Tx, y_0) &\leqslant d(Tx, Ty_0) + d(Ty_0, y_0) \\ &\leqslant h d(x, y_0) + (1-h) \varepsilon \\ &\leqslant \varepsilon, \end{aligned}$$

故 $Tx \in \overline{D}$. 又因 $\overline{D}$ 完备, 所以由定理 1.2.1 知定理 1.2.3 成立.

最后, 我们给出以上结果在解决积分和微分方程解的存在唯一性问题中的应用.

例 1.2.1 微分方程解的存在性和唯一性. 考察微分方程

$$\frac{dy}{dx} = f(x, y), y \mid_{x_0} = y_0, \tag{1.2.5}$$

其中 $f(x, y)$ 在整个平面内连续, 并且 $f(x, y)$ 关于 y 满足李普希兹(Lipschitz)

条件:

$$|f(x,y) - f(x,y')| \leqslant K|y - y'|, x,y,y' \in \mathbf{R},$$

其中 $K>0$ 为一常数. 那么通过任一给定的点 (x_0,y_0), 微分方程 $(1.2.5)$ 有一条且只有一条积分曲线.

证明: 微分方程 $(1.2.5)$ 带有初始条件 $y|_{x_0} = y_0$ 等价于下面的积分方程

$$y(x) = y_0 + \int_{x_0}^{x} f(t,y(t))\,\mathrm{d}t.$$

取 $\delta > 0$, 使 $K\delta < 1$. 用 $C[x_0 - \delta, x_0 + \delta]$ 来表示在区间 $[x_0 - \delta, x_0 + \delta]$ 上的全部连续函数构成的空间. 在 $C[x_0 - \delta, x_0 + \delta]$ 上定义映射 T:

$$(Ty)(x) = y_0 + \int_{x_0}^{x} f(t,y(t))\,\mathrm{d}t \,(x \in [x_0 - \delta, x_0 + \delta]).$$

于是有

$$
\begin{aligned}
d(Ty_1, Ty_2) &= \max_{|x-x_0| \leqslant \delta} \left| \int_{x_0}^{x} [f(t,y_1(t)) - f(t,y_2(t))]\mathrm{d}t \right| \\
&\leqslant \max_{|x-x_0| \leqslant \delta} \int_{x_0}^{x} |f(t,y_1(t)) - f(t,y_2(t))|\mathrm{d}t \\
&\leqslant \max_{|x-x_0| \leqslant \delta} \int_{x_0}^{x} K|y_1(t) - y_2(t)|\mathrm{d}t \\
&\leqslant K\delta \max_{|x-x_0| \leqslant \delta} |y_1(t) - y_2(t)| \\
&= K\delta d(y_1, y_2).
\end{aligned}
$$

因为 $K\delta < 1$, 由定理 1.2.1, 存在唯一的连续函数 $y_0(x)$ 使

$$y_0(x) = y_0 + \int_{x_0}^{x} f(t,y_0(t))\,\mathrm{d}t.$$

由这个式子可以看出, $y_0(x)$ 是连续可微的, 且 $y = y_0(x)$ 就是微分方程 $(1.2.5)$ 通过点 (x_0, y_0) 的积分曲线, 但只定义在 $[x_0 - \delta, x_0 + \delta]$ 上. 考虑初始条件 $y|_{x_0 \pm \delta} = y_0(x_0 \pm \delta)$, 再次利用定理 1.2.1, 便可将解延拓到 $[x_0 - 2\delta, x_0 + 2\delta]$ 上. 依此类推, 于是可将解延拓到整个实轴上.

例 1.2.2 积分方程解的存在性和唯一性. 设有线性积分方程:

$$x(t) = f(t) + \lambda \int_{a}^{b} K(t,s)x(s)\,\mathrm{d}s, \tag{1.2.6}$$

其中 $f \in L^2[a,b]$ 为一给定的函数, λ 为参数. 设核 $K(t,s)$ 是定义在矩形区域 $a \leqslant t \leqslant b, a \leqslant s \leqslant b$ 上的可测函数, 满足

$$\int_{a}^{b}\int_{a}^{b} |K(t,s)|^2\mathrm{d}t\mathrm{d}s < +\infty.$$

那么方程(1.2.6)对绝对值充分小的参数 λ 有唯一的解 $x \in L^2[a,b]$.

证明: 令 $(Tx)(t) = f(t) + \lambda \int_a^b K(t,s) x(s) \mathrm{d}s.$ 由

$$\int_a^b \left| \int_a^b K(t,s) x(s) \mathrm{d}s \right|^2 \mathrm{d}t \leqslant \int_a^b \left(\int_a^b |K(t,s)|^2 \mathrm{d}s \cdot \int_a^b |x(s)|^2 \mathrm{d}s \right) \mathrm{d}t$$

$$= \int_a^b \int_a^b |K(t,s)|^2 \mathrm{d}s \mathrm{d}t \cdot \int_a^b |x(s)|^2 \mathrm{d}s$$

及 T 的定义可知,T 是由 $L^2[a,b]$ 到其自身的映射. 取 $|\lambda|$ 充分小,使

$$\theta = |\lambda| \left[\int_a^b \int_a^b |K(t,s)|^2 \mathrm{d}s \mathrm{d}t \right]^{\frac{1}{2}} < 1,$$

那么

$$d(Tx, Ty) = |\lambda| \left(\int_a^b \left| \int_a^b K(t,s)(x(s) - y(s)) \mathrm{d}s \right|^2 \mathrm{d}t \right)^{\frac{1}{2}}$$

$$\leqslant |\lambda| \left(\int_a^b \int_a^b |K(t,s)|^2 \mathrm{d}s \mathrm{d}t \right)^{\frac{1}{2}} \cdot \left(\int_a^b |x(s) - y(s)|^2 \mathrm{d}s \right)^{\frac{1}{2}}$$

$$= |\lambda| \left(\int_a^b \int_a^b |K(t,s)|^2 \mathrm{d}s \mathrm{d}t \right)^{\frac{1}{2}} \cdot d(x,y)$$

$$= \theta d(x,y).$$

所以 T 为 Banach 压缩映射. 由定理 1.2.1 知方程(1.2.6)有唯一的解 $x \in L^2[a, b]$.

例 1.2.3 设 $K(t,s)$ 是定义在三角形区域 $a \leqslant t \leqslant b, a \leqslant s \leqslant t$ 上的连续函数,则沃尔泰拉(Volterra)积分方程

$$x(t) = f(t) + \lambda \int_a^t K(t,s) x(s) \mathrm{d}s \tag{1.2.7}$$

对任何 $f \in C[a,b]$ 以及任何常数 $\lambda \neq 0$ 存在唯一的解 $x_0 \in C[a,b]$.

证明: 作 $C[a,b]$ 到其自身的映射 T:

$$(Tx)t = f(t) + \lambda \int_a^t K(t,s) x(s) \mathrm{d}s.$$

则对任意的 $x_1, x_2 \in C[a,b]$,有

$$|(Tx_1)(t) - (Tx_2)(t)| = |\lambda| \left| \int_a^t K(t,s) [x_1(s) - x_2(s)] \mathrm{d}s \right|$$

$$\leqslant |\lambda| M(t - a) \max_{a \leqslant s \leqslant b} |x_1(t) - x_2(t)|$$

$$= |\lambda| M(t - a) d(x_1, x_2), \tag{1.2.8}$$

其中 M 表示 $|K(t,s)|$ 在 $a \leqslant t \leqslant b, a \leqslant s \leqslant t$ 上的最大值,d 表示 $C[a,b]$ 中的距

离. 今用归纳法证明：

$$|(T^n x_1)(t) - (T^n x_2)(t)| \leqslant \left(|\lambda|^n \frac{M^n(t-a)^n}{n!}\right) d(x_1, x_2). \quad (1.2.9)$$

当 $n=1$ 时，不等式（1.2.8）已经证明. 现设 $n=k$ 时，不等式（1.2.9）成立，则当 $n=k+1$ 时，有

$$|(T^{k+1}x_1)(t) - (T^{k+1}x_2)(t)| = |\lambda| \left| \int_a^b K(t,s)\left[(T^k x_1)(s) - (T^k x_2)(s)\right]ds \right|$$

$$\leqslant \left(|\lambda|^{k+1}\frac{M^{k+1}}{k!}\right)\left|\int_a^b (s-a)^k ds\right| d(x_1, x_2)$$

$$= \left(|\lambda|^{k+1}\frac{M^{k+1}(t-a)^{k+1}}{(k+1)!}\right) d(x_1, x_2),$$

故不等式（1.2.9）对 $n=k+1$ 也成立，于是对一切自然数 n 成立. 由式（1.2.9），有

$$d(T^n x_1, T^n x_2) = \max_{a \leqslant t \leqslant b}|(T^n x_1)(t) - (T^n x_2)(t)|$$

$$\leqslant \left(|\lambda|^n \frac{M^n(t-a)^n}{n!}\right) d(x_1, x_2).$$

对任何常数 λ，总可以选取足够大的 n，使得

$$|\lambda|^n \frac{M^n(b-a)^n}{n!} < 1.$$

因此 T^n 满足定理 1.2.2 的条件，故方程（1.2.7）在 $C[a,b]$ 中存在唯一的解.

1.3　压缩型映射的分类

本节将主要介绍压缩型映射的分类. 为方便起见，我们将参考张石生[5]的方法对压缩型映射进行分类.

定义 1.3.1[5]　设 (X,d) 是一度量空间，T 是 X 的自映射，T 满足下面之一条件 (m)：$m=1,2,\cdots,16$，则称 T 是第 (m) 类压缩型映射：

（1）存在常数 $h \in (0,1)$，使得

$$d(Tx, Ty) \leqslant hd(x,y), \forall x,y \in X.$$

（2）存在一单调减的函数 $a(t):(0,+\infty) \to (0,1)$，使得

$$d(Tx, Ty) \leqslant a(d(x,y))d(x,y), \forall x,y \in X, x \neq y.$$

（3）对任意的 $x,y \in X, x \neq y$，有 $d(Tx, Ty) < d(x,y)$.

（4）存在常数 $h \in \left(0, \frac{1}{2}\right)$，使得

$$d(Tx,Ty) \leqslant h\{d(x,Tx) + d(y,Ty)\}, \forall x,y \in X.$$

（5）存在 $h \in (0,1)$，使得

$$d(Tx,Ty) \leqslant h \max\{d(x,Tx),d(y,Ty)\}, \forall x,y \in X.$$

（6）存在非负实数 a,b,c，满足 $a+b+c<1$，使得

$$d(Tx,Ty) \leqslant ad(x,y) + bd(x,Tx) + cd(y,Ty), \forall x,y \in X.$$

（7）存在 $(0,+\infty) \rightarrow (0,1)$ 且满足 $a(t)+b(t)+c(t)<1$ 的单调递减的函数 $a(t),b(t),c(t)$，使得

$$d(Tx,Ty) \leqslant a(d(x,y))d(x,y) + b(d(x,y))d(x,Tx) + c(d(x,y))d(y,Ty),$$
$$\forall x,y \in X, x \neq y.$$

（8）存在常数 $h \in (0,1)$，使得

$$d(Tx,Ty) \leqslant h \max\{d(x,y),d(x,Tx),d(y,Ty)\}, \forall x,y \in X.$$

（9）对任意的 $x,y \in X, x \neq y$ 有

$$d(Tx,Ty) < \max\{d(x,y),d(x,Tx),d(y,Ty)\}.$$

（10）存在常数 $h \in \left(0,\dfrac{1}{2}\right)$，使得

$$d(Tx,Ty) \leqslant h\{d(x,Ty) + d(y,Tx)\}, \forall x,y \in X.$$

（11）存在非负实数 a_1,a_2,a_3,a_4,a_5 满足 $\sum\limits_{i=1}^{5} a_i < 1$，使得 $\forall x,y \in X$，有

$$d(Tx,Ty) \leqslant a_1 d(x,y) + a_2 d(x,Tx) + a_3 d(y,Ty) + a_4 d(x,Ty) + a_5 d(y,Tx).$$

（12）存在常数 $h \in (0,1)$，使得 $\forall x,y \in X$，有

$$d(Tx,Ty) \leqslant h \max\left\{d(x,y),\frac{d(x,Tx) + d(y,Ty)}{2},\frac{d(x,Ty) + d(y,Tx)}{2}\right\}.$$

（12′）或等价地存在满足下式的非负函数 a,b,c：

$$\sup_{x,y \in X}\{a(x,y) + 2b(x,y) + 2c(x,y)\} \leqslant \lambda < 1,$$

使得 $\forall x,y \in X$，有

$$d(Tx,Ty) \leqslant a(x,y)d(x,y) + b(x,y)\{d(x,Tx) + d(y,Ty)\} +$$
$$c(x,y)\{d(x,Ty) + d(y,Tx)\}.$$

（13）存在常数 $h \in (0,1)$，使得

$$d(Tx,Ty) \leqslant h \max\left\{d(x,y),d(x,Tx),d(y,Ty),\frac{d(x,Ty) + d(y,Tx)}{2}\right\}, \forall x,y \in X.$$

（13′）或等价地存在非负函数 q,r,s,t 满足

$$\sup_{x,y \in X}\{q(x,y) + r(x,y) + s(x,y) + 2t(x,y)\} \leqslant \lambda < 1,$$

使得 $\forall x,y \in X$，有下式成立：

$$d(Tx,Ty) \leqslant q(x,y)d(x,y) + r(x,y)d(x,Tx) + s(x,y)d(y,Ty) +$$
$$t(x,y)\{d(x,Ty) + d(y,Tx)\}.$$

（14）存在单调减的函数 $a_i(t):(0,+\infty) \rightarrow (0,1),i = 1,2,\cdots,5$，满足 $\sum_{i=1}^{5} a_i(t) < 1$，使得 $\forall x,y \in X,x \neq y$，有下式成立：

$$d(Tx,Ty) \leqslant a_1(d(x,y))d(x,y) + a_2(d(x,y))d(x,Tx) + a_3(d(x,y))d(y,Ty) +$$
$$a_4(d(x,y))d(x,Ty) + a_5(d(x,y))d(y,Tx).$$

（15）存在常数 $h \in (0,1)$，使得

$$d(Tx,Ty) \leqslant h \max\{d(x,y),d(x,Tx),d(y,Ty),d(x,Ty),d(y,Tx)\}, \forall x,y \in X.$$

（16）对任意的 $x,y \in X,x \neq y$，有

$$d(Tx,Ty) < \max\{d(x,y),d(x,Tx),d(y,Ty),d(x,Ty),d(y,Tx)\}.$$

上述这 16 类压缩型映射是通过映射 T 本身定义的，称为第一组压缩型映射. 如果对某一正整数 p，使 T 的第 p 次迭代映射 T^p 满足上述的 16 个条件之一，比如（m）:$m = 1,2,\cdots,16$，则称 T 是第（$16+m$）类压缩型映射，于是得出第二组的 16 类压缩型映射，我们以（17）—（32）编号之.

如果存在某两个正整数 p,q，使迭代映射 T^p,T^q 满足第一组的 16 个条件之一，比如（m）:$m = 1,2,\cdots,16$，则称 T 是第（$32+m$）类压缩型映射. 于是得出第三组的 16 类压缩型映射，我们以（33）—（48）编号之. 例如，第（33）类压缩型映射即为满足条件

$$d(T^px,T^qy) \leqslant hd(x,y), \forall x,y \in X$$

的映射，其中 p,q 为正整数，$h \in (0,1)$.

如果第（17）—（32）类压缩型映射中的正整数 p 依赖于 $x \in X$，则得出第四组的 16 类压缩型映射，我们以（49）—（64）编号之.

如果第（49）—（64）类压缩型映射定义中的正整数 p 不仅依赖于 x 而且也依赖于 y，于是又可得出第五组的 16 类压缩型映射，我们以（65）—（80）编号之.

以上的 80 类压缩型映射是通过 T 或者 T 某一迭代映射定义的，如果这些映射是通过一对映射 T_1,T_2 来定义的（这里 T_1,T_2 都是 X 的自映射），则称 T_1,T_2 是相应类型的压缩型映射对. 于是又可得出 80 类压缩型映射对的概念，我们以（81）—（160）编号之. 例如第（81）类压缩型映射对是满足条件

$$d(T_1x,T_2y) \leqslant hd(x,y), \forall x,y \in X$$

的映射对，其中常数 $h \in (0,1)$.

前述的 160 类压缩型映射和压缩型映射对的概念，在不同的阶段由不同的

作者提出,而且其中的不少类型已被一些学者研究过. 原作者在提出上述各类映射的概念时,对算子或对空间本身作了诸多假定,我们这里暂时没有这样做,待到以后讨论不动点的存在性时,我们再置以各种附加的假设条件.

下面我们对前述的(1)—(80)类映射间的相互关系作出初步的讨论. 由定义明显地看出

$$(m) \Rightarrow (16+m) \Rightarrow (32+m) \text{ 和}(16+m) \Rightarrow (48+m) \Rightarrow (64+m),$$

这里$(m): m = 1, 2, \cdots, 16$;又"$\Rightarrow$"和下面图形中的"$\Rightarrow$"均为同样的意义,既表示前一类的压缩型映射必是后一类的压缩型映射,也表示由前一条件可推出后一条件.

由定义易知,第(1)—(80)类压缩型映射中,第(1)—(16)类映射是基本的,其他类型的映射都是由它们引申和发展起来的. 因此,弄清这16类映射间的关系是弄清上述各类映射间相互关系的关键. 关于(1)—(16)类压缩型映射,由定义明显地知道下列关系式成立:

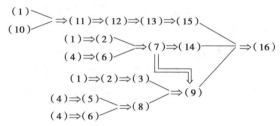

由上述关系式还可看出,第(1),(4),(10)三类映射是最基本的,而第(16)类压缩型映射是这16类映射中最为广泛的一类映射,第(1)—(15)类映射均为其特例. 又第(9),(14),(15)三类映射也是较为一般的,它们包含上述关系式所示的一些类型的映射为其特例.

1.4　几类基本压缩型映射的不动点定理

在本节中,我们将主要讨论第(1)—(16)类压缩型映射中较为典型和较为重要的(9),(14),(15),(16)等四类映射的不动点问题的存在唯一性条件.

定理 1.4.1[10]　设(X, d)是一个完备的度量空间,$T: X \to X$是连续的第(9)类压缩型映射. 如果$\xi \in X$是$\{T^n x_0\}_{n=0}^{\infty}$的一个聚点,其中$x_0$是$X$中的某一点,则$\xi$是$T$的唯一不动点,且$\lim\limits_{n \to \infty} T^n x_0 = \xi$.

证明:（ⅰ）如果对某一$k \in \mathbf{N}$,有$T^k x_0 = T^{k+1} x_0$,则得$T\xi = \xi$,即ξ是T的不

动点.

（ii）如果 $\forall k \in \mathbf{N}$，有 $d(T^k x_0, T^{k+1} x_0) > 0$，令 $F(x) = d(x, Tx)$，$x \in X$，则 $F(x)$ 是 X 上的非负连续函数，而且由 T 是第（9）类压缩型映射，易证 $F(x)$ 满足以下条件：

（a）$F(Tx) < F(x)$，$\forall x \in \{T^n x_0\}_{n=0}^{\infty}$；

（b）如果 $\xi \neq T\xi$，则 $F(T\xi) < F(\xi)$.

因 ξ 是 $\{T^n x_0\}$ 的聚点，不妨设 $T^{n_i} x_0 \rightarrow \xi$. 又因 $\{F(T^n x_0)\}$ 是不增的非负实数列，不妨设 $F(T^n(x_0)) \rightarrow r \geq 0$. 又由 T 和 F 的连续性可得，对一切 $k \in \mathbf{N}$ 有 $F(T^{n_i+k}(x_0)) \rightarrow F(T^k(\xi))$. 但 $\{F(T^{n_i+k}(x_0))\}$ 是收敛序列 $\{F(T^n(x_0))\}$ 的子序列，故有 $F(T^k(\xi)) = F(\xi)$，$\forall k \in \mathbf{N}$.

另因 $T^{n_i}(x_0) \rightarrow \xi$，故得 $T^{n_i+k}(x_0) \rightarrow T^k(\xi)$，$\forall k \in \mathbf{N}$，即 $T^k(\xi) \in Cl\{T^n x_0\}_{n=0}^{\infty}$. 因而 $F(T^k(\xi))$ 是确定的. 其次由条件（a）与 T 和 F 的连续性得知序列 $\{F(T^n(\xi))\}$ 是不增的，于是由（b）和 $F(T^k(\xi)) = F(\xi)$，$\forall k \in \mathbf{N}$，即得 $T\xi = \xi$.

（iii）下面证明 $T^n x_0 \rightarrow \xi$.

如果 $T^k(x_0) = T^{k+1}(x_0)$ 对某一 $k \in \mathbf{N}$ 成立，则 $T^n(x_0) = T^k(x_0) = \xi$，$\forall n \geq k$. 故结论得证.

如果对一切 $k \in \mathbf{N}$，$d(T^k x_0, T^{k+1} x_0) > 0$. 因 $T^{n_i} x_0 \rightarrow \xi$，故

$$d(T^{n_i} x_0, T^{n_i+1} x_0) \rightarrow d(\xi, T\xi) = 0.$$

于是对任给的 $\varepsilon > 0$，取充分大的 j，使得当 $i \geq j$ 时，有

$$\max\{d(T^{n_i}(x_0), T^{n_i+1}(x_0)), d(T^{n_i}(x_0), \xi)\} < \frac{\varepsilon}{2}.$$

于是当 $n > n_j$ 时，由 T 是第（9）类压缩型映射知

$$d(T^n x_0, \xi) = d(T^n x_0, T^n \xi)$$
$$< \max\{d(T^{n-1} x_0, \xi), d(T^{n-1} x_0, T^n x_0), 0\}. \quad (1.4.1)$$

由压缩型条件（9）和 $T^k x_0 \neq T^{k+1} x_0$，$\forall k \in \mathbf{N}$，得知 $\{d(T^n x_0, T^{n+1} x_0)\}$ 是一个单调减的正实数序列，依次利用式（1.4.1）可得

$$d(T^n x_0, \xi) < \max\{d(T^{n-2} x_0, \xi), d(T^{n-1} x_0, T^n x_0), d(T^{n-2} x_0, T^{n-1} x_0)\}$$
$$= \max\{d(T^{n-2} x_0, \xi), d(T^{n-2} x_0, T^{n-1} x_0)\}$$
$$< \cdots < \max\{d(T^{n_j} x_0, \xi), d(T^{n_j} x_0, T^{n_j+1} x_0)\}$$
$$< \varepsilon,$$

即 $T^n x_0 \rightarrow \xi$.

定理 1.4.2[11] 设 (X, d) 是一个完备的度量空间，$T: X \rightarrow X$ 是第（14）类压

缩型映射,则 T 存在唯一的不动点 $x^* \in X$,且对任一 $x_0 \in X$,有 $\lim\limits_{n \to \infty} T^n x_0 = x^*$.

证明: 定义序列 $x_n = T^n x_0$,$n = 0,1,2,\cdots$. 因 T 是第(14)类压缩型映射,故有

$$d(x_n, x_{n+1}) = d(Tx_{n-1}, Tx_n)$$
$$\leqslant a_1 d(x_{n-1}, x_n) + a_2 d(x_{n-1}, x_n) + a_3 d(x_n, x_{n+1}) + a_4 d(x_{n-1}, x_{n+1}).$$

这里简记 $a_i = a_i(\cdot)$ $(i = 1,2,3,4,5)$. 同理有

$$d(x_{n+1}, x_n) \leqslant a_1 d(x_n, x_{n-1}) + a_2 d(x_n, x_{n+1}) + a_3 d(x_{n-1}, x_n) + a_5 d(x_{n-1}, x_{n+1}).$$

把以上两式相加得

$$2d(x_n, x_{n+1}) \leqslant (2a_1 + a_2 + a_3) d(x_{n-1}, x_n) + (a_2 + a_3) d(x_n, x_{n+1}) +$$
$$(a_4 + a_5) d(x_{n-1}, x_{n+1}).$$

再将 $d(x_{n-1}, x_{n+1}) \leqslant d(x_{n-1}, x_n) + d(x_n, x_{n+1})$ 代入上式可得

$$d(x_n, x_{n+1}) \leqslant \frac{(2a_1 + a_2 + a_3 + a_4 + a_5) d(x_{n-1}, x_n)}{2 - a_2 - a_3 - a_4 - a_5} < d(x_{n-1}, x_n).$$

因为 $\sum\limits_{i=1}^{5} a_i(t) < 1$,于是 $\{d(x_n, x_{n+1})\}$ 是单调减序列,设其极限为 p,现证 $p = 0$. 假设不然,$p > 0$. 令

$$q(t) = \frac{2a_1(t) + a_2(t) + a_3(t) + a_4(t) + a_5(t)}{2 - a_2(t) - a_3(t) - a_4(t) - a_5(t)}.$$

由 $b_n = d(x_n, x_{n+1}) \geqslant p$,即得 $q(b_n) \leqslant q(p) < 1$,$\forall n$. 故当 $n \to \infty$ 时,

$$d(x_n, x_{n+1}) \leqslant q(p) d(x_{n-1}, x_n) \leqslant \cdots \leqslant (q(p))^n d(x_0, x_1) \to 0.$$

因而必有 $p = 0$.

现证 $\{x_n\}$ 是 X 中的 Cauchy 列. 对任一对正整数 m, n,使得 $d(x_{m-1}, x_{n-1}) \neq 0$,有

$$d(x_m, x_n) \leqslant a_1 d(x_{m-1}, x_{n-1}) + a_2 d(x_{n-1}, x_m) + a_3 d(x_{n-1}, x_{n-1}) +$$
$$a_4 d(x_{m-1}, x_n) + a_5 d(x_{n-1}, x_m).$$

化简上式可得

$$d(x_m, x_n) \leqslant \frac{(a_1 + a_2 + a_4) d(x_{m-1}, x_m) + (a_1 + a_3 + a_5) d(x_{n-1}, x_n)}{1 - a_1 - a_4 - a_5}.$$

令 $r(t) = \dfrac{\beta(t)}{\xi(t)}$,$s(t) = \dfrac{\gamma(t)}{\xi(t)}$,其中

$$\beta(t) = a_1(t) + a_2(t) + a_4(t),$$
$$\gamma(t) = a_1(t) + a_3(t) + a_5(t),$$
$$\xi(t) = 1 - a_1(t) - a_4(t) - a_5(t).$$

注意到 $r(t)$ 和 $s(t)$ 关于 t 是单调递减的.

因为 $d(x_n, x_{n+1}) \to 0$,对给定的 $\varepsilon > 0$,如果 $\beta(\varepsilon) \neq 0$,$\gamma(\varepsilon) \neq 0$,则存在正整数

N,使得当 $m,n \geqslant N$ 时有

$$d(x_{m-1},x_m) < \frac{1}{2}\min\left\{\frac{\varepsilon}{r(\varepsilon/2)},\varepsilon\right\},$$

$$d(x_{n-1},x_n) < \frac{1}{2}\min\left\{\frac{\varepsilon}{s(\varepsilon/2)},\varepsilon\right\}.$$

如果其一为 0,比如 $s(\varepsilon)=0$,则取足够大的 N,当 $m \geqslant N$ 时,就有 $d(x_{m-1},x_m) < \frac{\varepsilon}{2}$. 对于使得 $d(x_{m-1},x_{n-1}) \geqslant \frac{\varepsilon}{2}$ 的正整数 m,n,即得

$$d(x_m,x_n) \leqslant r\left(\frac{\varepsilon}{2}\right) d(x_{m-1},x_m) + s\left(\frac{\varepsilon}{2}\right) d(x_{n-1},x_n)$$

$$< \frac{\varepsilon}{2} + \frac{\varepsilon}{2} = \varepsilon.$$

对于每一对使得 $d(x_{m-1},x_{n-1}) < \frac{\varepsilon}{2}$ 的正整数 m,n,再利用三角不等式与诸 a_i 的对称性,可得

$$d(x_m,x_n) \leqslant (a_2+a_3+a_4+a_5) \frac{d(x_{m-1},x_m)+d(x_{n-1},x_n)}{2} +$$

$$(a_1+a_4+a_5)d(x_{m-1},x_{n-1})$$

$$< (a_1+a_2+a_3+2a_4+2a_5)\frac{\varepsilon}{2}$$

$$< \varepsilon,$$

这说明 $\{x_n\}$ 是 X 中的 Cauchy 列. 由 X 完备知,存在 $x^* \in X$,使 $x_n \to x^* (n \to \infty)$.

下证 x^* 是 T 的唯一不动点. 为此先证 $x_{n+1} \to Tx^*$. 假定对任一 $n, x_n \neq x^*$,于是由 T 是第(14)类压缩型映射,即得

$$d(x_{n+1},Tx^*) \leqslant \frac{(a_2+a_4)d(x_n,x_{n+1})+(a_3+a_5)d(x^*,x_{n+1})+a_1d(x_n,x^*)}{1-a_3-a_4}.$$

由 $a_i(i=1,2,\cdots,5)$ 的对称性,同理可得

$$d(Tx^*,x_{n+1}) \leqslant \frac{(a_2+a_4)d(x^*,x_{n+1})+(a_3+a_5)d(x_n,x_{n+1})+a_1d(x^*,x_n)}{1-a_2-a_5}.$$

因 a_3+a_4 和 a_2+a_5 均在 $d(x_n,x^*)$ 处取值,又因 $\sum_{i=1}^{5} a_i(t) < 1, \forall t > 0$. 故至少有一个和,比如 a_3+a_4,对无穷多个 n_i,其值必然小于 $\frac{1}{2}$,于是 $\lim_{i \to \infty} d(Tx^*,x_{n_i+1})=0$. 即 $x_{n_i+1} \to Tx^*$. 因 $x_n \to x^*$,故 $Tx^*=x^*$,即 x^* 是 T 的不动点. 由条件(14)容易证

明不动点的唯一性.

现在我们讨论第(15)类压缩型映射不动点的存在性问题. 为此,我们给出下面的引理.

引理 1.4.1 设 (X,d) 是一个度量空间,$T:X \to X$ 是第(15)类压缩型映射,n 是任意的正整数,则对每一个 $x \in X$ 和一切的 $i,j \in \{1,2,\cdots,n\}$,有 $d(T^i x, T^j x) \leqslant h\delta(O(x,T,n))$.

这里及以后我们用 $O(x,T,n)$ 表示集合 $\{x,Tx,\cdots,T^n x\}$,而用 $O(x,T,\infty)$ 表示集合 $\{x,Tx,\cdots,T^n x,\cdots\}$,称为 T 在 x 处生成的轨道,并简记为 $O(x,T)$. 用 $\delta(A)$ 表示集合 $A \subset X$ 的直径,即 $\delta(A) = \sup\{d(x,y):x,y \in A\}$.

证明:由于 T 为第(15)类压缩型映射,故对任意的 $x \in X$ 和任意的正整数 $i,j \in \{1,2,\cdots,n\}$,有

$$d(T^i x, T^j x) = d(TT^{i-1} x, TT^{j-1} x)$$
$$\leqslant h \max\{d(T^{i-1}x,T^{j-1}x),d(T^{i-1}x,T^i x),d(T^{j-1}x,T^j x),d(T^{i-1}x,T^j x),$$
$$d(T^{j-1}x,T^i x)\}$$
$$\leqslant h\delta(O(x,T,n)).$$

引理得证.

特别地,当 $i=1,j=n$ 时有
$$d(Tx,T^n x) \leqslant h\delta(O(x,T,n)).$$

注 1.4.1 由引理 1.4.1 知,如果 T 是第(15)类压缩型映射,且 $x \in X$,则对每一个正整数 n,必存在正整数 $k:1 \leqslant k \leqslant n$,使得
$$d(Tx,T^k x) \leqslant \delta(O(x,T,n)).$$

证明:显然有
$$\delta(O(x,T,n)) = \delta(\{x,Tx,\cdots,T^n x\})$$
$$= \sup_{1 \leqslant i,j \leqslant n}\{d(T^i x,T^j x),d(Tx,T^i x)\}$$
$$= \max\{\max_{1 \leqslant i \leqslant n} d(x,T^i x), \max_{1 \leqslant i,j \leqslant n} d(T^i x,T^j x)\}.$$

若 $\max\limits_{1 \leqslant i \leqslant n} d(x,T^i x) \leqslant \max\limits_{1 \leqslant i,j \leqslant n} d(T^i x,T^j x)$,则由引理 1.4.1 及 $h<1$,可得
$$\delta(O(x,T,n)) = \max_{1 \leqslant i,j \leqslant n} d(T^i x,T^j x) \leqslant h\delta(O(x,T,n)) < \delta(O(x,T,n)),$$
矛盾. 故 $\max\limits_{1 \leqslant i \leqslant n} d(x,T^i x) > \max\limits_{1 \leqslant i,j \leqslant n} d(T^i x,T^j x)$,从而存在 $k \in \{1,2,\cdots,n\}$,使得
$$\delta(O(x,T,n)) = \max_{1 \leqslant i \leqslant n} d(x,T^i x) = d(x,T^k x).$$

引理 1.4.2 设 $T:X \to X$ 是第(15)类压缩型映射,则对每一个 $x \in X$,有
$$\delta(O(x,T,\infty)) \leqslant \frac{1}{1-h}d(x,Tx).$$

证明：因 $\delta(O(x,T,1)) \leqslant \delta(O(x,T,2)) \leqslant \cdots$，故

$$\delta(O(x,T,\infty)) = \sup\{\delta(O(x,T,n)): n=1,2,\cdots\}.$$

现证对任意的正整数 n，有

$$\delta(O(x,T,n)) \leqslant \frac{1}{1-h}d(x,Tx).$$

由注 1.4.1 知，存在某一个正整数 $k \in \{1,2,\cdots,n\}$，使得 $d(x,T^k x) = \delta(O(x,T,n))$．于是，由三角不等式和引理 1.4.1 得

$$\begin{aligned}
d(x,T^k x) &\leqslant d(x,Tx) + d(Tx,T^k x) \\
&\leqslant d(x,Tx) + h\delta(O(x,T,n)) \\
&= d(x,Tx) + hd(x,T^k x).
\end{aligned}$$

化简即得

$$\delta(O(x,T,n)) = d(x,T^k x) \leqslant \frac{1}{1-h}d(x,Tx).$$

于上式两端对 n 取上确界，即得

$$\delta(O(x,T,\infty)) = \sup_{n \geqslant 1} \delta(O(x,T,n)) \leqslant \frac{1}{1-h}d(x,Tx).$$

定理 1.4.3[12] 设 (X,d) 是一个完备的度量空间，$T:X \to X$ 是第(15)类压缩型映射，则

（ⅰ）T 有唯一的不动点 $x^* \in X$；

（ⅱ）$\forall x_0 \in X$，有 $\lim\limits_{n \to \infty} T^n x_0 = x^*$；

（ⅲ）$d(T^n x_0, x^*) \leqslant \dfrac{h^n}{1-h}d(x_0,Tx_0)$．

证明：设 x_0 是 X 中的任意一点．现证 $\{T^n x_0\}$ 是 X 中的 Cauchy 列．设 n，$m(n<m)$ 是任意正整数，因 T 是第(15)类压缩型映射，故由引理 1.4.1 得

$$d(T^n x_0, T^m x_0) = d(TT^{n-1}x_0, T^{m-n+1}T^{n-1}x_0)$$

$$\leqslant h\delta(O(T^{n-1}x_0,T,m-n+1)). \tag{1.4.2}$$

由注 1.4.1 知，存在某一个正整数 $k_1:1 \leqslant k_1 \leqslant m-n+1$，使得

$$\delta(O(T^{n-1}x_0,T,m-n+1)) = d(T^{n-1}x_0, T^{k_1}T^{n-1}x_0).$$

于是由引理 1.4.1 得

$$\begin{aligned}
\delta(O(T^{n-1}x_0,T,m-n+1)) &= d(TT^{n-2}x_0, T^{k_1+1}T^{n-2}x_0) \\
&\leqslant h\delta(O(T^{n-2}x_0,T,k_1+1)) \\
&\leqslant h\delta(O(T^{n-2}x_0,T,m-n+2)). \tag{1.4.3}
\end{aligned}$$

把式(1.4.3)代入式(1.4.2)中得

$$d(T^n x_0, T^m x_0) \leqslant h^2 \delta(O(T^{n-2} x_0, T, m - n + 2))$$

$$\leqslant \cdots \leqslant h^n \delta(O(x_0, T, m)).$$

再由引理 1.4.2 得

$$d(T^n x_0, T^m x_0) \leqslant h^n \delta(O(x_0, T, m))$$

$$\leqslant h^n \delta(O(x_0, T, \infty))$$

$$\leqslant \frac{h^n}{1 - h} d(x_0, T x_0). \tag{1.4.4}$$

上式表明 $\{T^n x_0\}$ 是 X 中的 Cauchy 列. 由 X 完备知, 存在 $x^* \in X$, 使 $T^n x_0 \rightarrow x^*$.

下证 x^* 是 T 在 X 中的唯一不动点. 事实上, 由三角不等式及 T 是第(15)类压缩型映射可知

$$d(x^*, T x^*) \leqslant d(x^*, T^{n+1} x_0) + d(T T^n x_0, T x^*)$$

$$\leqslant d(x^*, T^{n+1} x_0) + h \max\{d(T^n x_0, x^*), d(T^n x_0, T^{n+1} x_0), d(x^*, T x^*),$$

$$d(T^n x_0, T x^*), d(x^*, T^{n+1} x_0)\}$$

$$\leqslant d(x^*, T^{n+1} x_0) + h[d(T^n x_0, T^{n+1} x_0) + d(T^n x_0, x^*) +$$

$$d(x^*, T x^*) + d(T^{n+1} x_0, x^*)].$$

化简得

$$d(x^*, T x^*) \leqslant \frac{1}{1 - h}[(1 + h) d(x^*, T^{n+1} x_0) + h d(x^*, T^n x_0) + h d(T^n x_0, T^{n+1} x_0)].$$

于上式两端取 $n \rightarrow \infty$ 的极限, 有 $d(x^*, T x^*) = 0$, 即 $T x^* = x^*$.

由条件(15)易证不动点的唯一性. 于是定理 1.4.3 的结论（ⅰ）（ⅱ）得证. 又在式(1.4.4)中让 $m \rightarrow \infty$, 即得结论（ⅲ）.

下面我们讨论第(16)类压缩型映射的不动点存在性问题.

Rhoades[11] 在 1977 年指出, 为保证第(16)类压缩型映射 T 存在不动点必须附加条件: T 在 X 上连续并且对某一个 $x_0 \in X$, $\{T^n x_0\}_{n=0}^{\infty}$ 有一个聚点. 同时还提出下面两个公开问题:

(1) T 是第(16)类压缩型映射, 且存在 $x_0 \in X$, 使得 $\{T^n x\}_{n=0}^{\infty}$ 有一个聚点, 问 T 在 X 中是否存在不动点?

(2) 若问题(1)是否定的, 则对 T 或 X 需附加些什么条件, 能保证 T 在 X 中有不动点?

关于问题(1), 1977 年 Taylor[13] 给出反例说明 T 是第(16)类压缩型映射, 但 T 无不动点, 从而问题(1)被否定解决.

关于问题(2), 由于上述问题(1)是否定的, 因而许多作者致力于寻找 T 有

不动点的充分必要条件. 例如 Rhoades[14],Park[15],张石生[16]-[18] 及仲跻春[19] 等人都给出过某些存在不动点的充分或必要条件. 另外,有不少作者在更广泛的情形下寻找不动点存在的条件,得到了一些有趣的结果. 为节约篇幅,我们仅给出其中较为典型和较为重要的几个结果.

为叙述方便起见,我们先引进以下定义和引理.

定义 1.4.1　设 (X,d) 是一个度量空间,$T:X \to X$. 称 T 是紧映射,如果存在 X 的紧子集 Y,使得 $T(X) \subset Y$.

引理 1.4.3[20]　设 (X,d) 是一个完备的度量空间,T 是 X 到 X 的连续映射,且满足以下条件:

（ⅰ）T 有唯一的不动点 $x^* \in X$;

（ⅱ）$\forall x \in X$,迭代序列 $\{T^n x\}$ 收敛于 x^*;

（ⅲ）存在 x^* 的一个开邻域 U,有如下性质:对任意的包含 x^* 的开邻域 $V \subset X$,存在正整数 n_0,当 $n \geqslant n_0$ 时,$T^n(U) \subset V$,

则对任意的实数 $h \in (0,1)$,存在与 d 拓扑等价的度量 d^*,对此度量而言,T 是具有常数 h 的第(1)类压缩型映射,即

$$d^*(Tx,Ty) \leqslant hd^*(x,y), \forall x,y \in X.$$

定理 1.4.4[16]　设 (X,d) 是一个有界的完备度量空间,$T:X \to X$ 是连续的紧映射,则在与 d 拓扑等价的度量意义下,第(16)类压缩型映射与第(1)类压缩型映射(即 Banach 压缩映射)等价.

证明:显然,如果 T 是第(1)类压缩型映射,则必是第(16)类压缩型映射. 下面证明在与 d 拓扑等价的度量意义下,连续紧的第(16)类压缩型映射也必是第(1)类压缩型映射.

事实上,因 $T:X \to X$ 是连续紧的第(16)类压缩型映射,故存在一紧子集 $Y \subset X$,使得 $T(X) \subset Y$. 因而

$$Y \supset T(Y) \supset \cdots \supset T^n(Y) \supset \cdots.$$

令 $A = \bigcap_{n=0}^{\infty} T^n(Y)$,显然 A 是 X 的非空紧子集且 $T(A) = A$.

现证 A 是单点集. 若不然,设 A 不止含有一点,则 A 的直径 $\delta(A) > 0$. 因 A 是紧集,故存在 $x_1,x_2 \in A, x_1 \neq x_2$,使得 $d(x_1,x_2) = \delta(A)$. 又因 $T(A) = A$,故存在 $y_1,y_2 \in A$,使得 $x_1 = Ty_1, x_2 = Ty_2$,于是有

$$\delta(A) = d(x_1,x_2) = d(Ty_1,Ty_2)$$
$$< \max\{d(y_1,y_2),d(y_1,Ty_1),d(y_2,Ty_2),d(y_1,Ty_2),d(y_2,Ty_1)\}$$
$$\leqslant \delta(A),$$

矛盾. 故 A 必为单点集. 设 $A = \{x^*\}$,则由 $T(A) = A$ 知,x^* 是 T 的一个不动点,由

T 是第(16)类压缩型映射,易知 x^* 是 T 的唯一不动点,且对任一个 $x \in X$,易证 $T^n x \to x^* (n \to \infty)$ 成立.

取 $U = X$. 注意到 $T^{n+1}(X) \subset T^n(Y), n = 0, 1, 2, \cdots$,故知 $\delta(T^n(X)) \to 0 (n \to \infty)$. 因而当 n 充分大时,$T^n(X)$ 可包含在 x^* 的任一开邻域中,从而引理 1.4.3 的条件被满足,故定理 2.3.4 的结论由引理 1.4.3 得到.

仿定理 1.4.4 可证下面的定理成立.

定理 1.4.5   设 (X, d) 是一个紧度量空间,$T: X \to X$ 是连续映射,则在与 d 拓扑等价的度量意义下,第(16)类压缩型映射与第(1)类压缩型映射等价.

由定理 1.4.4 和定理 1.4.5 我们可得以下定理.

定理 1.4.6[16]   设 (X, d) 是一个有界的完备度量空间,$T: X \to X$ 是连续的第(16)类压缩型映射. 设以下条件之一成立:

(a)T 是紧映射;

(b)(X, d) 是紧度量空间.

则

(i)T 在 X 中存在唯一的不动点 x^*;

(ii)$\forall x_0 \in X$,迭代序列 $\{T^n x_0\}$ 收敛于 x^*;

(iii)对任一常数 $h \in (0, 1)$,存在与 d 拓扑等价的度量 d^*,使得迭代序列 $\{T^n x_0\}$ 对此度量收敛于 x^*,且有如下的估计式

$$d^*(T^n x_0, x^*) \leqslant \frac{h^n}{1-h} d^*(T x_0, x_0).$$

(iv)存在包含 x^* 的开邻域 U,对任一包含 x^* 的开邻域 $V \subset X$,存在正整数 n_0,当 $n \geqslant n_0$ 时,有 $T^n(U) \subset V$.

证明:在定理的条件下,在拓扑等价的度量意义下,由定理 1.4.4 和定理 1.4.5 知,第(16)类压缩型映射等价于第(1)类压缩型映射,故由定理 1.2.1 和引理 1.4.3 知定理 1.4.6 的结论成立.

1.5   拟压缩型映射的不动点定理

本节将主要研究拟压缩映射的相关不动点的结果. 拟压缩映射的概念在 1979 年由 Fisher[21] 首先引进,并证明了下面的结果.

定理 1.5.1   设 (X, d) 是一个完备的度量空间,$T: X \to X$ 是连续的拟压缩映射,即存在 $p, q \in \mathbf{N}$ 和常数 $h \in (0, 1)$,使得对一切 $x, y \in X$,有

$d(T^p x, T^q y)$

$\leq h \max\{d(T^r x, T^s y), d(T^r x, T^{r'} x), d(T^s y, T^{s'} y) : 0 \leq r, r' \leq p, 0 \leq s, s' \leq q\}$,

$$(1.5.1)$$

则 T 在 X 中有唯一的不动点.

证明：不失一般性，可设 $\frac{1}{2} \leq h < 1$，因而 $\frac{h}{1-h} \geq 1$. 另外，再设 $p \geq q$.

设 x 是 X 中的任意一点，现证序列 $\{T^n x\}_{n=1}^{\infty}$ 是有界的. 若不然，$\{T^n x\}_{n=1}^{\infty}$ 无界，则序列 $\{d(T^n x, T^q x) : n = 1, 2, \cdots\}$ 也无界，于是存在 $n \in \mathbf{N}$，使得

$$d(T^n x, T^q x) > \frac{h}{1-h} \max\{d(T^i x, T^q x) : 0 \leq i \leq p\},$$

并且 n 是满足上式的最小者. 因 $\frac{h}{1-h} \geq 1$，故必有 $n > p \geq q$，于是

$$d(T^n x, T^q x) > \frac{h}{1-h} \max\{d(T^i x, T^q x) : 0 \leq i \leq p\}$$

$$\geq \max\{d(T^r x, T^q x) : 0 \leq r < n\},$$

因而

$(1-h)d(T^n x, T^q x) > h \max\{d(T^i x, T^q x) : 0 \leq i \leq p\}$

$\geq h \max\{d(T^i x, T^r x) - d(T^r x, T^q x) : 0 \leq i \leq p, 0 \leq r < n\}$

$\geq h \max\{d(T^i x, T^r x) - d(T^n x, T^q x) : 0 \leq i \leq p, 0 \leq r < n\}$.

这就得出

$$d(T^n x, T^q x) > h \max\{d(T^i x, T^r x) : 0 \leq i \leq p, 0 \leq r < n\}. \quad (1.5.2)$$

现在来证明

$$d(T^n x, T^q x) > h \max\{d(T^i x, T^r x) : 0 \leq i, r < n\}. \quad (1.5.3)$$

如果 $d(T^n x, T^q x) \leq h \max\{d(T^i x, T^r x) : 0 \leq i, r < n\}$，根据式 (1.5.2)，即得

$$d(T^n x, T^q x) \leq h \max\{d(T^i x, T^r x) : p < i, r < n\}. \quad (1.5.4)$$

当 $d(T^i x, T^q x)$ 形式的项中出现 $0 \leq i \leq p$ 时，由不等式 (1.5.1) 可以把它省略，故可以无限次地把式 (1.5.1) 应用于式 (1.5.4)，即得

$$d(T^n x, T^q x) \leq h^k \max\{d(T^i x, T^r x) : p < i, r < n\}, k = 1, 2, \cdots.$$

在上式中令 $k \to \infty$，即得 $d(T^n x, T^q x) = 0$，矛盾. 因而不等式 (1.5.3) 成立.

再次利用不等式 (1.5.1)，

$d(T^n x, T^q x) \leq h \max\{d(T^r x, T^s x), d(T^r x, T^{r'} x), d(T^s x, T^{s'} x) : n - p \leq r,$

$r' \leq n, 0 \leq s, s' \leq q\} \leq h \max\{d(T^r x, T^s x) : 0 \leq r, s \leq n\}$,

这又与式 (1.5.3) 矛盾. 由此可知 $\{T^n x\}_{n=1}^{\infty}$ 是有界的.

现令 $M = \sup\{d(T^r x, T^s x): r, s = 0,1,2,\cdots\} < +\infty$. 于是对任意的 $\varepsilon > 0$，存在 N 使得 $h^N M < \varepsilon$，则当 $m, n \geq N \max\{p, q\}$ 时，引用不等式 (1.5.1) N 次，即得

$$d(T^m x, T^n x) \leqslant h^N M < \varepsilon.$$

故 $\{T^n x\}_{n=1}^{\infty}$ 是 X 中的 Cauchy 列. 由 X 完备，可设 $T^n x \to z \in X$. 由 T 的连续性及 $T x_{n-1} = x_n$，即得 $Tz = z$，即 z 是 T 的不动点. z 的唯一性是显然的.

在定理 1.5.1 中，如果 p (或 q) $=1$，则 T 的连续性条件可以取消，即有下面的定理.

定理 1.5.2 设 (X, d) 是一个完备的度量空间，$T: X \to X$ 是满足下面条件的映射：

$$d(T^p x, T y) \leqslant h \max\{d(T^r x, T^s y), d(T^r x, T^{r'} x), d(y, T y):$$
$$0 \leqslant r, r' \leqslant p, s = 0, 1\}, \forall x, y \in X,$$

其中 $0 \leqslant h < 1$, p 是某一正整数，那么 T 在 X 中有唯一的不动点.

证明: 设 x 是 X 中的任意一点. 类似于定理 1.5.1，可证 $\{T^n x\}_{n=1}^{\infty}$ 是 X 中的 Cauchy 列. 由 X 的完备性，可设 $T^n x \to z \in X$. 于是当 $n \geq p$ 时有

$$d(T^n x, T z) \leqslant h \max\{d(T^r x, T^s z), d(T^r x, T^{r'} x), d(z, T z): n - p \leqslant r, r' \leqslant n, s = 0, 1\}.$$

于上式两端取 $n \to \infty$ 的极限，得

$$d(z, T z) \leqslant h \max\{d(z, T^s z): s = 0, 1\} = h d(z, T z).$$

因 $h < 1$，故 $Tz = z$，即 z 是 T 的不动点. 容易证得 z 的唯一性.

注 1.5.1 定理 1.5.2 中 T 的连续性当 $p, q \geq 2$ 时是不能取消的 (参见文献 [5]).

以下结果是定理 1.5.2 的直接推论.

推论 1.5.1 设 (X, d) 是一个完备的度量空间，$T: X \to X$ 是第 (15) 类压缩型映射，则 T 在 X 中有唯一的不动点.

下面我们给出第 (16) 类压缩型映射的一个推广结果.

定理 1.5.3[21] 设 (X, d) 是一个紧度量空间，$T: X \to X$ 是一个连续的并满足下面条件的映射：存在 $p, q \in \mathbf{N}$，使得

$$d(T^p x, T^q y) < \max\{d(T^r x, T^s y), d(T^r x, T^{r'} x), d(T^s y, T^{s'} y):$$
$$0 \leqslant r, r' \leqslant p, 0 \leqslant s, s' \leqslant q\} \tag{1.5.5}$$

对一切保证右端为正的 $x, y \in X$ 均成立，则 T 在 X 中有唯一的不动点.

证明: 首先假定 T 是拟压缩映射，则定理的结论可由定理 1.5.1 得到. 如果 T 不是拟压缩的，于是若 $\{h_n\}_{n=1}^{\infty}$ 是一个收敛于 1 的单调增数列，则必存在序列 $\{x_n\}_{n=1}^{\infty}, \{y_n\}_{n=1}^{\infty} \subset X$，使得

$$d(T^p x_n, T^q y_n) > h_n \max\{d(T^r x_n, T^s y_n), d(T^r x_n, T^{r'} x_n), d(T^s y_n, T^{s'} y_n):$$

$$0 \le r, r' \le p, 0 \le s, s' \le q \}, n = 1, 2, \cdots.$$

因 X 紧，故存在 $\{x_n\}$ 和 $\{y_n\}$ 的子序列 $\{x_{n_k}\}_{k=1}^{\infty}$ 和 $\{y_{n_k}\}_{k=1}^{\infty}$ 收敛于 x 和 y，于是有

$$d(T^p x_{n_k}, T^q y_{n_k}) > h_{n_k} \max \{ d(T^r x_{n_k}, T^s y_{n_k}), d(T^r x_{n_k}, T^{r'} x_{n_k}), d(T^s y_{n_k}, T^{s'} y_{n_k}) :$$
$$0 \le r, r' \le p, 0 \le s, s' \le q \}, k = 1, 2, \cdots.$$

因 T 连续，在上式中令 $k \to \infty$，即得

$$d(T^p x, T^q y) \ge \max \{ d(T^r x, T^s y), d(T^r x, T^{r'} x), d(T^s y, T^{s'} y) :$$
$$0 \le r, r' \le p, 0 \le s, s' \le q \},$$

故有 $x = y = Tx$，否则就与式(1.5.5)矛盾，因而 x 是 T 的不动点. 由式(1.5.5)易知 x 的唯一性.

在定理 1.5.3 中取 $p = q = 1$，则得第(16)类压缩型映射的不动点定理.

推论 1.5.2　设 T 是紧度量空间 (X, d) 上连续的第(16)类压缩型映射，则 T 在 X 中有唯一的不动点.

1980 年，Fisher[22] 证明了下面的结果.

定理 1.5.4　设 (X, d) 是一个完备的度量空间，$S, T: X \to X$ 是满足下面条件的连续映射对：存在 $p, q \in \mathbf{N}$ 和常数 $h \in (0, 1)$，使得

$$d(S^p x, T^q y) \le h \max \{ d(S^r x, T^s y) : 0 \le r \le p, 0 \le s \le q \}, \forall x, y \in X.$$
$$(1.5.6)$$

则映射对 S, T 有唯一的公共不动点 $z \in X$，而且 z 也分别是 S 和 T 的唯一不动点. 如果式(1.5.6)中的 $p = 1$，则 S 的连续性条件可以取消；如果 $p = q = 1$，则 S 和 T 的连续性条件都可以取消.

证明：在定理的条件下，仿照定理 1.5.1 可证，对任一固定的 $x \in X$，序列 $\{S^n x\}$ 和 $\{T^n x\}$ 都是 X 中的有界序列. 令

$$M = \sup \{ d(S^r x, T^s x) : r, s = 0, 1, 2, \cdots \}.$$

于是对任给的 $\varepsilon > 0$，取 $N \in \mathbf{N}$，使得 $h^N M < \varepsilon$. 于是当 $m, n \ge N \max \{p, q\}$ 时，由归纳法可证

$$d(S^m x, T^n x) = d(S^p S^{m-p} x, T^q T^{n-q} x)$$
$$\le h \max \{ d(S^r S^{m-p} x, T^s T^{n-q} x) : 0 \le r \le p, 0 \le s \le q \}$$
$$= h \max \{ d(S^r x, T^s x) : m - p \le r \le m, n - q \le s \le n \}$$
$$\le \cdots \le h^N \max \{ d(S^r x, T^s x) : m - Np \le r \le m, n - Nq \le s \le n \}$$
$$\le h^N M < \varepsilon. \qquad (1.5.7)$$

于是当 $n, m, l \ge N \cdot \max \{p, q\}$ 时，有

$$d(S^m x, S^l x) \le d(S^m x, T^n x) + d(T^n x, S^l x) \le 2\varepsilon.$$

故 $\{S^n x\}_{n=1}^{\infty}$ 是 X 中的 Cauchy 列. 因 X 完备,设 $S^n x \to x^* \in X (n \to \infty)$. 于是对给定的 $\varepsilon > 0$, 存在正整数 N_1, 当 $n \geqslant N_1$ 时,有 $d(S^n x, x^*) < \varepsilon$. 从而当 $n \geqslant \max\{N \max\{p, q\}, N_1\}$ 时,由式(1.5.7)得

$$d(T^n x, x^*) \leqslant d(T^n x, S^n x) + d(S^n x, x^*) < 2\varepsilon.$$

故 $\{T^n x\}$ 也收敛于 x^*. 再由 S, T 的连续性知, x^* 是 S, T 的公共不动点.

下证 x^* 是 S, T 的唯一公共不动点. 设 y^* 是 T 的另一个不动点,则由式(1.5.6)有

$$d(x^*, y^*) = d(S^p x^*, T^q y^*)$$
$$\leqslant h \max\{d(S^r x^*, T^s y^*) : 0 \leqslant r \leqslant p, 0 \leqslant s \leqslant q\} = h d(x^*, y^*).$$

由 $h < 1$ 得 $x^* = y^*$, 于是 x^* 是 T 的唯一不动点. 同理可证, x^* 也是 S 的唯一不动点,从而 x^* 是 S, T 的唯一公共不动点.

最后证明,当 $p = 1$ 时 S 的连续性条件可以取消;当 $p = q = 1$ 时 S, T 的连续性条件均可取消. 事实上,当 $p = q = 1$ 时,对任一 $x \in X$, 由前面的证明知 $\{S^n x\}$ 和 $\{T^n x\}$ 都收敛于 $x^* \in X$, 于是

$$d(Sx^*, x^*) \leqslant d(Sx^*, T^n x) + d(T^n x, x^*)$$
$$\leqslant h \max\{d(x^*, T^{n-1} x), d(x^*, T^n x), d(T^{n-1} x, Sx^*)\} + d(T^n x, x^*).$$

在上式两端让 $n \to \infty$, 得到 $d(Sx^*, x^*) \leqslant h d(x^*, Sx^*)$, 即 $x^* = Sx^*$. 同理可证, $x^* = Tx^*$. 仿上可证 x^* 是 S, T 的唯一公共不动点.

$p = 1$ 的情形类似可证.

1983 年,张石生[23]将定理 1.5.3 作了如下推广.

定理 1.5.5 设 (X, d) 是一个紧度量空间, $T: X \to X$ 是连续映射,且满足条件:存在 $p, q \in \mathbf{N}$, 使 $\forall x, y \in X, T^p x \neq T^q y$, 有

$$d(T^p x, T^q y) < \delta(O(x, T, \infty) \cup O(y, T, \infty)),$$

则 T 在 X 中存在唯一的不动点 x^*, 而且对任一 $x \in X$, 有 $T^n x \to x^* (n \to \infty)$.

定义 1.5.1 集合 X 上的自映射对 S, T 称为是可交换的,如果对每一个 $x \in X$, 都有 $STx = TSx$.

利用映射的可交换性,1984 年,杨亚东[24]进一步推广了上述结果,得到如下定理.

定理 1.5.6[24] 设 (X, d) 为一个紧度量空间, S, T 为 X 上的连续自映射,且 S 与 T 可交换. 如果存在 $p, q \in \mathbf{N}$, 使得对一切 $x, y \in X, S^p x \neq T^q y$, 有

$$d(S^p x, T^q y) < \delta(O(x, y; S, T; \infty)), \tag{1.5.8}$$

其中

$$O(x, y; S, T; \infty) = O(x; S, T; \infty) \cup O(y; S, T; \infty),$$
$$O(x; S, T; \infty) = \{S^i T^j x : i, j = 0, 1, 2, \cdots\},$$

那么以下结论成立:

（ⅰ）S,T 在 X 中有唯一的公共不动点 x^*；

（ⅱ）$\forall x \in X$，有 $(ST)^n x \to x^* (n \to \infty)$；

（ⅲ）对任意的 $\lambda \in (0,1)$，存在与 d 拓扑等价的度量 d^*，使得对一切 $x,y \in X$，有 $d^*(STx,STy) \leqslant \lambda d^*(x,y)$，且有误差估计

$$d^*((ST)^n x, x^*) \leqslant \frac{\lambda^n}{1-\lambda} d^*(STx,x).$$

证明：令 $A = \bigcap\limits_{n=0}^{\infty}(ST)^n X$，则由 A 的定义与 X 的紧性以及 S 和 T 的连续性知，A 为 X 的非空紧子集，且必有 $SA = TA = A$ 成立. 事实上，

$$TA \subset \bigcap\limits_{n=0}^{\infty} T(ST)^n X = \bigcap\limits_{n=0}^{\infty}(ST)^n TX \subset \bigcap\limits_{n=0}^{\infty}(ST)^n X = A.$$

同理有 $SA \subset A$. 反之，设 $x \in A$. 因 $A \subset (ST)^{n+1} X (n \geqslant 0)$，则存在 $x_n \in (ST)^n X$，使得 $x = STx_n (n \geqslant 0)$. 由 X 的紧性，不妨设 $x_n \to x_0 \in X$. 因为对于任意的 $n \in \mathbf{N}$，$\{x_k : k \geqslant n\} \subset (ST)^n X$，且 $(ST)^n X$ 为紧集，故 $x_0 \in (ST)^n X$，从而 $x_0 \in A$，于是 $Sx_0 \in SA \subset A$. 由 S,T 的连续性，在 $x = STx_n$ 中令 $n \to \infty$，得 $x = STx_0 = TSx_0 \in TA$，所以 $A \subset TA$. 类似地可证明 $A \subset SA$，因此有 $SA = TA = A$.

下证 A 为单点集. 若不然，有 $\delta(A) > 0$. 由 A 的紧性可知，存在 $x_1, x_2 \in A$，使 $\delta(A) = d(x_1, x_2)$. 又由 $SA = TA = A$ 推得 $S^p A = T^q A = A$，从而存在 $y_1, y_2 \in A$，使得 $x_1 = S^p y_1$，$x_2 = T^q y_2$. 于是，由式（1.5.8），可以得到

$$\delta(A) = d(x_1, x_2) = d(S^p y_1, T^q y_2) < \delta(O(y_1, y_1; S, T; \infty)) \leqslant \delta(A),$$

这与 $\delta(A) > 0$ 矛盾，所以 $\delta(A) = 0$，即 A 为单点集.

设 $A = \{x^*\}$，则由 $SA = TA = A$ 知，x^* 是 S 和 T 的公共不动点，因而也是 ST 的不动点. 由 A 的构造知，A 包含了 ST 的所有不动点，故 ST 有唯一的不动点 x^*，因而 S,T 有唯一的公共不动点，从而（ⅰ）得证.

因 $(ST)^n X \times (ST)^n X$ 紧及 $d(x,y)$ 为 $(ST)^n X \times (ST)^n X (n \geqslant 0)$ 上的连续函数，故存在 $x_n, y_n \in (ST)^n X$，使得

$$\delta((ST)^n X) = d(x_n, y_n).$$

由 X 的紧性，不妨设 $x_n \to x_0 \in X$，$y_n \to y_0 \in X$. 于是就有 $d(x_n, y_n) \to d(x_0, y_0)$，而由 A 为单点集知 $d(x_n, y_n) \to 0$，故 $d(x_0, y_0) = 0$，从而 $x_0 = y_0 = x^*$. 由此知 $\lim\limits_{n \to \infty} \delta((ST)^n X) = 0$，因而 $\forall x \in X$，有 $(ST)^n x \to x^* (n \to \infty)$，即得（ⅱ）.

取 $U = X$，由 $\lim\limits_{n \to \infty} \delta((ST)^n X) = 0$，对 x^* 的任何开邻域 V，当 n 充分大后，$(ST)^n U \subset V$，由引理 1.4.3 得定理中（ⅲ）的前半部分. 至于后半部分，那是 Banach 压缩映像原理的结果.

注 1.5.2　若将式（1.5.8）换成下面的式（1.5.9），则定理 1.5.6 仍然成立.

$$d(S^p x, T^q y) < \delta(O(x, S, \infty) \cup O(y, T, \infty)). \tag{1.5.9}$$

这里我们还应指出,定理 1.5.1,1.5.3,1.5.4 和 1.5.6 所讨论的映射(对)是较为广泛的. 例如定理 1.5.3 所讨论的映射就包含(3),(9),(16),(19),(25),(32),(35),(41),(48)等 9 类压缩型映射为其特例;又如第(1)—(48)类压缩型映射中除前述的 9 类压缩型映射和(2),(7),(14),(18),(23),(30),(34),(39),(46)类压缩型映射外都是定理 1.5.1 所讨论映射的特例;再如定理 1.5.4 所讨论的映射就包含(90),(97),(106),(113)和(122)类压缩型映射为其特例;又可以证明定理 1.5.8 是定理 1.5.3 的推广.

1.6 Φ-压缩型映射的不动点定理

随着压缩型映射的不动点理论的深入研究,压缩型映射的形式也越来越广泛,其中 Φ-压缩型映射是其中重要的一类. 本节我们将主要介绍 Φ-压缩型映射的不动点及相关公共不动点的一些结果.

设 X 和 Y 是拓扑空间. 如果对于 $f(X)$ 的每个紧子集 A,$f^{-1}(A)$ 都是紧的,则称映射 $f:X \to Y$ 是真映射. 对于任何集合 A,$\bar{A}$ 表示 A 的闭包. I 表示 X 上的恒等映射.

引理 1.6.1 设 $\varphi:\mathbf{R}^+ \to \mathbf{R}^+$ 是递增的且上半连续的,那么对于每一个 $t>0$,$\varphi(t)<t$ 当且仅当 $\lim\limits_{n\to\infty}\varphi^n(t)=0$,其中 φ^n 表示 φ 的 n 次迭代.

证明: 首先设对于每一个 $t>0$,$\varphi(t)<t$. 于是,$\varphi^n(t) \leqslant \varphi^{n-1}(t) \leqslant \cdots \leqslant \varphi(t)<t$. 从而数列 $\{\varphi^n(t)\}$ 单调递减有下界,故极限存在. 由 $\varphi(t)$ 的上半连续性得

$$\lim_{n\to\infty}\varphi^n(t) = \lim_{n\to\infty}\sup \varphi(\varphi^{n-1}(t)) \leqslant \varphi(\lim_{n\to\infty}\varphi^{n-1}(t)).$$

令 $\bar{t}=\lim\limits_{n\to\infty}\varphi^n(t)$,由上式得 $\bar{t} \leqslant \varphi(\bar{t})$. 如果 $\bar{t}>0$,则应有 $\bar{t} \leqslant \varphi(\bar{t})<\bar{t}$,矛盾,故 $\bar{t}=0$,即 $\lim\limits_{n\to\infty}\varphi^n(t)=0$.

其次,设 $\lim\limits_{n\to\infty}\varphi^n(t)=0$. 若对某一 $t_0>0$,有 $\varphi(t_0) \geqslant t_0$,于是由 φ 的单调性知,$\varphi^n(t_0) \geqslant t_0$,$n=1,2,\cdots$. 因而由条件 $\lim\limits_{n\to\infty}\varphi^n(t_0)=0$,即得 $t_0 \leqslant 0$,矛盾. 故必有 $\varphi(t)<t$,$\forall t>0$.

定理 1.6.1 设 (X,d) 是一个完备的度量空间,T 是 X 到 X 的映射. 如果 $\forall x \in X$,存在正整数 $n=n(x)$,使得 $\forall y \in X$,有

$$d(T^n x, T^n y) \leqslant \Phi(d(x,T^n x),d(x,T^n y),d(x,y),d(y,T^n x),d(y,T^n y)),$$
$$\tag{1.6.1}$$

其中,函数 $\Phi:[0,+\infty)^5 \to [0,+\infty)$ 满足下面的条件:

(ⅰ)Φ 是连续函数且对每一个变量是不减的;

（ⅱ）$\lim\limits_{t\to\infty}(t-\varphi(t))=\infty$，这里 $\varphi(t)=\Phi(t,t,t,2t,2t)$;

（ⅲ）$\lim\limits_{n\to\infty}\varphi^n(t)=0,\forall\,t>0$,

则 T 有唯一的不动点 $x^*\in X$，且对每一个 $x\in X$，迭代序列 $\{T^k x\}_{k=1}^{\infty}$ 收敛于 x^*.

证明：首先证明对每一个 $x\in X$，轨道 $O(x,T,\infty)=\{T^i x\}_{i=0}^{\infty}$ 是有界的. 为此固定一 $x\in X$ 和一整数 $s:0\leqslant s<n=n(x)$. 令

$$u_k=d(x,T^{kn+s}x),k=0,1,2,\cdots,$$
$$h=\max\{u_0,d(x,T^n x)\}.$$

由（ⅱ）知，存在常数 $c>h$，使得 $t-\varphi(t)>h,t\geqslant c$. 由 c 的选择知 $u_0<c$. 假设存在正整数 j，使得 $u_j\geqslant c$. 不妨假定 $\forall\,i<j,u_i<c$. 由三角不等式有

$$d(T^n x,T^{(j-1)n+s}x)\leqslant d(x,T^n x)+u_{j-1}<2u_j,$$
$$d(T^{jn+s}x,T^{(j-1)n+s}x)\leqslant u_j+u_{j-1}<2u_j.$$

利用式（1.6.1）和条件（ⅰ），可得

$$u_j=d(x,T^{jn+s}x)$$
$$\leqslant d(T^n x,T^n T^{(j-1)n+s}x)+d(x,T^n x)$$
$$\leqslant \Phi(u_j,u_j,u_j,2u_j,2u_j)+h$$
$$=\varphi(u_j)+h,$$

即 $u_j-\varphi(u_j)\leqslant h$，这与 c 的选择矛盾. 故 $u_j<c,j=0,1,2,\cdots$，因而轨道 $O(x,T,\infty)$ 是有界的.

现取 $x_0\in X$，并令 $n_0=n(x_0)$. 定义序列 $\{x_k\}$ 如下：

$$x_{k+1}=T^{n_k}x_k,n_k=n(x_k),k=0,1,2,\cdots. \tag{1.6.2}$$

显然 $\{x_k\}$ 是轨道 $O(x,T,\infty)$ 的子序列. 下证 $\{x_k\}$ 是一个 Cauchy 列.

设 k 和 i 是任意的正整数，由式（1.6.2）有 $x_{k+i}=T^{n_{k+i-1}+\cdots+n_k}x_k$. 记 $s_0=n_{k+i-1}+\cdots+n_k$，于是由式（1.6.1）可得

$$d(x_k,x_{k+i})=d(x_k,T^{s_0}x_k)=d(T^{n_{k-1}}x_{k-1},T^{s_0+n_{k-1}}x_{n_{k-1}})$$
$$\leqslant \Phi(d(x_{k-1},T^{n_{k-1}}x_{k-1}),d(x_{k-1},T^{s_0+n_{k-1}}x_{k-1}),d(x_{k-1},T^{s_0}x_{k-1}),$$
$$d(T^{n_{k-1}}x_{k-1},T^{s_0}x_{k-1}),d(T^{s_0}x_{k-1},T^{s_0+n_{k-1}}x_{k-1}))$$
$$\leqslant \varphi\Big(\sup_{q\in\{T^s x_{k-1}\}_{s=0}^{\infty}}d(x_{k-1},q)\Big). \tag{1.6.3}$$

仿上同样可证，当 $q\in\{T^s x_{k-1}\}_{s=0}^{\infty}$ 时，

$$d(x_{k-1},q)\leqslant\varphi\Big(\sup_{u\in\{T^s x_{k-2}\}_{s=0}^{\infty}}d(x_{k-2},u)\Big).$$

把上式代入式（1.6.3）中得

$$d(x_k,x_{k+1})\leqslant\varphi^2\Big(\sup_{u\in\{T^s x_{k-2}\}_{s=0}^{\infty}}d(x_{k-2},u)\Big)\leqslant\cdots\leqslant\varphi^k\Big(\sup_{u\in\{T^s x_0\}_{s=0}^{\infty}}d(x_0,u)\Big).$$

因轨道 $\{T^s x_0\}_{s=0}^{\infty}$ 有界, 故于上式两端取 $k \to \infty$ 的极限, 由条件(iii)即知 $\{x_k\}$ 是 X 中的 Cauchy 列. 不失一般性, 设 $x_k \to x^* \in X$, 令 $n = n(x^*)$. 现证 $T^n x^* = x^*$. 若不然, 则有 $\varepsilon = d(T^n x^*, x^*) > 0$. 利用与前面一样的讨论, 可证得 $\lim\limits_{k \to \infty} d(T^n x_k, x_k) = 0$. 由引理 1.6.1 知 $\varphi(\varepsilon) < \varepsilon$. 于是存在 k_0, 当 $k \geqslant k_0$ 时,

$$d(x^*, x_k) \leqslant \frac{\varepsilon - \varphi(\varepsilon)}{4},$$

$$d(T^n x_k, x_k) \leqslant \frac{\varepsilon - \varphi(\varepsilon)}{4}.$$

故由式(1.6.1)有

$$\begin{aligned}
\varepsilon &= d(T^n x^*, x^*) \\
&\leqslant d(T^n x^*, T^n x_k) + d(T^n x_k, x_k) + d(x_k, x^*) \\
&\leqslant \Phi(d(x^*, T^n x^*), d(x^*, T^n x_k), d(x^*, x_k), d(T^n x^*, x_k), d(T^n x_k, x_k)) + \\
&\quad \frac{\varepsilon - \varphi(\varepsilon)}{2}.
\end{aligned} \tag{1.6.4}$$

因

$$d(x^*, T^n x_k) \leqslant d(x^*, x_k) + d(x_k, T^n x_k),$$

$$d(T^n x^*, x_k) \leqslant d(T^n x^*, x^*) + d(x^*, x^*),$$

于是当 $k \geqslant k_0$ 时, 得

$$d(x^*, T^n x_k) \leqslant \frac{\varepsilon - \varphi(\varepsilon)}{2} < \varepsilon,$$

$$d(T^n x^*, x_k) < 2\varepsilon.$$

从而由式(1.6.4)得

$$\varepsilon \leqslant \Phi(\varepsilon, \varepsilon, \varepsilon, 2\varepsilon, 2\varepsilon) + \frac{\varepsilon - \varphi(\varepsilon)}{2} = \frac{\varepsilon + \varphi(\varepsilon)}{2} < \varepsilon,$$

这是矛盾的. 由此可知, $T^n x^* = x^*$.

设存在 $y^* \in X, y^* \neq x^*$, 使得 $T^n y^* = y^*, n = n(x^*)$. 则由式(1.6.1)及引理 1.6.1 可得

$$\begin{aligned}
d(x^*, y^*) &= d(T^n x^*, T^n y^*) \\
&\leqslant \Phi(0, d(x^*, y^*), d(x^*, y^*), d(x^*, y^*), 0) \\
&\leqslant \varphi(d(x^*, y^*)) \\
&< d(x^*, y^*),
\end{aligned}$$

矛盾. 可见 x^* 是 T^n 的唯一不动点. 因 $Tx^* = T^n Tx^*$, 故 Tx^* 也是 T^n 的不动点, 由不动点的唯一性得 $Tx^* = x^*$, 即 x^* 是 T 的唯一不动点.

下面证明, 对任一 $x \in X$, 迭代序列 $\{T^k x\}_{k=1}^{\infty}$ 收敛于 x^*. 取 $x \in X$, 对任一整

数 $s:0 \leqslant s < n(x^*) = n$，令 $d_k = d(x^*, T^{kn+s}x)$，$k = 0, 1, 2, \cdots$. 若存在某一个 k，使得 $d_k > d_{k-1}$，则由式（1.6.1）和（ⅰ），（ⅲ）得到

$$d_k = d(T^n x^*, T^n T^{(k-1)n+s}x)$$
$$\leqslant \Phi(0, d_k, d_{k-1}, d_{k-1}, d(T^{kn+s}x, T^{(k-1)n+s}x))$$
$$\leqslant \Phi(d_k, d_k, d_k, d_k, 2d_k)$$
$$\leqslant \varphi(d_k) < d_k,$$

这是一个矛盾. 因而 $d_k \leqslant d_{k-1}$，$k = 1, 2, \cdots$，从而有

$$d_k \leqslant \Phi(d_{k-1}, d_{k-1}, d_{k-1}, d_{k-1}, 2d_{k-1}) \leqslant \varphi(d_{k-1}) \leqslant \cdots \leqslant \varphi^k(d_0).$$

再由（ⅲ）知 $d_k \to 0 (k \to \infty)$，故 $T^k x \to x^* (k \to \infty)$.

下面我们考虑多个映射的重合点问题.

定义

$\Phi_1 = \{\varphi \mid \varphi : (\mathbf{R}^+)^9 \to \mathbf{R}^+$ 是上半连续的，对每个坐标变量递增，并且满足

$$\overline{\varphi}(t) = \max\{\varphi(t, t, t, t, t, t, t, t, 0), \varphi(0, 0, t, 0, t, t, t, 0, t)\} < t, \forall t > 0\},$$

$\Phi_2 = \{\varphi \mid \varphi : (\mathbf{R}^+)^7 \to \mathbf{R}^+$ 是上半连续的，对每个坐标变量递增，并且满足

$$\overline{\varphi}(t) = \varphi(t, t, t, t, t, t, t) < t, \forall t > 0\}.$$

定理 1.6.2　设 X 是一个满足第一可数公理的 T_1 拓扑空间. 设 (Y, d) 是一个完备的度量空间，并且 $A, B, S, T : X \to Y$ 满足以下条件：

（1）$AX \subset TX$ 并且 $BX \subset SX$，以及下列条件之一；

（2）A 和 S 是连续的，A 是一个真映射并且 AX 是闭的；

（3）A 和 S 是连续的，S 是一个真映射并且 SX 是闭的；

（4）B 和 T 是连续的，B 是一个真映射并且 BX 是闭的；

（5）B 和 T 是连续的，T 是一个真映射并且 TX 是闭的.

如果对于 X 中所有满足条件 $Ax \neq By$ 的 x, y，都存在 $\varphi \in \Phi_1$，使得

$$d(Ax, By) \leqslant \varphi\Big(d(Ax, Sx), d(By, Ty), d(Sx, Ty), \frac{d(Ax, Sx) + d(By, Ty)}{2},$$

$$\frac{d(Ax, Sx) + d(Sx, Ty)}{2}, \frac{d(By, Ty) + d(Sx, Ty)}{2},$$

$$\frac{d(Ax, Ty) + d(By, Sx)}{2},$$

$$\frac{d(Ax, Sx) d(By, Ty)}{d(Ax, By)}, \frac{d(Ax, Ty) d(By, Sx)}{d(Ax, By)}\Big), \tag{1.6.5}$$

则存在 $u, v \in X$，使得 $Au = Su = Bv = Tv$.

证明：设 $x_0 \in X$. 因为 $AX \subset TX$ 并且 $BX \subset SX$，所以可以定义序列 $\{x_n\}_{n \in \mathbf{N}_0} \subset X$

和 $\{y_n\}_{n\in\mathbf{N}}\subset Y$, 对于所有的 $n\geqslant 0$, $y_{2n+1}=Tx_{2n+1}=Ax_{2n}$, 对于所有的 $n\geqslant 1$, $y_{2n}=Sx_{2n}=Bx_{2n-1}$. 对于所有的 $n\geqslant 1$, 令 $d_n=d(y_n,y_{n+1})$. 根据式(1.6.5), 有

$$d_{2n+1}=d(Ax_{2n},Bx_{2n+1})$$

$$\leqslant\varphi\bigg(d(Ax_{2n},Sx_{2n}),d(Bx_{2n+1},Tx_{2n+1}),d(Sx_{2n},Tx_{2n+1}),$$

$$\frac{d(Ax_{2n},Sx_{2n})+d(Bx_{2n+1},Tx_{2n+1})}{2},\frac{d(Ax_{2n},Sx_{2n})+d(Sx_{2n},Tx_{2n+1})}{2},$$

$$\frac{d(Bx_{2n+1},Tx_{2n+1})+d(Sx_{2n},Tx_{2n+1})}{2},\frac{d(Ax_{2n},Tx_{2n+1})+d(Bx_{2n+1},Sx_{2n})}{2},$$

$$\frac{d(Ax_{2n},Sx_{2n})d(Bx_{2n+1},Tx_{2n+1})}{d(Ax_{2n},Bx_{2n+1})},\frac{d(Ax_{2n},Tx_{2n+1})d(Bx_{2n+1},Sx_{2n})}{d(Ax_{2n},Bx_{2n+1})}\bigg)$$

$$\leqslant\varphi\bigg(d_{2n},d_{2n+1},d_{2n},\frac{d_{2n}+d_{2n+1}}{2},d_{2n},\frac{d_{2n+1}+d_{2n}}{2},\frac{d_{2n+1}+d_{2n}}{2},d_{2n},0\bigg)\quad(1.6.6)$$

如果对某个 $n\geqslant 1$, 有 $d_{2n}<d_{2n+1}$, 那么根据式(1.6.6), 可以得到

$$d_{2n+1}\leqslant\varphi(d_{2n+1},d_{2n+1},d_{2n+1},d_{2n+1},d_{2n+1},d_{2n+1},d_{2n+1},d_{2n+1},0)\leqslant\overline{\varphi}(d_{2n+1})<d_{2n+1},$$

矛盾. 因此, 对所有的 $n\in\mathbf{N}$, $d_{2n}\geqslant d_{2n+1}$. 再由式(1.6.6), 可以推出

$$d_{2n+1}\leqslant\varphi(d_{2n},d_{2n},d_{2n},d_{2n},d_{2n},d_{2n},d_{2n},d_{2n},0)\leqslant\overline{\varphi}(d_{2n}),\forall n\in\mathbf{N}.$$

相似地, 可以证明 $d_{2n}\leqslant\overline{\varphi}(d_{2n-1})$, $\forall n\in\mathbf{N}$. 于是

$$d_n\leqslant\overline{\varphi}(d_{n-1})\leqslant\overline{\varphi}^2(d_{n-2})\leqslant\cdots\leqslant\overline{\varphi}^{n-1}(d_1).$$

再由引理1.6.1得出

$$\lim_{n\to\infty}d_n=0.\qquad(1.6.7)$$

为了证明 $\{y_n\}_{n\in\mathbf{N}}$ 是一个柯西列, 只需证明 $\{y_{2n}\}_{n\in\mathbf{N}}$ 是一个柯西列. 假设 $\{y_{2n}\}_{n\in\mathbf{N}}$ 不是一个柯西列. 那么存在 $\varepsilon>0$, 使得对于每一个偶数 $2k$ 都存在常数 $2m(k)$ 和 $2n(k)$ 满足

$$2m(k)>2n(k)>2k,d(y_{2m(k)},y_{2n(k)})>\varepsilon.\qquad(1.6.8)$$

且对于每一个常数 $2k$, 令 $2m(k)$ 为使得式(1.6.8)成立的最小的偶数, 即

$$d(y_{2n(k)},y_{2m(k)-2})\leqslant\varepsilon.\qquad(1.6.9)$$

由式(1.6.8)及三角不等式有

$$\varepsilon<d(y_{2n(k)},y_{2m(k)})\leqslant d(y_{2n(k)},y_{2m(k)-2})+d_{2m(k)-2}+d_{2m(k)-1}.$$

$$(1.6.10)$$

结合式(1.6.7)、式(1.6.9)和式(1.6.10), 可以推出

$$\lim_{k\to\infty}d(y_{2n(k)},y_{2m(k)})=\varepsilon.\qquad(1.6.11)$$

容易证得

$$|d(y_{2n(k)}, y_{2m(k)-1}) - d(y_{2n(k)}, y_{2m(k)})| \leq d_{2m(k)-1};$$
$$|d(y_{2n(k)+1}, y_{2m(k)-1}) - d(y_{2n(k)}, y_{2m(k)-1})| \leq d_{2n(k)}; \qquad (1.6.12)$$
$$|d(y_{2n(k)+1}, y_{2m(k)}) - d(y_{2n(k)}, y_{2m(k)})| \leq d_{2n(k)}.$$

根据式(1.6.7)、式(1.6.11)和式(1.6.12),有

$$\lim_{k\to\infty} d(y_{2n(k)}, y_{2m(k)-1}) = \lim_{k\to\infty} d(y_{2n(k)+1}, y_{2m(k)-1}) = \lim_{k\to\infty} d(y_{2n(k)+1}, y_{2m(k)}) = \varepsilon.$$

$$(1.6.13)$$

再由式(1.6.5),得到

$$d(y_{2n(k)}, y_{2m(k)}) \leq d_{2n(k)} + d(Ax_{2n(k)}, Bx_{2m(k)-1})$$

$$\leq d_{2n(k)} + \varphi\Big(d(Ax_{2n(k)}, Sx_{2n(k)}), d(Bx_{2m(k)-1}, Tx_{2m(k)-1}),$$
$$d(Sx_{2n(k)}, Tx_{2m(k)-1}),$$
$$\frac{d(Ax_{2n(k)}, Sx_{2n(k)}) + d(Bx_{2m(k)-1}, Tx_{2m(k)-1})}{2},$$
$$\frac{d(Ax_{2n(k)}, Sx_{2n(k)}) + d(Sx_{2n(k)}, Tx_{2m(k)-1})}{2},$$
$$\frac{d(Bx_{2m(k)-1}, Tx_{2m(k)-1}) + d(Sx_{2n(k)}, Tx_{2m(k)-1})}{2},$$
$$\frac{d(Ax_{2n(k)}, Tx_{2m(k)-1}) + d(Bx_{2m(k)-1}, Sx_{2n(k)})}{2},$$
$$\frac{d(Ax_{2n(k)}, Sx_{2n(k)}) d(Bx_{2m(k)-1}, Tx_{2m(k)-1})}{d(Ax_{2n(k)}, Bx_{2m(k)-1})},$$
$$\frac{d(Ax_{2n(k)}, Tx_{2m(k)-1}) d(Bx_{2m(k)-1}, Sx_{2n(k)})}{d(Ax_{2n(k)}, Bx_{2m(k)-1})}\Big)$$

$$= d_{2n(k)} + \varphi\Big(d_{2n(k)}, d_{2m(k)-1}, d(y_{2n(k)}, y_{2m(k)-1}), \frac{d_{2n(k)} + d_{2m(k)-1}}{2},$$
$$\frac{d_{2n(k)} + d(y_{2n(k)}, y_{2m(k)-1})}{2}, \frac{d_{2m(k)-1} + d(y_{2n(k)}, y_{2m(k)-1})}{2},$$
$$\frac{d(y_{2n(k)+1}, y_{2m(k)-1}) + d(y_{2m(k)}, y_{2n(k)})}{2}, \frac{d_{2n(k)} d_{2m(k)-1}}{d(y_{2n(k)+1}, y_{2m(k)})},$$
$$\frac{d(y_{2n(k)+1}, y_{2m(k)-1}) d(y_{2m(k)}, y_{2n(k)})}{d(y_{2n(k)+1}, y_{2m(k)})}\Big).$$

在上面的不等式中令 $k\to\infty$,由式(1.6.7)、式(1.6.11)和式(1.6.13),可以得出

$$\varepsilon \leqslant \varphi\left(0,0,\varepsilon,0,\frac{\varepsilon}{2},\frac{\varepsilon}{2},\varepsilon,0,\varepsilon\right) \leqslant \overline{\varphi}(\varepsilon) < \varepsilon.$$

这是一个矛盾. 于是 $\{y_n\}_{n\in\mathbb{N}}$ 是一个柯西列. 因为 (Y,d) 是完备的,所以存在一点 $z \in Y$,使得 $\lim\limits_{n\to\infty} y_n = z$.

假设条件(2)是成立的. 令 $C = \{Ax_{2n} : n \geqslant 0\} \cup \{z\}$,于是 $C = \overline{C} \subset \overline{AX} = AX \subset Y$,并且 C 是紧的. 因为 A 是一个真映射,所以 $A^{-1}(C)$ 在 X 中紧. 因此存在 $\{x_{2n}\}_{n\in\mathbb{N}_0}$ 的子列 $\{x_{2n_k}\}_{k\in\mathbb{N}}$ 收敛到某一点 $u \in X$. 由 A 和 S 的连续性得到

$$\lim_{k\to\infty} Ax_{2n_k} = Au = z = \lim_{k\to\infty} Sx_{2n_k} = Su. \tag{1.6.14}$$

因为 $AX \subset TX$,所以存在 $v \in X$,使得 $Au = Tv$. 可以判定 $Au = Bv$. 否则,设 $Au \neq Bv$. 根据式(1.6.5)和式(1.6.14),可以推出

$$d(Au,Bv) \leqslant \varphi\Big(d(Au,Su),d(Bv,Tv),d(Su,Tv),$$

$$\frac{d(Au,Su)+d(Bv,Tv)}{2},\frac{d(Au,Su)+d(Su,Tv)}{2},$$

$$\frac{d(Bv,Tv)+d(Su,Tv)}{2},\frac{d(Au,Tv)+d(Bv,Su)}{2},$$

$$\frac{d(Au,Su)d(Bv,Tv)}{d(Au,Bv)},\frac{d(Au,Tv)d(Bv,Su)}{d(Au,Bv)}\Big)$$

$$= \varphi\Big(0,d(Au,Bv),0,\frac{d(Au,Bv)}{2},0,\frac{d(Au,Bv)}{2},\frac{d(Au,Bv)}{2},0,0\Big)$$

$$\leqslant \varphi\big(0,d(Au,Bv),0,d(Au,Bv),0,d(Au,Bv),d(Au,Bv),0,0\big)$$

$$\leqslant \overline{\varphi}\big(d(Au,Bv)\big)$$

$$< d(Au,Bv).$$

这是不可能的. 因此 $Au = Bv, Au = Su = Bv = Tv$.

假设条件(4)是成立的. 设 $C = \{Bx_{2n-1} : n \geqslant 1\} \cup \{z\}$,容易证得 $B^{-1}(C)$ 也是紧的. 显然,存在 $\{x_{2n-1}\}_{n\in\mathbb{N}}$ 的子列 $\{x_{2n_k-1}\}_{k\in\mathbb{N}}$ 使得它收敛到某一点 $v \in X$. 根据 B 和 T 的连续性可以得出

$$\lim_{k\to\infty} Bx_{2n_k-1} = Bv = z = \lim_{k\to\infty} Tx_{2n_k-1} = Tv.$$

注意到 $Bv \in BX \subset SX$,于是存在一点 $u \in X$,使得 $Bv = Su$. 假设 $Au \neq Bv$. 由式(1.6.5),得到

$$d(Au,Bv) \leqslant \varphi \Big(d(Au,Su), d(Bv,Tv), d(Su,Tv),$$

$$\frac{d(Au,Su)+d(Bv,Tv)}{2}, \frac{d(Au,Su)+d(Su,Tv)}{2},$$

$$\frac{d(Bv,Tv)+d(Su,Tv)}{2}, \frac{d(Au,Tv)+d(Bv,Su)}{2},$$

$$\frac{d(Au,Su)d(Bv,Tv)}{d(Au,Bv)}, \frac{d(Au,Tv)d(Bv,Su)}{d(Au,Bv)} \Big)$$

$$= \varphi \Big(d(Au,Bv), 0, 0, \frac{d(Au,Bv)}{2}, \frac{d(Au,Bv)}{2}, 0, \frac{d(Au,Bv)}{2}, 0, 0 \Big)$$

$$\leqslant \varphi(d(Au,Bv), 0, 0, d(Au,Bv), 0, d(Au,Bv), d(Au,Bv), 0, 0)$$

$$\leqslant \overline{\varphi}(d(Au,Bv))$$

$$< d(Au,Bv),$$

这是矛盾的. 因此, $Au=Bv$, $Au=Su=Bv=Tv$.

类似地, 可以证明若条件(3)和条件(5)之一满足, 结论成立.

定理 1.6.3　设 X 是一个满足第一可数公理的 T_1 拓扑空间. 设 (Y,d) 是一个完备的度量空间, 并且 $A,B,S:X\rightarrow Y$ 满足以下条件:

(1) $AX \cup BX \subset SX$, 以及下列条件之一;

(2) A 和 S 是连续的, A 是一个真映射并且 AX 是闭的;

(3) A 和 S 是连续的, S 是一个真映射并且 SX 是闭的;

(4) B 和 S 是连续的, B 是一个真映射并且 BX 是闭的;

(5) B 和 S 是连续的, S 是一个真映射并且 SX 是闭的.

如果对于 X 中所有的 x,y, 都存在 $\varphi \in \Phi_2$, 使得

$$d(Ax,By) \leqslant \varphi \Big(d(Ax,Sx), d(By,Sy), d(Sx,Sy),$$

$$\frac{d(Ax,Sx)+d(By,Sy)}{2}, \frac{d(Ax,Sx)+d(Sx,Sy)}{2},$$

$$\frac{d(By,Sy)+d(Sx,Sy)}{2}, \frac{d(Ax,Sy)+d(By,Sx)}{2} \Big), \quad (1.6.15)$$

则存在 $u \in X$, 使得 $Au=Bu=Su$.

证明: 设 $x_0 \in X$. 条件(1)保证了存在序列 $\{x_n\}_{n \in \mathbf{N}_0} \subset X$ 和 $\{y_n\}_{n \in \mathbf{N}} \subset Y$, 对于所有的 $n \geqslant 0$, $y_{2n+1}=Sx_{2n+1}=Ax_{2n}$, 对于所有的 $n \geqslant 1$, $y_{2n}=Sx_{2n}=Bx_{2n-1}$. 参考定理 1.6.2 的证明, 可以证明 $\{y_n\}_{n \in \mathbf{N}}$ 收敛到点 $z \in Y$.

假设条件(2)成立. 设 $C=\{Ax_{2n}:n \geqslant 0\} \cup \{z\}$. 因此 $C=\overline{C}=\overline{AX}=AX \subset Y$, 并且

C 是紧的. 因为 A 是一个真映射,所以 $A^{-1}(C)$ 是紧的. 于是存在 $\{x_{2n}\}_{n \in \mathbf{N}_0}$ 的子列 $\{x_{2n_k}\}_{k \in \mathbf{N}}$,使得它收敛到某一点 $u \in X$. A 和 S 的连续性保证式(1.6.14)是成立的. 可以断定 $Au = Bu$. 否则,设 $Au \neq Bu$. 根据式(1.6.15)推得

$$
\begin{aligned}
d(Au, Bu) &\leqslant \varphi\Big(d(Au, Su), d(Bu, Su), d(Su, Su), \\
&\qquad \frac{d(Au, Su) + d(Bu, Su)}{2}, \frac{d(Au, Su) + d(Su, Su)}{2}, \\
&\qquad \frac{d(Bu, Su) + d(Su, Su)}{2}, \frac{d(Au, Su) + d(Bu, Su)}{2} \Big) \\
&= \varphi\Big(0, d(Au, Bu), 0, \frac{d(Au, Bu)}{2}, 0, \frac{d(Au, Bu)}{2}, \frac{d(Au, Bu)}{2} \Big) \\
&\leqslant \overline{\varphi}(d(Au, Bu)) \\
&< d(Au, Bu).
\end{aligned}
$$

这是一个矛盾. 因此,$Au = Bu$,$Au = Bu = Su$. 相似地,如果条件(3),(4)和(5)之一成立,同样也可以证明结论.

推论 1.6.1 设 X 是一个满足第一可数公理的 T_1 拓扑空间. 设 (Y, d) 是一个完备的度量空间,并且 $A, B, S: X \rightarrow Y$ 满足定理 1.6.3 中条件(1)和条件(2),(3),(4)和(5)中的一个. 假设对于所有的 $x, y \in X$ 有

$$
d(Ax, By) \leqslant \gamma \max \Big\{ d(Ax, Sx), d(By, Sy), d(Sx, Sy), \frac{d(Ax, Sy) + d(By, Sx)}{2} \Big\},
$$

其中 $\gamma \in (0,1)$ 是一个常数. 那么存在 $u \in X$,使得 $Au = Bu = Su$.

在定理 1.6.3 中,如果 $X = Y$ 并且取 $S = T = I$,那么我们得出下面的结果.

推论 1.6.2 设 (X, d) 是一个完备的度量空间,$A, B: X \rightarrow X$ 满足下面的条件之一:

(1)A 是连续的真映射,并且 AX 是闭的;

(2)B 是连续的真映射,并且 BX 是闭的.

如果对于所有的 $x, y \in X$,存在 $\varphi \in \Phi_2$,使得

$$
\begin{aligned}
d(Ax, By) &\leqslant \varphi\Big(d(Ax, x), d(By, y), d(x, y), \frac{d(Ax, x) + d(By, y)}{2}, \\
&\qquad \frac{d(Ax, x) + d(x, y)}{2}, \frac{d(By, y) + d(x, y)}{2}, \frac{d(Ax, y) + d(By, x)}{2} \Big),
\end{aligned}
$$

那么 A 和 B 有一个公共的不动点 $u \in X$.

1.7　积分型压缩映射的不动点定理

积分型压缩映射由 Branciari 于 2002 年首次引入,并在一定的条件下获得了该类映射具有不动点的结果. 其后,许多学者讨论了不同类型的积分型压缩映射的不动点理论,取得了许多优秀的成果. 本节将主要介绍积分型 Banach 压缩映射、积分型 Ćirić 压缩映射、积分型 Φ-压缩映射、积分型广义压缩映射的不动点及公共不动点理论.

定义

$\Phi_1 = \{\varphi : \varphi : \mathbf{R}^+ \to \mathbf{R}^+$ 勒贝格可积,并在 $\mathbf{R}$ 的每个紧子集上可求和,且对每个 $\varepsilon > 0$,有 $\int_0^{\varepsilon} \varphi(t)\,\mathrm{d}t > 0\}$;

$\Phi_2 = \{\varphi : \varphi : \mathbf{R}^+ \to \mathbf{R}^+$ 满足:$\liminf\limits_{n\to\infty} \varphi(a_n) > 0 \Leftrightarrow$ 对每个 $\{a_n\}_{n\in\mathbf{N}} \subset \mathbf{R}^+$ 有 $\liminf\limits_{n\to\infty} a_n > 0\}$;

$\Phi_3 = \{\varphi : \varphi : \mathbf{R}^+ \to \mathbf{R}^+$ 是不减连续的且 $\varphi(t) = 0 \Leftrightarrow t = 0\}$;

$\Phi_4 = \{\varphi : \varphi : \mathbf{R}^+ \to \mathbf{R}^+$ 满足 $\varphi(0) = 0\}$;

$\Phi_5 = \{\varphi : \varphi : \mathbf{R}^+ \to [0,1)$ 满足:对每个 $t > 0$,$\limsup\limits_{s\to t} \varphi(s) < 1\}$;

$\Phi_6 = \{(\alpha,\beta) : \alpha,\beta : \mathbf{R}^+ \to [0,1)$ 满足 $\limsup\limits_{s\to 0^+} \beta(s) < 1$,$\limsup\limits_{s\to t^+} \dfrac{\alpha(s)}{1-\beta(s)} < 1$ 和对每个 $t > 0$,$\alpha(t) + \beta(t) < 1\}$.

引理 1.7.1　设 $\varphi \in \Phi_1$,$\{a_n\}$ 是一个 $[0, +\infty)$ 中的数列,a 是一个非负常数. 如果 $\lim\limits_{n\to\infty} a_n = a$,那么

$$\lim_{n\to\infty} \int_0^{a_n} \varphi(t)\,\mathrm{d}t = \int_0^a \varphi(t)\,\mathrm{d}t.$$

证明:由于数列 $\{a_n\}$ 收敛于 a,从而存在 $M > 0$,使得 $a_n \leq M$. 如果 $a > 0$,令
$$\widetilde{\varphi}(t) = \begin{cases} \varphi(t), & t \in [0,a), \\ 0, & t \in [a,M]. \end{cases}$$
容易验证

$$\varphi(t)\chi_{[0,a_n]}(t) \to \widetilde{\varphi}(t)\,(n\to\infty),\ \forall t \in [0,M] - \{a\}.$$
又因为 $\varphi \in \Phi_1$,所以根据 Lebesgue 控制收敛定理有
$$\lim_{n\to\infty} \int_0^{a_n} \varphi(t)\,\mathrm{d}t = \lim_{n\to\infty} \int_0^M \varphi(t)\chi_{[0,a_n]}(t)\,\mathrm{d}t = \int_0^M \lim_{n\to\infty} \varphi(t)\chi_{[0,a_n]}(t)\,\mathrm{d}t$$
$$= \int_0^M \widetilde{\varphi}(t)\,\mathrm{d}t = \int_0^a \varphi(t)\,\mathrm{d}t.$$

如果 $a=0$,则

$$\varphi(t)\chi_{[0,a_n]}(t) \to 0 (n \to \infty), \forall t \in (0,M].$$

又 $\varphi \in \Phi_1$,同样由 Lebesgue 控制收敛定理可推出

$$\lim_{n\to\infty}\int_0^{a_n}\varphi(t)\mathrm{d}t = \lim_{n\to\infty}\int_0^M\varphi(t)\chi_{[0,a_n]}(t)\mathrm{d}t = \int_0^M 0 \,\mathrm{d}t = 0.$$

引理 1.7.2 设 $\varphi \in \Phi_1$. 如果 $\{a_n\}$ 是一个 $[0,+\infty)$ 中的序列,那么 $\lim_{n\to\infty}\int_0^{a_n}\varphi(t)\mathrm{d}t = 0$ 当且仅当 $\{a_n\}$ 收敛到 0.

证明:必要性:设 $\limsup_{n\to\infty} a_n = A$. 由上极限的定义知,存在 $\{a_n\}$ 的一个子列 $\{a_{n_k}\}$ 使得 $A = \lim_{n\to\infty} a_{n_k}$. 如果 $A = +\infty$,可以找到一个双射 $\sigma: \mathbf{N} \to \mathbf{N}$,使得序列 $\{a_{n_{\sigma(k)}}\}$ 不减. 根据 Levi 定理,

$$\int_0^A \varphi(t)\mathrm{d}t = \int_0^A \lim_{k\to\infty}\varphi(t)\chi_{[0,a_{n_{\sigma(k)}}]}(t)\mathrm{d}t = \lim_{k\to\infty}\int_0^{a_{n_{\sigma(k)}}}\varphi(t)\mathrm{d}t = 0.$$

因此,对于每个 $\varepsilon > 0$,都有 $\int_0^\varepsilon \varphi(t)\mathrm{d}t = 0$,矛盾.

如果 $0 < A < +\infty$,则存在 $\{a_n\}$ 的子列 $\{a_{n_k}\}$,使得 $\lim_{k\to\infty} a_{n_k} = A > 0$. 于是存在某个自然数 N,当 $k \geq N$ 时,$a_{n_k} \geq \dfrac{A}{2}$. 由此可知,

$$0 = \lim_{n\to\infty}\int_0^{a_n}\varphi(t)\mathrm{d}t = \lim_{n\to\infty}\int_0^{a_{n_k}}\varphi(t)\mathrm{d}t \geq \int_0^{\frac{A}{2}}\varphi(t)\mathrm{d}t > 0,$$

矛盾.

综上,$A = 0$. 因为 $0 \leq \liminf_{n\to\infty} a_n \leq \limsup_{n\to\infty} a_n = 0$,所以 $\{a_n\}$ 收敛到 0.

充分性:由引理 1.7.1 直接可得.

下面我们给出 Banach 压缩映射对应的积分型压缩映射的不动点结果. 这些结果来自文献[28].

定理 1.7.1 设 (X,d) 是一个完备的度量空间,$c \in [0,1)$ 是一个常数. 如果 $f: X \to X$ 是一个映射,满足对于所有的 $x, y \in X$,都有

$$\int_0^{d(fx,fy)} \varphi(t)\mathrm{d}t \leq c\int_0^{d(x,y)} \varphi(t)\mathrm{d}t, \tag{1.7.1}$$

其中 $\varphi \in \Phi_1$,那么 f 有唯一的不动点 $a \in X$,且对于每一个 $x \in X$,有 $\lim_{n\to\infty} f^n x = a$.

证明:步骤 1. 由式(1.7.1)的 n 次迭代,可以得到

$$\int_0^{d(f^n x, f^{n+1} x)} \varphi(t)\mathrm{d}t \leq c\int_0^{d(f^{n-1} x, f^n x)} \varphi(t)\mathrm{d}t \leq \cdots \leq c^n\int_0^{d(x,fx)} \varphi(t)\mathrm{d}t.$$

由于 $c \in [0,1)$,进一步有,当 $n \to \infty$ 时,

$$\int_0^{d(f^nx,f^{n+1}x)} \varphi(t)\,\mathrm{d}t \to 0+. \qquad (1.7.2)$$

步骤 2. 由式(1.7.2),当 $n\to\infty$ 时,有 $d(f^nx,f^{n+1}x)\to 0$. 不然,假设

$$\limsup_{n\to\infty} d(f^nx,f^{n+1}x) = \varepsilon > 0.$$

那么存在一个 $\upsilon_\varepsilon \in \mathbf{N}$ 和子列 $\{f^\upsilon x\}_{\upsilon \geqslant \upsilon_\varepsilon}$,使得

$$d(f^{n_\upsilon}x,f^{n_\upsilon+1}x) \to \varepsilon > 0\,(\upsilon \to \infty),$$

$$d(f^{n_\upsilon}x,f^{n_\upsilon+1}x) \geqslant \frac{\varepsilon}{2},\,\forall\upsilon \geqslant \upsilon_\varepsilon.$$

通过步骤 1 和 φ 的定义,可以推出,

$$0 = \lim_{\upsilon\to\infty}\int_0^{d(f^{n_\upsilon}x,f^{n_\upsilon+1}x)} \varphi(t)\,\mathrm{d}t \geqslant \int_0^{\frac{\varepsilon}{2}} \varphi(t)\,\mathrm{d}t > 0.$$

这是一个矛盾.

步骤 3. 对于每个 $x \in X$,$\{f^nx\}_{n \in \mathbf{N}_0}$ 是一个柯西列,即 $\forall \varepsilon > 0$,$\exists \upsilon_\varepsilon \in \mathbf{N}$,使得 $\forall m,n \in \mathbf{N}$,当 $m > n > \upsilon_\varepsilon$ 时,$d(f^mx,f^nx) < \varepsilon$. 事实上,假设存在 $\varepsilon > 0$,对于每个 $\upsilon \in \mathbf{N}$,存在 $m_\upsilon, n_\upsilon \in \mathbf{N}$,使得 $m_\upsilon > n_\upsilon > \upsilon$,$d(f^{m_\upsilon}x,f^{n_\upsilon}x) \geqslant \varepsilon$,此时可以保证选择的序列 $\{m_\upsilon\}_{\upsilon \in \mathbf{N}}$ 和 $\{n_\upsilon\}_{\upsilon \in \mathbf{N}}$ 满足:对于每个 $\upsilon \in \mathbf{N}$,m_υ 是"最小的",也就是 $d(f^{m_\upsilon}x,f^{n_\upsilon}x) \geqslant \varepsilon$,但是对于每个 $h \in \{n_\upsilon+1,\cdots,m_\upsilon-1\}$,$d(f^hx,f^{n_\upsilon}x) < \varepsilon$.

现在来分析 $d(f^{m_\upsilon}x,f^{n_\upsilon}x)$ 和 $d(f^{m_\upsilon+1}x,f^{n_\upsilon+1}x)$ 的性质. 首先,当 $\upsilon\to\infty$ 时,$d(f^{m_\upsilon}x,f^{n_\upsilon}x) \to \varepsilon+$. 事实上,通过三角不等式和步骤 2,

$$\varepsilon \leqslant d(f^{m_\upsilon}x,f^{n_\upsilon}x)$$
$$\leqslant d(f^{m_\upsilon}x,f^{m_\upsilon-1}x) + d(f^{m_\upsilon-1}x,f^{n_\upsilon}x)$$
$$< d(f^{m_\upsilon}x,f^{m_\upsilon-1}x) + \varepsilon$$
$$\xrightarrow{\upsilon\to\infty} \varepsilon+.$$

其次,存在 $\mu \in \mathbf{N}$,使得对于每个自然数 $\upsilon > \mu$,有 $d(f^{m_\upsilon+1}x,f^{n_\upsilon+1}x) < \varepsilon$. 事实上,如果存在一个列 $\{\upsilon_k\}_{k \in \mathbf{N}} \subset \mathbf{N}$,使得 $d(f^{m_{\upsilon_k}+1}x,f^{n_{\upsilon_k}+1}x) \geqslant \varepsilon$,那么

$$\varepsilon \leqslant d(f^{m_{\upsilon_k}+1}x,f^{n_{\upsilon_k}+1}x)$$
$$\leqslant d(f^{m_{\upsilon_k}+1}x,f^{m_{\upsilon_k}}x) + d(f^{m_{\upsilon_k}}x,f^{n_{\upsilon_k}}x) + d(f^{n_{\upsilon_k}}x,f^{n_{\upsilon_k}+1}x)$$
$$\xrightarrow{k\to\infty} \varepsilon.$$

结合式(1.7.1)得到

$$\int_0^{d(f^{m_{\upsilon_k}+1}x,f^{n_{\upsilon_k}+1}x)} \varphi(t)\,\mathrm{d}t \leqslant c\int_0^{d(f^{m_{\upsilon_k}}x,f^{n_{\upsilon_k}}x)} \varphi(t)\,\mathrm{d}t. \qquad (1.7.3)$$

在式(1.7.3)的两端取 $k\to\infty$ 的极限,有

$$\int_0^\varepsilon \varphi(t)\,\mathrm{d}t \leqslant c\int_0^\varepsilon \varphi(t)\,\mathrm{d}t,$$

这与 $c \in [0,1)$ 和 $\varphi(t)$ 的积分是正的相矛盾. 因此, 存在 $\mu \in \mathbf{N}$, 当 $\upsilon > \mu$ 时,

$$d(f^{m_\upsilon+1}x, f^{n_\upsilon+1}x) < \varepsilon.$$

最后证明一个更强的性质, 即存在 $\sigma_\varepsilon \in [0, \varepsilon)$ 和 $\upsilon_\varepsilon \in \mathbf{N}$, 使得对于每个 $\upsilon > \upsilon_\varepsilon$ $(\upsilon \in \mathbf{N})$, 有

$$d(f^{m_\upsilon+1}x, f^{n_\upsilon+1}x) < \varepsilon - \sigma_\varepsilon.$$

假设存在一个子序列 $\{\upsilon_k\}_{k \in \mathbf{N}} \subset \mathbf{N}$, 当 $k \to \infty$ 时, 有 $d(f^{m_{\upsilon_k}+1}x, f^{n_{\upsilon_k}+1}x) \to \varepsilon-$. 那么, 在不等式

$$\int_0^{d(f^{m_{\upsilon_k}+1}x, f^{n_{\upsilon_k}+1}x)} \varphi(t)\,\mathrm{d}t \leqslant c\int_0^{d(f^{m_{\upsilon_k}}x, f^{n_{\upsilon_k}}x)} \varphi(t)\,\mathrm{d}t$$

的两端取 $k \to \infty$ 的极限, 可以得到 $\int_0^\varepsilon \varphi(t)\,\mathrm{d}t \leqslant c\int_0^\varepsilon \varphi(t)\,\mathrm{d}t$, 矛盾. 综上, 可以证明 $\{f^n x\}_{n \in \mathbf{N}} (x \in X)$ 是柯西列. 事实上, 对于每个自然数 $\upsilon > \upsilon_\varepsilon (\upsilon_\varepsilon$ 如上所述$)$,

$$\begin{aligned}
\varepsilon &\leqslant d(f^{m_\upsilon}x, f^{n_\upsilon}x) \\
&\leqslant d(f^{m_\upsilon}x, f^{m_\upsilon+1}x) + d(f^{m_\upsilon+1}x, f^{n_\upsilon+1}x) + d(f^{n_\upsilon}x, f^{n_\upsilon+1}x) \\
&< d(f^{m_\upsilon}x, f^{m_\upsilon+1}x) + (\varepsilon - \sigma_\varepsilon) + d(f^{n_\upsilon}x, f^{n_\upsilon+1}x) \\
&\xrightarrow{\upsilon \to \infty} \varepsilon - \sigma_\varepsilon,
\end{aligned}$$

这是矛盾的. 这就证明了第 3 步.

步骤 4. 证明不动点的存在性. 因为 (X, d) 是一个完备的度量空间, 故存在一点 $a \in X$, 使得 $a = \lim_{n \to \infty} f^n x$. 进一步可得, a 是不动点. 事实上, 假设 $d(a, fa) > 0$, 于是

$$0 < d(a, fa) \leqslant d(a, f^{n+1}x) + d(f^{n+1}x, fa) \xrightarrow{n \to \infty} 0.$$

这是因为, 当 $n \to \infty$ 时, $d(a, f^{n+1}x)$ 和 $d(f^{n+1}x, fa)$ 都收敛到 0. 当 $n \to \infty$ 时, $d(a, f^{n+1}x)$ 的收敛性是显然的. 对于 $d(f^{n+1}x, fa)$, 有

$$\int_0^{d(f^{n+1}x, fa)} \varphi(t)\,\mathrm{d}t \leqslant c\int_0^{d(f^n x, a)} \varphi(t)\,\mathrm{d}t \xrightarrow{n \to \infty} 0.$$

如果当 $n \to \infty$ 时, $d(f^{n+1}x, fa)$ 不收敛到 0, 那么存在一个 $\{f^{n+1}x\}_{n \in \mathbf{N}}$ 的子列 $\{f^{n_\upsilon+1}x\}_{\upsilon \in \mathbf{N}}$, 使得存在一个正数 ε, $d(f^{n_\upsilon+1}x, fa) \geqslant \varepsilon$. 据此得到

$$0 < \int_0^\varepsilon \varphi(t)\,\mathrm{d}t \leqslant \int_0^{d(f^{n_\upsilon+1}x, fa)} \varphi(t)\,\mathrm{d}t \xrightarrow{\upsilon \to \infty} 0.$$

这是矛盾的.

步骤 5. 证明不动点的唯一性. 假设有两个不同的点 $a, b \in X$ 满足 $f(a) = a$

和 $f(b)=b$,那么通过式(1.7.1),可以推出

$$0 < \int_0^{d(a,b)} \varphi(t)\,\mathrm{d}t = \int_0^{d(fa,fb)} \varphi(t)\,\mathrm{d}t \leqslant c\int_0^{d(a,b)} \varphi(t)\,\mathrm{d}t < \int_0^{d(a,b)} \varphi(t)\,\mathrm{d}t,$$

矛盾. 最后的步骤同时也证明了,对于每个 $x \in X$, $\lim\limits_{n \to +\infty} f^n x = a = fa$.

注 1.7.1　(i)如果映射 φ 在 0 附近几乎处处为 0,则定理 1.7.1 不正确,见例 1.7.1.

(ii)如果映射 φ 是负的,则定理 1.7.1 不正确,见例 1.7.2.

例 1.7.1　设 $f:\mathbf{N} \to \mathbf{N}$ 和 $\varphi:\mathbf{R}^+ \to \mathbf{R}^+$ 定义为

$$f(x) = \begin{cases} 1, x \neq 1, \\ 2, x = 1, \end{cases} \quad \varphi(t) = \begin{cases} \mathrm{e}^{\frac{1}{1-t}}, t > 1, \\ 0, t \in [0,1], \end{cases}$$

且设 $d:\mathbf{N}^2 \to \mathbf{R}^+$ 为限制于 $\mathbf{N}$ 上的欧氏度量(($\mathbf{N},d$)成为完备的度量空间). 由于对任意的 $x, y \in \mathbf{N}$,都有 $d(fx,fy) \leqslant 1$. 于是对于任意的 $c \in [0,1)$,

$$\int_0^{d(fx,fy)} \varphi(t)\,\mathrm{d}t \leqslant c\int_0^1 \varphi(t)\,\mathrm{d}t = 0 \leqslant c\int_0^{d(x,y)} \varphi(t)\,\mathrm{d}t.$$

因此,对于所有的 $c \in [0,1)$, f 满足式(1.7.1),但是 f 没有不动点.

例 1.7.2　设 $f:\mathbf{R}^+ \to \mathbf{R}^+$ 定义为 $fx = x+1$, d 是欧氏距离函数. 那么对于任意的 $c \in [0,1)$,当 $\varphi \equiv -1$ 时,有

$$\int_0^{d(fx,fy)} \varphi(t)\,\mathrm{d}t = -d(fx,fy) = -d(x,y) \leqslant -cd(x,y) = c\int_0^{d(x,y)} \varphi(t)\,\mathrm{d}t.$$

因此,式(1.7.1)对所有的 $c \in [0,1)$ 成立,但是 f 作为 $\mathbf{R}^+$ 上的平移,没有不动点.

下面我们介绍积分型 Ćirić 压缩映射的相关理论,主要结果来自参考文献[29]. 定义

$$m(x,y) = \max\left\{ d(x,y), d(x,fx), d(y,fy), \frac{d(x,fy)+d(y,fx)}{2} \right\}.$$

$$\tag{1.7.4}$$

定理 1.7.2　设 (X,d) 是一个完备的度量空间, $k \in [0,1)$ 为一常数. 设映射 $f:X \to X$ 满足对于任意的 $x, y \in X$,有

$$\int_0^{d(fx,fy)} \varphi(t)\,\mathrm{d}t \leqslant k\int_0^{m(x,y)} \varphi(t)\,\mathrm{d}t, \tag{1.7.5}$$

其中 $\varphi \in \Phi_1$. 那么 f 有唯一的不动点 $z \in X$,且对于每一个 $x \in X$,有 $\lim\limits_{n \to \infty} f^n x = z$.

证明:设 $x \in X$,定义 $x_n = f^n x$. 对于每个整数 $n \geqslant 1$,由条件(1.7.5),有

$$\int_0^{d(x_n,x_{n+1})} \varphi(t)\,\mathrm{d}t \leqslant k\int_0^{m(x_{n-1},x_n)} \varphi(t)\,\mathrm{d}t. \tag{1.7.6}$$

利用式(1.7.4),可得

$$m(x_{n-1}, x_n) = \max\left\{d(x_{n-1}, x_n), d(x_n, x_{n+1}), \frac{d(x_{n-1}, x_{n+1})}{2}\right\}.$$

又因为

$$\frac{d(x_{n-1}, x_{n+1})}{2} \leqslant \frac{d(x_{n-1}, x_n) + d(x_n, x_{n+1})}{2} \leqslant \max\{d(x_{n-1}, x_n), d(x_n, x_{n+1})\},$$

所以,

$$m(x_{n-1}, x_n) = \max\{d(x_{n-1}, x_n), d(x_n, x_{n+1})\}.$$

代入式(1.7.6),得到

$$\int_0^{d(x_n, x_{n+1})} \varphi(t)\,\mathrm{d}t \leqslant k \int_0^{\max\{d(x_n, x_{n+1}), d(x_{n-1}, x_n)\}} \varphi(t)\,\mathrm{d}t$$

$$= k \max\left\{\int_0^{d(x_n, x_{n+1})} \varphi(t)\,\mathrm{d}t, \int_0^{d(x_{n-1}, x_n)} \varphi(t)\,\mathrm{d}t\right\}$$

$$= k \int_0^{d(x_{n-1}, x_n)} \varphi(t)\,\mathrm{d}t$$

$$\leqslant \cdots \leqslant k^n \int_0^{d(x_0, x_1)} \varphi(t)\,\mathrm{d}t. \tag{1.7.7}$$

在式(1.7.7)中取 $n \to \infty$ 的极限,得到

$$\lim_{n \to \infty} \int_0^{d(x_n, x_{n+1})} \varphi(t)\,\mathrm{d}t = 0,$$

由 $\varphi \in \Phi_1$ 及引理 1.7.2 可知,

$$\lim_{n \to \infty} d(x_n, x_{n+1}) = 0. \tag{1.7.8}$$

现在证明 $\{x_n\}$ 是一个柯西列. 假设不然,那么存在 $\varepsilon > 0$ 和子列 $\{m(p)\}$ 和 $\{n(p)\}$ 满足

$$m(p) < n(p) < m(p+1), d(x_{m(p)}, x_{n(p)}) \geqslant \varepsilon, d(x_{m(p)}, x_{n(p)-1}) < \varepsilon. \tag{1.7.9}$$

由式(1.7.4)可知

$$m(x_{m(p)-1}, x_{n(p)-1}) = \max\Big\{d(x_{m(p)-1}, x_{n(p)-1}), d(x_{n(p)-1}, x_{m(p)}),$$

$$d(x_{n(p)-1}, x_{n(p)}), \frac{d(x_{m(p)-1}, x_{n(p)}) + d(x_{n(p)-1}, x_{m(p)})}{2}\Big\}. \tag{1.7.10}$$

应用条件(1.7.8),可以推出

$$\lim_{p \to \infty} \int_0^{d(x_{m(p)-1}, x_{m(p)})} \varphi(t)\,\mathrm{d}t = \lim_{p \to \infty} \int_0^{d(x_{n(p)-1}, x_{n(p)})} \varphi(t)\,\mathrm{d}t = 0. \tag{1.7.11}$$

利用不等式(1.7.9),有

$$d(x_{m(p)-1},x_{n(p)-1}) \leq d(x_{m(p)-1},x_{m(p)}) + d(x_{m(p)},x_{n(p)-1})$$
$$< d(x_{m(p)-1},x_{m(p)-1}) + \varepsilon.$$

因此,

$$\lim_{p\to\infty}\int_0^{d(x_{m(p)-1},x_{n(p)-1})} \varphi(t)\,\mathrm{d}t \leq \int_0^\varepsilon \varphi(t)\,\mathrm{d}t. \tag{1.7.12}$$

再次应用不等式(1.7.9)可得

$$v(m,n) := \frac{d(x_{m(p)-1},x_{n(p)}) + d(x_{n(p)-1},x_{m(p)})}{2}$$

$$\leq \frac{d(x_{m(p)-1},x_{m(p)}) + 2d(x_{m(p)},x_{n(p)-1}) + d(x_{n(p)-1},x_{n(p)})}{2}$$

$$< \frac{d(x_{m(p)-1},x_{m(p)}) + d(x_{n(p)-1},x_{n(p)})}{2} + \varepsilon.$$

因此,结合式(1.7.8),可以得到

$$\lim_{p\to\infty}\int_0^{v(m,n)} \varphi(t)\,\mathrm{d}t \leq \int_0^\varepsilon \varphi(t)\,\mathrm{d}t. \tag{1.7.13}$$

应用式(1.7.5),式(1.7.9)—式(1.7.13),可以推出

$$\int_0^\varepsilon \varphi(t)\,\mathrm{d}t \leq \int_0^{d(x_{m(p)},x_{n(p)})} \varphi(t)\,\mathrm{d}t$$

$$\leq k\int_0^{m(x_{m(p)-1},x_{n(p)-1})} \varphi(t)\,\mathrm{d}t$$

$$\leq k\int_0^\varepsilon \varphi(t)\,\mathrm{d}t$$

这是矛盾的. 于是$\{x_n\}$是一个柯西列,因此是收敛的,记极限为 z.

根据式(1.7.4),有

$$\int_0^{d(fz,x_{n+1})} \varphi(t)\,\mathrm{d}t$$

$$\leq k\int_0^{m(z,x_n)} \varphi(t)\,\mathrm{d}t$$

$$= k\max\left\{\int_0^{d(z,x_n)}\varphi(t)\,\mathrm{d}t, \int_0^{d(z,fz)}\varphi(t)\,\mathrm{d}t, \int_0^{d(x_n,x_{n+1})}\varphi(t)\,\mathrm{d}t, \int_0^{d(z,x_{n+1})}\varphi(t)\,\mathrm{d}t, \int_0^{d(x_n,fz)}\varphi(t)\,\mathrm{d}t\right\}.$$

在上式中取 $n\to\infty$ 的极限,计算得

$$\int_0^{d(fz,z)} \varphi(t)\,\mathrm{d}t \leq k\int_0^{d(fz,z)} \varphi(t)\,\mathrm{d}t.$$

这意味着

$$\int_0^{d(fz,z)} \varphi(t)\,\mathrm{d}t = 0.$$

由于 $\varphi \in \Phi_1$,故 $d(z,fz) = 0$,即 $z = fz$.

设 z 和 w 是 f 的两个不同的不动点. 那么,根据 $m(x,y)$ 的定义,可得

$$\int_0^{d(z,w)} \varphi(t)\,\mathrm{d}t = \int_0^{d(fz,fw)} \varphi(t)\,\mathrm{d}t$$

$$\leqslant k \int_0^{m(z,w)} \varphi(t)\,\mathrm{d}t$$

$$= k \max\left\{ \int_0^{d(z,w)} \varphi(t)\,\mathrm{d}t, 0 \right\}$$

$$= k \int_0^{d(z,w)} \varphi(t)\,\mathrm{d}t,$$

蕴含着

$$\int_0^{d(z,w)} \varphi(t)\,\mathrm{d}t = 0.$$

这表明 $d(z,w) = 0$,即 $z = w$. 也就是不动点是唯一的.

可以将式(1.7.4)替换为 Ćirić 条件的积分形式,即

$$\int_0^{d(fx,fy)} \varphi(t)\,\mathrm{d}t \leqslant k \int_0^{M(x,y)} \varphi(t)\,\mathrm{d}t, \tag{1.7.14}$$

其中

$$M(x,y) := \max\{ d(x,y), d(x,fx), d(y,fy), d(x,fy), d(y,fx) \}.$$

下面考虑积分型 Ćirić 压缩映射的不动点定理.

定理 1.7.3 设 (X,d) 是一个完备的度量空间,$k \in [0,1)$ 为一常数. 设映射 $f: X \to X$ 满足对于任意的 $x,y \in X$,式(1.7.14)成立,其中 $\varphi \in \Phi_1$. 如果存在一点 $x \in X$,使得其生成轨道 $O(x,f)$ 有界,那么 f 有唯一的不动点 $z \in X$.

证明: 由 $O(x,f,n)$ 的定义可知,存在整数 i,j 满足 $0 \leqslant i < j \leqslant n$ 有 $\delta(O(x,f,n)) = d(f^i x, f^j x)$. 对任意的 $x \in X$,定义序列 $\{x_n\}$ 为 $x_n = fx_{n-1} = f^n x$.

首先来证明:对于某一整数 k,满足 $0 < k \leqslant n$,有 $\delta(O(x,f,n)) = d(x, f^k x)$.

不妨设对于每个 n 都有 $\delta(O(x,f,n)) > 0$. 否则,如果存在某个 n,使得 $\delta(O(x,f,n)) = 0$,那么 f 有一个不动点.

假设 $\delta(O(x,f,n)) = d(x_i, x_j)$,其中 $0 < i < j \leqslant n$. 那么,考虑式(1.7.14),有

$$\int_0^{\delta(O(x,f,n))} \varphi(t)\,\mathrm{d}t = \int_0^{d(x_i,x_j)} \varphi(t)\,\mathrm{d}t \leqslant k \int_0^{M(x_{i-1},x_{j-1})} \varphi(t)\,\mathrm{d}t \leqslant k \int_0^{\delta(O(x,f,n))} \varphi(t)\,\mathrm{d}t.$$

因为 $\delta(O(x,f,n)) > 0$,这是不可能的. 因此 $i = 0$.

选取 $x \in X$ 使得其轨道有界. 设 m 和 n 是满足 $m > n$ 的整数. 那么,利用条件

(1. 7. 14)有

$$\int_0^{d(x_n,x_m)} \varphi(t)\mathrm{d}t \leq k\int_0^{M(x_{n-1},x_{m-1})} \varphi(t)\mathrm{d}t \leq k\int_0^{\delta(O(x_{n-1},f,m-n+1))} \varphi(t)\mathrm{d}t$$

$$= k\int_0^{M(x_{n-1},x_{k_1+n-1})} \varphi(t)\mathrm{d}t(\text{对某个 } k_1, 0 < k_1 \leq m-n+1)$$

$$\leq k^2\int_0^{\delta(O(x_{n-2},f,k_1+n-1))} \varphi(t)\mathrm{d}t$$

$$= k^2\int_0^{d(x_{n-2},x_{k_2+n-2})} \varphi(t)\mathrm{d}t, (\text{对某个 } k_2, 0 < k_2 \leq m-n+2)$$

$$\cdots$$

$$\leq k^n\int_0^{\delta(O(x,f,m))} \varphi(t)\mathrm{d}t.$$

对上式取 $m,n\to\infty$ 的极限,因为 x 的轨道是有界的,所以

$$\lim_{m,n\to\infty} \int_0^{d(x_n,x_m)} \varphi(t)\mathrm{d}t = 0.$$

由引理 1. 7. 2 可知

$$\lim_{m,n\to\infty} d(x_n,x_m) = 0.$$

因此,$\{x_n\}$ 是一个柯西列,从而是收敛的,记其极限为 z. 再次利用压缩条件(1. 7. 14),得到

$$\int_0^{d(x_{n+1},fz)} \varphi(t)\mathrm{d}t \leq k\int_0^{M(x_n,z)} \varphi(t)\mathrm{d}t$$

$$= k\int_0^{\max\{d(x_n,z),d(x_n,x_{n+1}),d(z,fz),d(x_n,fz),d(z,x_{n+1})\}} \varphi(t)\mathrm{d}t.$$

令 $n\to\infty$,得到

$$\int_0^{d(z,fz)} \varphi(t)\mathrm{d}t \leq k\int_0^{d(z,fz)} \varphi(t)\mathrm{d}t,$$

这表明 $d(z,fz)=0$,即 $z=fz$.

假设 z 和 w 是 f 的两个不同的不动点. 通过条件(1. 7. 14),可得

$$\int_0^{d(z,w)} \varphi(t)\mathrm{d}t \leq k\int_0^{d(z,w)} \varphi(t)\mathrm{d}t,$$

矛盾. 这意味着 $z=w$. 故可知不动点是唯一的.

下面的例子表明定理 1. 7. 3 推广了定理 1. 7. 2.

例 1. 7. 3　设 $X = \left\{\dfrac{1}{n}:n\in Z, |n|\geq 2\right\} \cup \{0\}$ 并赋予欧氏度量. 定义 $f:X\to X$ 为

$$f\left(\frac{1}{n}\right) = \begin{cases} \dfrac{1}{n+1}, n > 1 \text{ 且为奇数}, \\[2mm] \dfrac{1}{n}, n > 0 \text{ 且为偶数或 } n < -1 \text{ 且为奇数}, \\[2mm] \dfrac{1}{n+1}, n < 0 \text{ 且为偶数}, \\[2mm] 0, n = \infty \end{cases}$$

接下来,考虑下面三种形式的积分型广义压缩映射的不动点理论,这些结果来自参考文献[30].

考虑

$$\psi\left(\int_0^{d(fx,fy)} \varphi(t)\,\mathrm{d}t\right) \leqslant \psi\left(\int_0^{d(x,y)} \varphi(t)\,\mathrm{d}t\right) - \varphi\left(\int_0^{d(x,y)} \varphi(t)\,\mathrm{d}t\right), \forall\, x, y \in X,$$

$$(1.7.15)$$

其中$(\varphi, \psi, \phi) \in \Phi_1 \times \Phi_2 \times \Phi_3$;

$$\psi\left(\int_0^{d(fx,fy)} \varphi(t)\,\mathrm{d}t\right) \leqslant \alpha(d(x,y))\psi\left(\int_0^{d(x,y)} \varphi(t)\,\mathrm{d}t\right), \forall\, x, y \in X,$$

$$(1.7.16)$$

其中$(\varphi, \psi, \phi) \in \Phi_1 \times \Phi_3 \times \Phi_5$;

$$\psi\left(\int_0^{d(fx,fy)} \varphi(t)\,\mathrm{d}t\right) \leqslant \alpha(d(x,y))\phi\left(\int_0^{d(x,fx)} \varphi(t)\,\mathrm{d}t\right) + \\ \beta(d(x,y))\psi\left(\int_0^{d(y,fy)} \varphi(t)\,\mathrm{d}t\right), \forall\, x, y \in X, \quad (1.7.17)$$

其中$(\varphi, \psi, \phi) \in \Phi_1 \times \Phi_3 \times \Phi_4$ 且$(\alpha, \beta) \in \Phi_6$.

设(X, d)是一个度量空间,$f: X \to X$是一个映射. 为了讨论问题方便,令

$$d_n = d(f^n x, f^{n+1} x), \forall\, (n, x) \in \mathbf{N}_0 \times X.$$

引理 1.7.3 设$\varphi \in \Phi_2$. 那么$\varphi(t) > 0$ 当且仅当$t > 0$.

证明: 设$t > 0$. 对每个$n \in \mathbf{N}$,设$a_n = t$. 容易得出$\liminf\limits_{n \to \infty} a_n > 0$,结合$\varphi \in \Phi_2$ 可推出

$$\varphi(t) = \liminf_{n \to \infty} \varphi(a_n) > 0.$$

反过来,假设对于某个$t \in \mathbf{R}^+$,有$\varphi(t) > 0$. 对每个$n \in \mathbf{N}$,取$a_n = t$. 容易得到$\varphi(t) = \liminf\limits_{n \to \infty} \varphi(a_n) > 0$. $\varphi \in \Phi_2$ 保证了

$$t = \liminf_{n \to \infty} a_n > 0.$$

定理 1.7.4 设f是完备度量空间(X, d)上的自映射,且满足条件$(1.7.15)$.

那么 f 有唯一的不动点 $a \in X$，且对于每个 $x \in X$，有 $\lim\limits_{n \to \infty} f^n x = a$.

　　证明：设 x 是 X 中任意一点. 首先证明

$$d_n \leqslant d_{n-1}, \forall n \in \mathbf{N}. \tag{1.7.18}$$

假设式 $(1.7.18)$ 不成立. 那么存在某个 $n_0 \in \mathbf{N}$ 满足

$$d_{n_0} > d_{n_0-1}. \tag{1.7.19}$$

注意到式 $(1.7.19)$ 和 $\varphi \in \Phi_1$ 意味着

$$\int_0^{d_{n_0}} \varphi(t)\,\mathrm{d}t > 0. \tag{1.7.20}$$

应用式 $(1.7.15)$、式 $(1.7.19)$ 和 $(\varphi, \psi, \phi) \in \Phi_1 \times \Phi_2 \times \Phi_3$，可以得到不等式

$$\psi\left(\int_0^{d_{n_0-1}} \varphi(t)\,\mathrm{d}t\right) \leqslant \psi\left(\int_0^{d_{n_0}} \varphi(t)\,\mathrm{d}t\right) = \psi\left(\int_0^{d(f^{n_0}x, f^{n_0+1}x)} \varphi(t)\,\mathrm{d}t\right)$$

$$\leqslant \psi\left(\int_0^{d(f^{n_0-1}x, f^{n_0}x)} \varphi(t)\,\mathrm{d}t\right) - \phi\left(\int_0^{d(f^{n_0-1}x, f^{n_0}x)} \varphi(t)\,\mathrm{d}t\right)$$

$$= \psi\left(\int_0^{d_{n_0-1}} \varphi(t)\,\mathrm{d}t\right) - \phi\left(\int_0^{d_{n_0-1}} \varphi(t)\,\mathrm{d}t\right)$$

$$\leqslant \psi\left(\int_0^{d_{n_0-1}} \varphi(t)\,\mathrm{d}t\right),$$

这表明

$$\psi\left(\int_0^{d_{n_0}} \varphi(t)\,\mathrm{d}t\right) = \psi\left(\int_0^{d_{n_0-1}} \varphi(t)\,\mathrm{d}t\right) \tag{1.7.21}$$

和

$$\varphi\left(\int_0^{d_{n_0-1}} \varphi(t)\,\mathrm{d}t\right) = 0. \tag{1.7.22}$$

通过式 $(1.7.22)$ 和引理 $1.7.3$，可以得到

$$\int_0^{d_{n_0-1}} \varphi(t)\,\mathrm{d}t = 0.$$

结合 $\psi \in \Phi_3$ 和式 $(1.7.21)$ 有

$$\psi\left(\int_0^{d_{n_0}} \varphi(t)\,\mathrm{d}t\right) = \psi\left(\int_0^{d_{n_0-1}} \varphi(t)\,\mathrm{d}t\right) = \psi(0) = 0,$$

即

$$\int_0^{d_{n_0}} \varphi(t)\,\mathrm{d}t = 0,$$

这与式 $(1.7.20)$ 矛盾. 因此式 $(1.7.18)$ 成立.

　　其次，证明

$$\lim_{n \to \infty} d_n = 0. \tag{1.7.23}$$

根据式(1.7.18),可以推断出非负列 $\{d_n\}_{n \in \mathbf{N}_0}$ 是不增的. 于是存在一个常数 c 使得 $\lim\limits_{n \to \infty} d_n = c \geqslant 0$. 假设 $c > 0$. 通过压缩条件(1.7.15)有

$$\psi\left(\int_0^{d_n} \varphi(t)\,\mathrm{d}t\right) = \psi\left(\int_0^{d(f^n x, f^{n+1} x)} \varphi(t)\,\mathrm{d}t\right)$$

$$\leqslant \psi\left(\int_0^{d(f^n x, f^{n-1} x)} \varphi(t)\,\mathrm{d}t\right) - \phi\left(\int_0^{d(f^n x, f^{n-1} x)} \varphi(t)\,\mathrm{d}t\right)$$

$$= \psi\left(\int_0^{d_{n-1}} \varphi(t)\,\mathrm{d}t\right) - \phi\left(\int_0^{d_{n-1}} \varphi(t)\,\mathrm{d}t\right),\ \forall n \in \mathbf{N}. \quad (1.7.24)$$

在式(1.7.24)中取 $n \to \infty$ 的上极限,且利用引理 1.7.1 和 $(\varphi, \psi, \phi) \in \Phi_1 \times \Phi_2 \times \Phi_3$,得到

$$\psi\left(\int_0^c \varphi(t)\,\mathrm{d}t\right) = \limsup_{n \to \infty} \psi\left(\int_0^{d_n} \varphi(t)\,\mathrm{d}t\right)$$

$$\leqslant \limsup_{n \to \infty}\left[\psi\left(\int_0^{d_{n-1}} \varphi(t)\,\mathrm{d}t\right) - \phi\left(\int_0^{d_{n-1}} \varphi(t)\,\mathrm{d}t\right)\right]$$

$$\leqslant \limsup_{n \to \infty} \psi\left(\int_0^{d_{n-1}} \varphi(t)\,\mathrm{d}t\right) - \liminf_{n \to \infty} \phi\left(\int_0^{d_{n-1}} \varphi(t)\,\mathrm{d}t\right)$$

$$= \psi\left(\int_0^c \varphi(t)\,\mathrm{d}t\right) - \liminf_{n \to \infty} \phi\left(\int_0^{d_{n-1}} \varphi(t)\,\mathrm{d}t\right)$$

$$< \psi\left(\int_0^c \varphi(t)\,\mathrm{d}t\right),$$

这是矛盾的. 因此 $c = 0$.

再次,证明 $\{f^n x\}_{n \in \mathbf{N}_0}$ 是一个柯西列. 假设 $\{f^n x\}_{n \in \mathbf{N}_0}$ 不是柯西列,这意味着存在一个常数 $\varepsilon > 0$,使得对于每个正整数 k,存在 $m(k)$ 和 $n(k)$,满足

$$m(k) > n(k) > k, d(f^{m(k)} x, f^{n(k)} x) > \varepsilon, \quad (1.7.25)$$

且 $m(k)$ 为使得式(1.7.25)成立的最小整数,即

$$d(f^{m(k)-1} x, f^{n(k)} x) \leqslant \varepsilon. \quad (1.7.26)$$

注意到

$$d(f^{m(k)} x, f^{n(k)} x) \leqslant d(f^{n(k)} x, f^{m(k)-1} x) + d_{m(k)-1}, \forall k \in \mathbf{N};$$

$$|d(f^{m(k)} x, f^{n(k)+1} x) - d(f^{m(k)} x, f^{n(k)} x)| \leqslant d_{n(k)}, \forall k \in \mathbf{N};$$

$$|d(f^{m(k)+1} x, f^{n(k)+1} x) - d(f^{m(k)} x, f^{n(k)+1} x)| \leqslant d_{m(k)}, \forall k \in \mathbf{N};$$

$$|d(f^{m(k)+1} x, f^{n(k)+1} x) - d(f^{m(k)+1} x, f^{n(k)+2} x)| \leqslant d_{n(k)+1}, \forall k \in \mathbf{N}.$$

$$(1.7.27)$$

根据式(1.7.25)、式(1.7.26)和式(1.7.27),可以推出

$$\begin{aligned}
\varepsilon &= \lim_{k\to\infty} d(f^{n(k)}x, f^{m(k)}x) \\
&= \lim_{k\to\infty} d(f^{m(k)}x, f^{n(k)+1}x) \\
&= \lim_{k\to\infty} d(f^{m(k)+1}x, f^{n(k)+1}x) \\
&= \lim_{k\to\infty} d(f^{m(k)+1}x, f^{n(k)+2}x). \tag{1.7.28}
\end{aligned}$$

利用式 $(1.7.15)$,有

$$\psi\left(\int_0^{d(f^{m(k)+1}x, f^{n(k)+2}x)} \varphi(t)\,\mathrm{d}t\right)$$
$$\leqslant \psi\left(\int_0^{d(f^{m(k)}x, f^{n(k)+1}x)} \varphi(t)\,\mathrm{d}t\right) - \phi\left(\int_0^{d(f^{m(k)}x, f^{n(k)+1}x)} \varphi(t)\,\mathrm{d}t\right), \forall k \in \mathbf{N}.$$
$$\tag{1.7.29}$$

在式 $(1.7.29)$ 中取 $k\to\infty$ 的上极限,并应用式 $(1.7.28)$, $(\varphi,\psi,\phi)\in \Phi_1\times\Phi_2\times\Phi_3$ 和引理 $1.7.1$,得到

$$\begin{aligned}
\psi\left(\int_0^\varepsilon \varphi(t)\mathrm{d}t\right) &= \limsup_{k\to\infty} \psi\left(\int_0^{d(f^{m(k)+1}x, f^{n(k)+2}x)} \varphi(t)\mathrm{d}t\right) \\
&\leqslant \limsup_{k\to\infty}\left[\psi\left(\int_0^{d(f^{m(k)}x, f^{n(k)+1}x)} \varphi(t)\mathrm{d}t\right) - \phi\left(\int_0^{d(f^{m(k)}x, f^{n(k)+1}x)} \varphi(t)\mathrm{d}t\right)\right] \\
&\leqslant \limsup_{k\to\infty} \psi\left(\int_0^{d(f^{m(k)}x, f^{n(k)+1}x)} \varphi(t)\mathrm{d}t\right) - \liminf_{k\to\infty} \phi\left(\int_0^{d(f^{m(k)}x, f^{n(k)+1}x)} \varphi(t)\mathrm{d}t\right) \\
&= \psi\left(\int_0^\varepsilon \varphi(t)\mathrm{d}t\right) - \liminf_{k\to\infty} \phi\left(\int_0^{d(f^{m(k)}x, f^{n(k)+1}x)} \varphi(t)\mathrm{d}t\right) \\
&< \psi\left(\int_0^\varepsilon \varphi(t)\mathrm{d}t\right),
\end{aligned}$$

这是不可能的. 因此 $\{f^n x\}_{n\in\mathbf{N}_0}$ 是柯西列.

因为 (X,d) 是完备的,所以存在一点 $a\in X$,满足 $\lim\limits_{n\to\infty} f^n x = a$. 通过式 $(1.7.15)$,推得

$$\psi\left(\int_0^{d(f^{n+1}x, fa)} \varphi(t)\,\mathrm{d}t\right) \leqslant \psi\left(\int_0^{d(f^n x, a)} \varphi(t)\,\mathrm{d}t\right) - \phi\left(\int_0^{d(f^n x, a)} \varphi(t)\,\mathrm{d}t\right), \forall n \in \mathbf{N}_0.$$

结合 $(\varphi,\psi,\phi)\in\Phi_1\times\Phi_2\times\Phi_3$,引理 $1.7.1$ 和引理 $1.7.2$ 得到

$$\begin{aligned}
\psi\left(\int_0^{d(a, fa)} \varphi(t)\,\mathrm{d}t\right) &= \limsup_{n\to\infty} \psi\left(\int_0^{d(f^{n+1}x, fa)} \varphi(t)\,\mathrm{d}t\right) \\
&\leqslant \limsup_{n\to\infty}\left[\psi\left(\int_0^{d(f^n x, a)} \varphi(t)\,\mathrm{d}t\right) - \phi\left(\int_0^{d(f^n x, a)} \varphi(t)\,\mathrm{d}t\right)\right]
\end{aligned}$$

$$\leqslant \lim_{n\to\infty}\sup \psi\Big(\int_0^{d(f^nx,a)}\varphi(t)\,\mathrm{d}t\Big) - \lim_{n\to\infty}\inf \phi\Big(\int_0^{d(f^nx,a)}\varphi(t)\,\mathrm{d}t\Big)$$

$$= \psi(0) - 0$$

$$= 0.$$

再结合 $\psi\in\Phi_3$ 可得

$$\int_0^{d(a,fa)}\varphi(t)\,\mathrm{d}t = 0,$$

即 $a=fa$.

最后,证明 a 是 f 的唯一不动点. 假设 f 有另一个不动点 $b\in X-\{a\}$. 根据压缩条件(1.7.15)和 $(\varphi,\psi,\phi)\in\Phi_1\times\Phi_2\times\Phi_3$,有

$$\psi\Big(\int_0^{d(a,b)}\varphi(t)\,\mathrm{d}t\Big) = \psi\Big(\int_0^{d(fa,fb)}\varphi(t)\,\mathrm{d}t\Big)$$

$$\leqslant \psi\Big(\int_0^{d(a,b)}\varphi(t)\,\mathrm{d}t\Big) - \phi\Big(\int_0^{d(a,b)}\varphi(t)\,\mathrm{d}t\Big)$$

$$< \psi\Big(\int_0^{d(a,b)}\varphi(t)\,\mathrm{d}t\Big),$$

矛盾. 于是 a 是 f 的唯一不动点.

例 1.7.4 设 $X=\Big[0,\dfrac{1}{2}\Big]\cup\{1\}\cup\{3\}$,其上定义欧氏度量 $d=|\cdot|$. 设映射 $f:X\to X$ 和 $\varphi,\phi,\psi:\mathbf{R}^+\to\mathbf{R}^+$ 定义如下:

$$f(x)=\begin{cases}\dfrac{x}{2}, & \forall x\in\Big[0,\dfrac{1}{2}\Big], \\[2mm] 0, & x=1, \\[2mm] 1, & x=3,\end{cases} \qquad \varphi(t)=\begin{cases}\dfrac{t}{2}, & \forall t\in[0,1], \\[2mm] 1, & \forall t\in(1,+\infty),\end{cases}$$

$$\phi(t)=\begin{cases}\dfrac{t^2}{4}, & \forall t\in[0,1], \\[2mm] \dfrac{t^2}{8}, & \forall t\in(1,+\infty),\end{cases} \qquad \psi(t)=\begin{cases}t, & \forall t\in[0,1], \\[2mm] \dfrac{t^2+1}{2}, & \forall t\in(1,+\infty),\end{cases}$$

显然,(X,d) 是一个完备的度量空间,且 $(\varphi,\phi,\psi)\in\Phi_1\times\Phi_2\times\Phi_3$. 设 $x,y\in X$ 满足 $x<y$. 为了证明式(1.7.15)成立,考虑以下四种情形:

情形 1. 当 $x,y\in\Big[0,\dfrac{1}{2}\Big]$ 时,注意到

$$\psi\Big(\int_0^{d(fx,fy)}\varphi(t)\,\mathrm{d}t\Big) = \psi\Big(\int_0^{\frac{1}{2}|x-y|}\varphi(t)\,\mathrm{d}t\Big) = \psi\Big(\dfrac{|x-y|^2}{16}\Big) = \dfrac{|x-y|^2}{16}$$

$$\leqslant \frac{|x-y|^2}{4} - \frac{|x-y|^4}{16}$$

$$= \psi\left(\frac{|x-y|^2}{4}\right) - \phi\left(\frac{|x-y|^2}{4}\right)$$

$$= \psi\left(\int_0^{|x-y|} \varphi(t)\,\mathrm{d}t\right) - \phi\left(\int_0^{|x-y|} \varphi(t)\,\mathrm{d}t\right)$$

$$= \psi\left(\int_0^{d(x,y)} \varphi(t)\,\mathrm{d}t\right) - \phi\left(\int_0^{d(x,y)} \varphi(t)\,\mathrm{d}t\right).$$

情形 2. 当 $x \in \left[0, \frac{1}{2}\right]$ 和 $y = 1$ 时, 通过计算可得

$$\psi\left(\int_0^{d(fx,fy)} \varphi(t)\,\mathrm{d}t\right) = \psi\left(\int_0^{\frac{x}{2}} \varphi(t)\,\mathrm{d}t\right) = \psi\left(\frac{x^2}{16}\right) = \frac{x^2}{16}$$

$$\leqslant \frac{(1-x)^2}{4} - \frac{(1-x)^4}{16}$$

$$= \psi\left(\frac{(1-x)^2}{4}\right) - \phi\left(\frac{(1-x)^2}{4}\right)$$

$$= \psi\left(\int_0^{|x-1|} \varphi(t)\,\mathrm{d}t\right) - \phi\left(\int_0^{|x-1|} \varphi(t)\,\mathrm{d}t\right)$$

$$= \psi\left(\int_0^{d(x,y)} \varphi(t)\,\mathrm{d}t\right) - \phi\left(\int_0^{d(x,y)} \varphi(t)\,\mathrm{d}t\right).$$

情形 3. 当 $x \in \left[0, \frac{1}{2}\right]$

$$\psi\left(\int_0^{d(fx,fy)} \varphi(t)\,\mathrm{d}t\right) = \psi\left(\int_0 \right) = \frac{(2-x)^2}{16} < \frac{1}{2}$$

$$\leqslant \frac{1}{2}\left[\left(\frac{9}{4}\right) + 1\right] - \frac{1}{8}\left(\frac{9}{4} - x\right)^2 = \psi\left(\frac{9}{4} - x\right) - \phi\left(\frac{9}{4} - x\right)$$

$$= \psi\left(\int_0^1 \varphi(t)\,\mathrm{d}t + \int_1^{3-x} \varphi(t)\,\mathrm{d}t\right) - \phi\left(\int_0^1 \varphi(t)\,\mathrm{d}t + \int_1^{3-x} \varphi(t)\,\mathrm{d}t\right)$$

$$= \psi\left(\int_0^{3-x} \varphi(t)\,\mathrm{d}t\right) - \phi\left(\int_0^{3-x} \varphi(t)\,\mathrm{d}t\right)$$

$$= \psi\left(\int_0^{d(x,y)} \varphi(t)\,\mathrm{d}t\right) - \phi\left(\int_0^{d(x,y)} \varphi(t)\,\mathrm{d}t\right).$$

情形 4. 当 $x = 1$ 和 $y = 3$ 时, 可得

$$\psi\left(\int_0^{d(fx,fy)} \varphi(t)\,\mathrm{d}t\right) = \psi\left(\int_0^1 \varphi(t)\,\mathrm{d}t\right) = \psi\left(\frac{1}{4}\right) = \frac{1}{4} < \frac{139}{128}$$

$$= \frac{1}{2}\left(\frac{25}{16} + 1\right) - \frac{1}{8} \cdot \frac{25}{16} = \psi\left(\frac{5}{4}\right) - \phi\left(\frac{5}{4}\right)$$

$$= \psi\left(\int_0^1 \varphi(t)\,dt + \int_1^2 \varphi(t)\,dt\right) - \phi\left(\int_0^1 \varphi(t)\,dt + \int_1^2 \varphi(t)\,dt\right)$$

$$= \psi\left(\int_0^2 \varphi(t)\,dt\right) - \phi\left(\int_0^2 \varphi(t)\,dt\right)$$

$$= \psi\left(\int_0^{d(x,y)} \varphi(t)\,dt\right) - \phi\left(\int_0^{d(x,y)} \varphi(t)\,dt\right).$$

综上,式(1.7.15)成立. 因此,利用定理 1.7.4 可知,f 有唯一的不动点 $0 \in X$,且对于每个 $x \in X$ 有 $\lim_{n\to\infty} f^n x = 0$.

定理 1.7.5 设 f 是完备度量空间 (X,d) 上的自映射,且满足压缩条件(1.7.16).那么 f 有唯一的不动点 $a \in X$,且对于每个 $x \in X$,有 $\lim_{n\to\infty} f^n x = a$.

证明: 设 x 是 X 中任意一点. 假设对于某个 $n_0 \in \mathbf{N}$,式(1.7.19)成立. 应用条件(1.7.16)、式(1.7.19)及 $(\varphi,\psi,\alpha) \in \Phi_1 \times \Phi_3 \times \Phi_5$,得到

$$\psi\left(\int_0^{d_{n_0}} \varphi(t)\,dt\right) > 0$$

和

$$\psi\left(\int_0^{d_{n_0-1}} \varphi(t)\,dt\right) \leqslant \psi\left(\int_0^{d_{n_0}} \varphi(t)\,dt\right)$$

$$= \psi\left(\int_0^{d(f^{n_0}x, f^{n_0+1}x)} \varphi(t)\,dt\right)$$

$$\leqslant \alpha(d(f^{n_0-1}x, f^{n_0}x))\psi\left(\int_0^{d(f^{n_0-1}x, f^{n_0}x)} \varphi(t)\,dt\right)$$

$$= \alpha(d_{n_0-1})\psi\left(\int_0^{d_{n_0-1}} \varphi(t)\,dt\right)$$

$$< \psi\left(\int_0^{d_{n_0-1}} \varphi(t)\,dt\right),$$

矛盾,所以式(1.7.19)不成立. 因此,式(1.7.18)正确. 于是非负序列 $\{d_n\}_{n \in \mathbf{N}_0}$ 是不增的,这就意味着存在一个常数 $c \geqslant 0$ 满足 $\lim_{n\to\infty} d_n = c$. 假设 $c > 0$. 根据式(1.7.16),可以推出

$$\psi\left(\int_0^{d_n} \varphi(t)\,dt\right) = \psi\left(\int_0^{d(f^n x, f^{n+1}x)} \varphi(t)\,dt\right)$$

$$\leqslant \alpha(d(f^{n-1}x, f^n x))\psi\left(\int_0^{d(f^{n-1}x, f^n x)} \varphi(t)\,dt\right)$$

$$= \alpha(d_{n-1})\psi\left(\int_0^{d_{n-1}}\varphi(t)\,\mathrm{d}t\right), \forall\, n \in \mathbf{N}. \tag{1.7.30}$$

在式(1.7.30)中取 $n\to\infty$ 的上极限,结合引理1.7.1 和$(\varphi,\psi,\alpha)\in\Phi_1\times\Phi_3\times\Phi_5$,可知

$$\psi\left(\int_0^c\varphi(t)\,\mathrm{d}t\right) = \limsup_{n\to\infty}\psi\left(\int_0^{d_n}\varphi(t)\,\mathrm{d}t\right)$$

$$\leqslant \limsup_{n\to\infty}\left[\alpha(d_{n-1})\psi\left(\int_0^{d_{n-1}}\varphi(t)\,\mathrm{d}t\right)\right]$$

$$\leqslant \limsup_{n\to\infty}\alpha(d_{n-1})\cdot\limsup_{n\to\infty}\psi\left(\int_0^{d_{n-1}}\varphi(t)\,\mathrm{d}t\right)$$

$$< \psi\left(\int_0^c\varphi(t)\,\mathrm{d}t\right),$$

这是矛盾的. 因此 $c=0$,即式(1.7.23)成立.

下面证明 $\{f^n x\}_{n\in\mathbf{N}_0}$ 是一个柯西列. 假设 $\{f^n x\}_{n\in\mathbf{N}_0}$ 不是柯西列. 类似于定理1.7.4 的证明,存在 $\varepsilon>0$ 和 $\{m(k):k\in\mathbf{N}\}$,$\{n(k):k\in\mathbf{N}\}\subset\mathbf{N}$,使得对于每个 $k\in\mathbf{N}$,有式(1.7.25)—式(1.7.28)成立. 根据条件(1.7.16)、式(1.7.28),引理1.7.1 和 $(\varphi,\psi,\alpha)\in\Phi_1\times\Phi_3\times\Phi_5$,可以得到

$$\psi\left(\int_0^\varepsilon\varphi(t)\,\mathrm{d}t\right) = \limsup_{k\to\infty}\psi\left(\int_0^{d(f^{m(k)+1}x,f^{n(k)+2}x)}\varphi(t)\,\mathrm{d}t\right)$$

$$= \limsup_{k\to\infty}\left[\alpha(d(f^{m(k)}x,f^{n(k)+1}x))\psi\left(\int_0^{d(f^{m(k)}x,f^{n(k)+1}x)}\varphi(t)\,\mathrm{d}t\right)\right]$$

$$\leqslant \limsup_{k\to\infty}\alpha(d(f^{m(k)}x,f^{n(k)+1}x))\cdot\limsup_{k\to\infty}\psi\left(\int_0^{d(f^{m(k)}x,f^{n(k)+1}x)}\varphi(t)\,\mathrm{d}t\right)$$

$$< \psi\left(\int_0^\varepsilon\varphi(t)\,\mathrm{d}t\right),$$

矛盾. 因此 $\{f^n x\}_{n\in\mathbf{N}_0}$ 是一个柯西列.

因为 (X,d) 是完备的,所以存在一点 $a\in X$,满足 $\lim\limits_{n\to\infty}f^n x=a$. 通过不等式(1.7.16),有

$$\psi\left(\int_0^{d(f^{n+1}x,fa)}\varphi(t)\,\mathrm{d}t\right) \leqslant \alpha(d(f^n x,a))\psi\left(\int_0^{d(f^n x,a)}\varphi(t)\,\mathrm{d}t\right), \forall\, n \in \mathbf{N}_0.$$

$$\tag{1.7.31}$$

在式(1.7.31)两端取 $n\to\infty$ 的上极限,利用$(\varphi,\psi,\alpha)\in\Phi_1\times\Phi_3\times\Phi_5$ 和引理1.7.1 和引理1.7.2 得到

$$\psi\left(\int_0^{d(a,fa)}\varphi(t)\,\mathrm{d}t\right) = \limsup_{n\to\infty}\psi\left(\int_0^{d(f^{n+1}x,fa)}\varphi(t)\,\mathrm{d}t\right)$$

$$\leqslant \lim_{n\to\infty} \sup \left[\alpha(d(f^n x, a)) \psi\left(\int_0^{d(f^n x, a)} \varphi(t)\,\mathrm{d}t \right) \right]$$

$$\leqslant \lim_{n\to\infty} \sup \alpha(d(f^n x, a)) \cdot \lim_{n\to\infty} \sup \psi\left(\int_0^{d(f^n x, a)} \varphi(t)\,\mathrm{d}t \right)$$

$$= 0.$$

这表明

$$\psi\left(\int_0^{d(a, fa)} \varphi(t)\,\mathrm{d}t \right) = 0,$$

即 $fa = a$.

接下来,证明 a 是 f 的唯一不动点. 假设 f 有另一个不动点 $b \in X - \{a\}$. 根据条件$(1.7.16)$和$(\varphi, \psi, \alpha) \in \Phi_1 \times \Phi_3 \times \Phi_5$ 有

$$\psi\left(\int_0^{d(a, b)} \varphi(t)\,\mathrm{d}t \right) = \psi\left(\int_0^{d(fa, fb)} \varphi(t)\,\mathrm{d}t \right)$$

$$\leqslant \alpha(d(a, b)) \psi\left(\int_0^{d(a, b)} \varphi(t)\,\mathrm{d}t \right)$$

$$< \psi\left(\int_0^{d(a, b)} \varphi(t)\,\mathrm{d}t \right),$$

矛盾. 所以 f 有唯一的不动点.

例 1.7.5 设 $X = [0, 1] \cup [4, 5]$,其上定义欧氏度量 $d = |\cdot|$. 设映射 $f: X \to X, \varphi, \psi: \mathbf{R}^+ \to \mathbf{R}^+$ 和 $\alpha: \mathbf{R}^+ \to [0, 1)$ 定义为

$$f(x) = \begin{cases} \dfrac{x^2}{4}, & \forall x \in [0, 1], \\ \dfrac{x^2}{26}, & \forall x \in [4, 5], \end{cases} \qquad \varphi(t) = \begin{cases} 4t^3, & \forall t \in [0, 1], \\ 2t^3, & \forall t \in [4, 5] \end{cases}$$

$$\psi(t) = t^{\frac{1}{2}}, \forall t \in \mathbf{R}^+, \quad \alpha(t) = \begin{cases} \dfrac{1}{3} + \dfrac{t^2}{2}, & \forall t \in [0, 1], \\ \dfrac{1}{2t}, & \forall t \in (1, 3), \\ \dfrac{1}{\sqrt{t}}, & \forall t \in [3, +\infty), \end{cases}$$

显然,$(\varphi, \psi, \alpha) \in \Phi_1 \times \Phi_3 \times \Phi_5$. 设 $x, y \in X$ 满足 $x < y$. 为了证明条件$(1.7.16)$成立,考虑以下三种可能情形.

情形 1:当 $x, y \in [0, 1]$ 时,计算可得

$$\psi\left(\int_0^{d(fx, fy)} \varphi(t)\,\mathrm{d}t \right) = \left(\int_0^{\frac{y^2-x^2}{4}} 4t^3\,\mathrm{d}t \right)^{\frac{1}{2}} = \frac{(x+y)^2}{16}|x-y|^2 \leqslant \frac{1}{4}|x-y|^2$$

$$\leqslant \left(\frac{1}{3} + \frac{1}{2}|x-y|^2\right)|x-y|^2$$

$$= \alpha(d(x,y))\psi\left(\int_0^{d(x,y)} \varphi(t)\,dt\right).$$

情形 2：当 $x,y \in [4,5]$ 时，显然有

$$\psi\left(\int_0^{d(fx,fy)} \varphi(t)\,dt\right) = \left(\int_0^{\frac{y^2-x^2}{26}} 4t^3\,dt\right)^{\frac{1}{2}} = \frac{(x+y)^2}{16}|x-y|^2 \leqslant \frac{25}{169}|x-y|^2$$

$$\leqslant \left(\frac{1}{3} + \frac{1}{2}|x-y|^2\right)|x-y|^2$$

$$= \alpha(d(x,y))\psi\left(\int_0^{d(x,y)} \varphi(t)\,dt\right).$$

情形 3：当 $x \in [0,1]$ 且 $y \in [4,5]$ 时，可以得到

$$\psi\left(\int_0^{d(fx,fy)} \varphi(t)\,dt\right) = \left(\int_0^{\frac{y^2}{26}-\frac{x^2}{4}} 4t^3\,dt\right)^{\frac{1}{2}} = \left(\frac{y^2}{26} - \frac{x^2}{4}\right)^2 \leqslant \left(\frac{25}{26}\right)^2 < 1 < \sqrt{|x-y|}$$

$$= \alpha(|x-y|)|x-y| = \alpha(|x-y|)\left(\int_0^1 4t^3\,dt + \int_1^{|x-y|} 4t^3\,dt\right)^{\frac{1}{2}}$$

$$= \alpha(d(x,y))\left(\int_0^{|x-y|} \varphi(t)\,dt\right)^{\frac{1}{2}}$$

$$= \alpha(d(x,y))\psi\left(\int_0^{d(x,y)} \varphi(t)\,dt\right).$$

即条件(1.7.16)成立. 因此，定理 1.7.5 的条件都成立. 根据定理 1.7.5 知 f 有唯一的不动点 $0 \in X$，且对于每个 $x \in X$，有 $\lim_{n \to \infty} f^n x = 0$.

定理 1.7.6　设 f 是完备度量空间 (X,d) 上的自映射，满足条件(1.7.17)，且

$$\phi(t) \leqslant \psi(t), \forall t \in \mathbf{R}^+. \tag{1.7.32}$$

那么 f 有唯一的不动点 $a \in X$，且对于每个 $x \in X$，有 $\lim_{n \to \infty} f^n x = a$.

证明：设 x 是 X 中任意一点. 如果存在 $n_0 \in \mathbf{N}$，使得 $d_{n_0} = 0$，则 $f^{n_0} x$ 是 f 的不动点且有 $\lim_{n \to \infty} f^n x = f^{n_0} x$. 现在假设对于所有的 $n \in \mathbf{N}_0, d_n \neq 0$. 假设存在某个 $n_0 \in \mathbf{N}$，使得式(1.7.19)成立. 由压缩条件(1.7.17)有

$$\psi\left(\int_0^{d_{n_0}} \varphi(t)\,dt\right) = \psi\left(\int_0^{d(f^{n_0}x,f^{n_0+1}x)} \varphi(t)\,dt\right)$$

$$\leqslant \alpha(d(f^{n_0-1}x,f^{n_0}x))\phi\left(\int_0^{d(f^{n_0-1}x,f^{n_0}x)} \varphi(t)\,dt\right) +$$

$$\beta(d(f^{n_0-1}x, f^{n_0}x))\psi\left(\int_0^{d(f^{n_0}x, f^{n_0+1}x)}\varphi(t)\,dt\right)$$

$$= \alpha(d_{n_0-1})\phi\left(\int_0^{d_{n_0-1}}\varphi(t)\,dt\right) + \beta(d_{n_0-1})\psi\left(\int_0^{d_{n_0}}\varphi(t)\,dt\right).$$

结合式(1.7.19)、式(1.7.32),$(\varphi,\psi,\phi)\in\Phi_1\times\Phi_3\times\Phi_4$ 及 $(\alpha,\beta)\in\Phi_6$ 知

$$0 < \psi\left(\int_0^{d_{n_0-1}}\varphi(t)\,dt\right) \leqslant \psi\left(\int_0^{d_{n_0}}\varphi(t)\,dt\right)$$

$$\leqslant \frac{\alpha(d_{n_0-1})}{1-\beta(d_{n_0-1})}\phi\left(\int_0^{d_{n_0-1}}\varphi(t)\,dt\right)$$

$$\leqslant \frac{\alpha(d_{n_0-1})}{1-\beta(d_{n_0-1})}\psi\left(\int_0^{d_{n_0-1}}\varphi(t)\,dt\right)$$

$$< \psi\left(\int_0^{d_{n_0-1}}\varphi(t)\,dt\right),$$

矛盾. 所以式(1.7.19)不成立. 因此,式(1.7.18)成立.

现在来证明 $\lim_{n\to\infty}d_n = 0$. 注意到非负序列 $\{d_n\}_{n\in\mathbf{N}_0}$ 是递减的,于是存在一个常数 $c\geqslant 0$,使得 $\lim_{n\to\infty}d_n = c$. 假设 $c>0$. 根据条件(1.7.17)有

$$\psi\left(\int_0^{d_n}\varphi(t)\,dt\right) = \psi\left(\int_0^{d(f^nx, f^{n+1}x)}\varphi(t)\,dt\right)$$

$$\leqslant \alpha(d(f^{n-1}x, f^nx))\phi\left(\int_0^{d(f^{n-1}x, f^nx)}\varphi(t)\,dt\right) +$$

$$\beta(d(f^{n-1}x, f^nx))\psi\left(\int_0^{d(f^nx, f^{n+1}x)}\varphi(t)\,dt\right)$$

$$= \alpha(d_{n-1})\phi\left(\int_0^{d_{n-1}}\varphi(t)\,dt\right) + \beta(d_{n-1})\psi\left(\int_0^{d_n}\varphi(t)\,dt\right), \forall n\in\mathbf{N}.$$

由此推出

$$\psi\left(\int_0^{d_n}\varphi(t)\,dt\right) \leqslant \frac{\alpha(d_{n-1})}{1-\beta(d_{n-1})}\phi\left(\int_0^{d_{n-1}}\varphi(t)\,dt\right), \forall n\in\mathbf{N}. \quad (1.7.33)$$

在式(1.7.33)中取 $n\to\infty$ 的上极限,并应用式(1.7.32),$(\varphi,\psi,\phi)\in\Phi_1\times\Phi_3\times\Phi_4,(\alpha,\beta)\in\Phi_6$ 及引理1.7.1,可以得到

$$\psi\left(\int_0^c\varphi(t)\,dt\right) = \limsup_{n\to\infty}\psi\left(\int_0^{d_n}\varphi(t)\,dt\right)$$

$$\leqslant \limsup_{n\to\infty}\left[\frac{\alpha(d_{n-1})}{1-\beta(d_{n-1})}\phi\left(\int_0^{d_{n-1}}\varphi(t)\,dt\right)\right]$$

$$\leqslant \limsup_{n\to\infty} \frac{\alpha(d_{n-1})}{1-\beta(d_{n-1})} \cdot \limsup_{n\to\infty} \psi\Big(\int_0^{d_{n-1}} \varphi(t)\,dt\Big)$$

$$\leqslant \limsup_{s\to c^+} \frac{\alpha(s)}{1-\beta(s)} \psi\Big(\int_0^c \varphi(t)\,dt\Big)$$

$$< \psi\Big(\int_0^c \varphi(t)\,dt\Big),$$

这是矛盾的. 因此 $c=0$, 即 $\lim_{n\to\infty} d_n = 0$.

接下来, 证明 $\{f^n x\}_{n\in\mathbf{N}_0}$ 是一个柯西列. 若 $\{f^n x\}_{n\in\mathbf{N}_0}$ 不是柯西列, 与定理 1.7.5 的证明一样, 存在 $\varepsilon>0$ 和 $\{m(k):k\in\mathbf{N}\}$, $\{n(k):k\in\mathbf{N}\}\subset\mathbf{N}$, 使得对于每个 $k\in\mathbf{N}$, 有式 (1.7.25)—式 (1.7.28) 成立. 根据式 (1.7.29), 有

$$\psi\Big(\int_0^{d(f^{m(k)+1}x,f^{n(k)+2}x)} \varphi(t)\,dt\Big) \leqslant \alpha(d(f^{m(k)}x,f^{n(k)+1}x))\phi\Big(\int_0^{d(f^{m(k)}x,f^{m(k)+1}x)} \varphi(t)\,dt\Big) +$$

$$\beta(d(f^{m(k)}x,f^{n(k)+1}x))\psi\Big(\int_0^{d(f^{n(k)+1}x,f^{n(k)+2}x)} \varphi(t)\,dt\Big)$$

$$= \alpha(d(f^{m(k)}x,f^{n(k)+1}x))\phi\Big(\int_0^{d_{m(k)}} \varphi(t)\,dt\Big) +$$

$$\beta(d(f^{m(k)}x,f^{n(k)+1}x))\psi\Big(\int_0^{d_{n(k)}} \varphi(t)\,dt\Big), \ \forall k\in\mathbf{N}.$$

在上式两端取 $k\to\infty$ 的上极限, 并应用式 (1.7.17)、式 (1.7.28)、引理 1.7.1, $(\varphi,\psi,\phi)\in\Phi_1\times\Phi_3\times\Phi_4$ 和 $(\alpha,\beta)\in\Phi_6$, 可得

$$0 < \psi\Big(\int_0^\varepsilon \varphi(t)\,dt\Big) = \limsup_{k\to\infty} \psi\Big(\int_0^{d(f^{m(k)+1}x,f^{n(k)+2}x)} \varphi(t)\,dt\Big)$$

$$\leqslant \limsup_{k\to\infty} \Big[\alpha(d(f^{m(k)}x,f^{n(k)+1}x))\phi\Big(\int_0^{d_{m(k)}} \varphi(t)\,dt\Big) +$$

$$\beta(d(f^{m(k)}x,f^{n(k)+1}x))\psi\Big(\int_0^{d_{n(k)}} \varphi(t)\,dt\Big) \Big]$$

$$\leqslant \limsup_{k\to\infty} \alpha(d(f^{m(k)}x,f^{n(k)+1}x)) \cdot \limsup_{k\to\infty} \psi\Big(\int_0^{d_{m(k)}} \varphi(t)\,dt\Big) +$$

$$\limsup_{k\to\infty} \beta(d(f^{m(k)}x,f^{n(k)+1}x)) \cdot \limsup_{k\to\infty} \psi\Big(\int_0^{d_{n(k)}} \varphi(t)\,dt\Big)$$

$$\leqslant \limsup_{s\to\varepsilon} \alpha(s)\psi\Big(\int_0^0 \varphi(t)\,dt\Big) + \limsup_{s\to\varepsilon} \beta(s)\psi\Big(\int_0^0 \varphi(t)\,dt\Big)$$

$$= 0,$$

矛盾. 因此 $\{f^n x\}_{n\in\mathbf{N}_0}$ 是一个柯西列.

因为 (X,d) 是完备的, 所以存在一点 $a\in X$, 满足 $\lim_{n\to\infty} f^n x = a$. 由压缩条

件$(1.7.17)$,$(\varphi,\psi,\phi)\in\Phi_1\times\Phi_3\times\Phi_4$,$(\alpha,\beta)\in\Phi_6$ 和引理 $1.7.1$,有

$$\psi\left(\int_0^{d(a,fa)}\varphi(t)\,\mathrm{d}t\right)=\lim_{n\to\infty}\sup\psi\left(\int_0^{d(f^{n+1}x,fa)}\varphi(t)\,\mathrm{d}t\right)$$

$$\leqslant\lim_{n\to\infty}\sup\left[\alpha(d(f^nx,a))\phi\left(\int_0^{d(f^nx,f^{n+1}x)}\varphi(t)\,\mathrm{d}t\right)+\right.$$

$$\left.\beta(d(f^nx,a))\psi\left(\int_0^{d(a,fa)}\varphi(t)\,\mathrm{d}t\right)\right]$$

$$\leqslant\lim_{n\to\infty}\sup\alpha(d(f^nx,a))\cdot\lim_{n\to\infty}\sup\psi\left(\int_0^{d_n}\varphi(t)\,\mathrm{d}t\right)+$$

$$\lim_{n\to\infty}\sup\beta(d(f^nx,a))\cdot\psi\left(\int_0^{d(a,fa)}\varphi(t)\,\mathrm{d}t\right)$$

$$\leqslant\lim_{s\to0^+}\sup\beta(s)\cdot\psi\left(\int_0^{d(a,fa)}\varphi(t)\,\mathrm{d}t\right).$$

结合$(\alpha,\beta)\in\Phi_6$ 得到

$$\psi\left(\int_0^{d(a,fa)}\varphi(t)\,\mathrm{d}t\right)=0.$$

于是 $d(fa,a)=0$,即 $fa=a$.

最后,证明 a 是 f 的唯一不动点. 假设 f 有另一个不动点 $b\in X-\{a\}$. 根据条件$(1.7.17)$,$(\varphi,\psi,\phi)\in\Phi_1\times\Phi_3\times\Phi_4$ 和 $(\alpha,\beta)\in\Phi_6$ 有

$$0\leqslant\psi\left(\int_0^{d(fa,fb)}\varphi(t)\,\mathrm{d}t\right)$$

$$\leqslant\alpha(d(a,b))\phi\left(\int_0^{d(a,fa)}\varphi(t)\,\mathrm{d}t\right)+\beta(d(a,b))\psi\left(\int_0^{d(b,fb)}\varphi(t)\,\mathrm{d}t\right)$$

$$=0,$$

矛盾. 从而 a 是 f 的唯一不动点.

例 $1.7.6$ 设 $X=\left[\dfrac{1}{2},1\right]\cup\left[\dfrac{3}{2},2\right]$,其上定义欧氏度量 $d=|\cdot|$. 设映射 $f:X\to X$,$\varphi,\phi,\psi:\mathbf{R}^+\to\mathbf{R}^+$ 和 $\alpha,\beta:\mathbf{R}^+\to[0,1)$ 定义如下:

$$f(x)=\begin{cases}1,x\in\left[\dfrac{1}{2},1\right],\\[2mm]\dfrac{x}{2},x\in\left[\dfrac{3}{2},2\right],\end{cases}\quad\varphi(t)=\begin{cases}0,t\in\left[0,\dfrac{9}{16}\right),\\[2mm]\dfrac{32t^2}{9},t\in\left[\dfrac{9}{16}+\infty\right),\end{cases}\quad\varphi(t)=2t,$$

$$\psi(t)=4t^2,\alpha(t)=\frac{t}{\left(\dfrac{1}{2}+t\right)^2},\beta(t)=\frac{t^2}{\left(\dfrac{1}{2}+t\right)^2},\forall\,t\in\mathbf{R}^+.$$

容易得出 $(\varphi,\psi,\phi)\in\varPhi_1\times\varPhi_3\times\varPhi_4,(\alpha,\beta)\in\varPhi_6$ 和式 $(1.7.32)$ 成立. 为了证明式 $(1.7.17)$,考虑以下五种可能情形.

情形 1:当 $x,y\in\left[\dfrac{3}{2},2\right]$ 且 $x\geqslant y$ 时,有

$$\psi\left(\int_0^{d(fx,fy)}\varphi(t)\mathrm{d}t\right)=\psi\left(\int_0^{\frac{|x-y|}{2}}\varphi(t)\mathrm{d}t\right)=\psi\left(\frac{(x-y)^2}{4}\right)=\frac{(x-y)^4}{4}\leqslant\frac{x-y}{2}$$

$$\leqslant\frac{x-y}{2}\cdot\frac{x^4}{\left(\frac{1}{2}+x-y\right)^2}\leqslant\frac{x-y}{\left(\frac{1}{2}+x-y\right)^2}\cdot\frac{32}{9}\left(\frac{x^2}{4}\right)^2$$

$$=\alpha(d(x,y))\phi\left(\int_0^{d(x,fx)}\varphi(t)\mathrm{d}t\right)$$

$$\leqslant\alpha(d(x,y))\phi\left(\int_0^{d(x,fx)}\varphi(t)\mathrm{d}t\right)+\beta(d(x,y))\psi\left(\int_0^{d(y,fy)}\varphi(t)\mathrm{d}t\right).$$

情形 2:当 $x,y\in\left[\dfrac{3}{2},2\right]$ 且 $y>x$ 时,可以得到

$$\psi\left(\int_0^{d(fx,fy)}\varphi(t)\mathrm{d}t\right)=\psi\left(\int_0^{\frac{|y-x|}{2}}\varphi(t)\mathrm{d}t\right)=\frac{(y-x)^4}{4}\cdot\frac{y^4}{\left(\frac{1}{2}+y-x\right)^2}$$

$$=\frac{(y-x)^2}{\left(\frac{1}{2}+y-x\right)^2}\cdot\frac{y^4}{4}=\beta(d(x,y))\psi\left(\frac{y^4}{4}\right)$$

$$=\beta(d(x,y))\psi\left(\int_0^{\frac{y}{2}}\varphi(t)\mathrm{d}t\right)=\beta(d(x,y))\psi\left(\int_0^{d(y,fy)}\varphi(t)\mathrm{d}t\right)$$

$$\leqslant\alpha(d(x,y))\phi\left(\int_0^{d(x,fx)}\varphi(t)\mathrm{d}t\right)+\beta(d(x,y))\psi\left(\int_0^{d(y,fy)}\varphi(t)\mathrm{d}t\right).$$

情形 3:当 $x\in\left[\dfrac{3}{2},2\right]$ 且 $y\in\left[\dfrac{1}{2},1\right]$ 时,通过计算得到

$$\psi\left(\int_0^{d(fx,fy)}\varphi(t)\mathrm{d}t\right)=\psi\left(\int_0^{\frac{x-2}{2}}4t^3\mathrm{d}t\right)=\psi\left(\frac{(x-2)^2}{4}\right)=\frac{(x-2)^2}{4}\leqslant\frac{1}{64}<\frac{27}{64}$$

$$=\frac{3}{8}\cdot\frac{2}{9}\cdot\frac{81}{16}\leqslant\frac{x-y}{\left(\frac{1}{2}+x-y\right)^2}\cdot\frac{2}{9}\cdot x^4=\alpha(d(x,y))\phi\left(\frac{x^2}{4}\right)$$

$$=\alpha(d(x,y))\phi\left(\int_0^{d(x,fx)}\varphi(t)\mathrm{d}t\right)$$

$$\leqslant \alpha(d(x,y))\phi\Big(\int_0^{d(x,fx)}\varphi(t)\,\mathrm{d}t\Big)+\beta(d(x,y))\psi\Big(\int_0^{d(y,fy)}\varphi(t)\,\mathrm{d}t\Big).$$

情形 4：当 $x\in\Big[\dfrac{1}{2},1\Big]$ 且 $y\in\Big[\dfrac{3}{2},2\Big]$ 时，计算可得

$$\psi\Big(\int_0^{d(fx,fy)}\varphi(t)\,\mathrm{d}t\Big)=\psi\Big(\int_0^{\lfloor\frac{y-2}{2}\rfloor}2t\mathrm{d}t\Big)=\frac{(y-2)^4}{4}\leqslant\frac{1}{64}<\frac{1}{4}\cdot\frac{81}{64}$$

$$\leqslant\frac{(y-x)^2}{\Big(\dfrac{1}{2}+y-x\Big)^2}\cdot\frac{y^4}{4}=\beta(d(x,y))\psi\Big(\frac{y^2}{4}\Big)$$

$$=\beta(d(x,y))\psi\Big(\int_0^{d(y,fy)}\varphi(t)\,\mathrm{d}t\Big)$$

$$\leqslant\alpha(d(x,y))\phi\Big(\int_0^{d(x,fx)}\varphi(t)\,\mathrm{d}t\Big)+\beta(d(x,y))\psi\Big(\int_0^{d(y,fy)}\varphi(t)\,\mathrm{d}t\Big).$$

情形 5：当 $x,y\in\Big[\dfrac{1}{2},1\Big]$ 时，注意到 $fx=fy=1$，于是

$$\psi\Big(\int_0^{d(fx,fy)}\varphi(t)\,\mathrm{d}t\Big)=0\leqslant\alpha(d(x,y))\phi\Big(\int_0^{d(x,fx)}\varphi(t)\,\mathrm{d}t\Big)+$$

$$\beta(d(x,y))\psi\Big(\int_0^{d(y,fy)}\varphi(t)\,\mathrm{d}t\Big).$$

综上，条件(1.7.17)成立. 因此,定理 1.7.6 的条件都成立. 根据定理 1.7.6,知 f 有唯一的不动点 $1\in X$，且对于每个 $x\in X$，有 $\lim\limits_{n\to\infty}f^n x=1$.

1.8　F-压缩映射的不动点定理

F-压缩映射在 2012 年由 Wardowski[31] 首次引入. 本节我们将主要介绍 F-压缩、F-Suzuki 压缩及广义 F-压缩的相关概念及对应的不动点的存在条件.

定义 1.8.1　设 $F:\mathbf{R}^+\to\mathbf{R}$ 是一个满足下面条件的映射：

(F_1) F 是严格单调递增的,即对 $\forall x,y\in\mathbf{R}^+$，满足 $x<y$，有 $F(x)<F(y)$；

(F_2) 对每一个正实数列 $\{\alpha_n\}_{n=1}^\infty$，$\lim\limits_{n\to\infty}\alpha_n=0$ 当且仅当 $\lim\limits_{n\to\infty}F(\alpha_n)=-\infty$；

(F_3) 存在 $k\in(0,1)$，使得 $\lim\limits_{\alpha\to0^+}\alpha^k F(\alpha)=0$.

一个映射 $T:X\to X$ 称为是 F-压缩的,如果存在 $\tau>0$，使得 $\forall x,y\in X$，

$$d(Tx,Ty)>0\Rightarrow\tau+F(d(Tx,Ty))<F(d(x,y)).\qquad(1.8.1)$$

当在式(1.8.1)中考虑映射 F 的不同类型时,我们可以得到一些常见的压

缩映射形式,见下面的几个例子.

例 1.8.1　定义 $F_1:\mathbf{R}^+\to\mathbf{R}$ 为 $F(\alpha)=\ln\alpha$. 显然,F_1 满足 (F_1) — (F_3) ((F_3) 对任意的 $k\in(0,1)$). 满足条件 $(1.8.1)$ 的映射 $T:X\to X$ 是一个 F_1-压缩映射, 且对所有的 $x,y\in X,Tx\neq Ty$,
$$d(Tx,Ty)\leqslant \mathrm{e}^{-\tau}d(x,y).$$
很明显,对于满足 $Tx=Ty$ 的 $x,y\in X$,不等式 $d(Tx,Ty)\leqslant \mathrm{e}^{-\tau}d(x,y)$ 也成立,所以 T 是 Banach 压缩映射.

例 1.8.2　如果 $F_2(\alpha)=\ln\alpha+\alpha,\alpha>0$,那么 F_2 满足 (F_1) — (F_3),此时条件 $(1.8.1)$ 的形式为:对所有的 $x,y\in X,Tx\neq Ty$,
$$\frac{d(Tx,Ty)}{d(x,y)}\mathrm{e}^{d(Tx,Ty)-d(x,y)}\leqslant \mathrm{e}^{-\tau}.$$

例 1.8.3　考虑 $F_3(\alpha)=\dfrac{-1}{\sqrt{\alpha}},\alpha>0$,则 F_3 满足 (F_1) — (F_3) $\left((\mathrm{F}_3)\text{对任意的}\right.$

$k\in\left(\dfrac{1}{2},1\right)$$\left.\right)$. 在这种情况下,每一个 F_3-压缩映射 T 满足:对所有的 $x,y\in X,Tx\neq Ty$,
$$d(Tx,Ty)\leqslant \frac{1}{(1+\tau\sqrt{d(x,y)})^2}d(x,y).$$
在这里,我们得到了 $d(Tx,Ty)\leqslant\alpha(d(x,y))d(x,y)$ 类型的非线性压缩的特例.

例 1.8.4　令 $F_4(\alpha)=\ln(\alpha^2+\alpha),\alpha>0$. 显然 F_4 满足 (F_1) — (F_3),并且对每一个 F_4-压缩映射 T,都满足下面的条件:对所有的 $x,y\in X,Tx\neq Ty$,
$$\frac{d(Tx,Ty)(d(Tx,Ty)+1)}{d(x,y)(d(x,y)+1)}\leqslant \mathrm{e}^{\tau}.$$

我们观察到,在例 1.8.1—例 1.8.4 中,对于满足 $Tx=Ty$ 的 $x,y\in X$,压缩条件同样也成立.

注 1.8.1　从 (F_1) 和式 $(1.8.1)$ 容易得出,每一个 F-压缩映射 T 都是一个压缩映射,即对所有的 $x,y\in X,Tx\neq Ty$,
$$d(Tx,Ty)<d(x,y).$$
因此,每一个 F-压缩映射都是连续映射.

注 1.8.2　令 F_1,F_2 为满足 (F_1) — (F_3) 的映射. 如果对于所有的 $\alpha>0,F_1(\alpha)\leqslant F_2(\alpha)$ 成立,并且映射 $G=F_2-F_1$ 是非减的,则每一个 F_1-压缩映射 T 是 F_2-压缩的. 事实上,从注 1.8.1 中可以看出,对于所有的 $x,y\in X,Tx\neq Ty$,
$$G(d(Tx,Ty))\leqslant G(d(x,y)).$$

因此,对于所有的 $x,y \in X, Tx \neq Ty$,可以得到

$$\tau + F_2(d(Tx,Ty)) = \tau + F_1(d(Tx,Ty)) + G(d(Tx,Ty))$$
$$\leqslant F_1(d(x,y)) + G(d(x,y))$$
$$= F_2(d(x,y)).$$

定理 1.8.1[31]   设 (X,d) 是一个完备的度量空间. 如果 $T:X \to X$ 是一个 F-压缩映射,那么 T 有唯一的不动点 $x^* \in X$,并且对于每一个 $x_0 \in X$,序列 $\{T^n x_0\}_{n \in \mathbf{N}_0}$ 收敛于 x^*.

证明:先来证明 T 最多有一个不动点. 事实上,如果存在 $x_1^*, x_2^* \in X, Tx_1^* = x_1^* \neq x_2^* = Tx_2^*$,那么可以得到

$$\tau \leqslant F(d(x_1^*, x_2^*)) - F(d(Tx_1^*, Tx_2^*)) = 0,$$

这是矛盾的.

为了证明 T 有不动点,令 $x_0 \in X$ 是任意固定的点. 定义一个序列 $\{x_n\}_{n \in \mathbf{N}_0} \subset X, x_{n+1} = Tx_n, n = 0, 1, \cdots$. 令 $\gamma_n = d(x_{n+1}, x_n), n = 0, 1, \cdots$.

如果存在 $n_0 \in \mathbf{N}_0$,使得 $x_{n_0+1} = x_{n_0}$,则 $Tx_{n_0} = x_{n_0}$,证明结束. 现在假设对于每个 $n \in \mathbf{N}_0, x_{n+1} \neq x_n$. 于是,对于所有的 $n \in \mathbf{N}_0$,有 $\gamma_n > 0$. 使用式(1.8.1),则对于每个 $n \in \mathbf{N}_0$,以下结论成立:

$$F(\gamma_n) \leqslant F(\gamma_{n-1}) - \tau \leqslant F(\gamma_{n-2}) - 2\tau \leqslant \cdots \leqslant F(\gamma_0) - n\tau.$$
$$(1.8.2)$$

根据式(1.8.2),可以推出 $\lim_{n \to \infty} F(\gamma_n) = -\infty$. 结合条件 (F_2) 得出

$$\lim_{n \to \infty} \gamma_n = 0. \qquad (1.8.3)$$

由 (F_3) 知,存在 $k \in (0,1)$,使得

$$\lim_{n \to \infty} \gamma_n^k F(\gamma_n) = 0. \qquad (1.8.4)$$

利用式(1.8.2),可以得到,对所有的 $n \in \mathbf{N}_0$,

$$\gamma_n^k F(\gamma_n) - \gamma_n^k F(\gamma_0) \leqslant \gamma_n^k (F(\gamma_0) - n\tau) - \gamma_n^k F(\gamma_0) = -\gamma_n^k n\tau \leqslant 0.$$
$$(1.8.5)$$

在式(1.8.5)中让 $n \to \infty$,并且使用式(1.8.3)和式(1.8.4),有

$$\lim_{n \to \infty} n\gamma_n^k = 0. \qquad (1.8.6)$$

注意到,由表达式(1.8.6)知,存在 $n_1 \in \mathbf{N}_0$,使得对于所有的 $n \geqslant n_1$,有 $n\gamma_n^k < 1$. 因此,对所有的 $n \geqslant n_1$,

$$\gamma_n \leqslant \frac{1}{n^{1/k}}. \qquad (1.8.7)$$

为了证明 $\{x_n\}_{n \in \mathbf{N}_0}$ 是一个柯西列,考虑满足条件 $m > n \geqslant n_1$ 的自然数 m, n,从度量的定义和式(1.8.7),可以得到

$$d(x_m, x_n) \leqslant \gamma_{m-1} + \gamma_{m-2} + \cdots + \gamma_n < \sum_{i=n}^{\infty} \gamma_i \leqslant \sum_{i=n}^{\infty} \frac{1}{i^{1/k}}.$$

由级数 $\sum_{i=1}^{\infty} \dfrac{1}{i^{1/k}}$ 的收敛性,得到 $\{x_n\}_{n \in \mathbf{N}_0}$ 是一个柯西列.

由 X 的完备性知,存在 $x^* \in X$,使得 $\lim\limits_{n \to \infty} x_n = x^*$. 最后,根据 T 的连续性,可以推出

$$d(Tx^*, x^*) = \lim_{n \to \infty} d(Tx_n, x_n) = \lim_{n \to \infty} d(x_{n+1}, x_n) = 0.$$

下面我们给出一个度量空间和映射 T 不是 F_1-压缩(Banach 压缩),但仍然是 F_2-压缩的例子. 因此,由式(1.8.1)给出的一个压缩映射族,而族内各压缩映射之间通常不是互相等价的.

例 1.8.5　考虑序列 $\{S_n\}_{n \in \mathbf{N}}$ 如下:

$$S_1 = 1, S_2 = 1 + 2, \cdots$$

$$S_n = 1 + 2 + \cdots + n = \frac{n(n+1)}{2}, \cdots.$$

令 $X = \{S_n : n \in \mathbf{N}\}, d(x, y) = |x - y|, x, y \in X$. 则 (X, d) 为完备的度量空间. 定义映射 $T : X \to X$ 为 $T(S_1) = S_1, T(S_n) = S_{n-1}, \forall n > 1$.

首先,考虑例 1.8.1 中定义的映射 F_1. 在这种情况下,映射 T 不是 F_1-压缩的(这实际上意味着 T 不是 Banach 压缩的). 事实上,

$$\lim_{n \to \infty} \frac{d(T(S_n), T(S_1))}{d(S_n, S_1)} = \lim_{n \to \infty} \frac{S_{n-1} - 1}{S_n - 1} = 1.$$

另一方面,采用例 1.8.2 中的 F_2,可以得到 T 是 F_2-压缩的($\tau = 1$). 为了证明这个结论,考虑以下的计算:

首先,注意到

$$\forall m, n \in \mathbf{N}, T(S_m) \neq T(S_n) \Leftrightarrow (m > 2 \text{ 且 } n = 1) \text{ 或 } (m > n > 1).$$

对于每个 $m \in \mathbf{N}, m > 2$,有

$$\frac{d(T(S_m), T(S_1))}{d(S_m, S_1)} e^{d(T(S_m), T(S_1)) - d(S_m, S_1)} = \frac{S_{m-1} - 1}{S_m - 1} e^{S_{m-1} - S_m}$$

$$= \frac{m^2 - m - 2}{m^2 + m - 2} e^{-m} < e^{-m} < e^{-1}.$$

对于任意的 $m, n \in \mathbf{N}, m > n > 1$,以下结果成立:

$$\frac{d(T(S_m),T(S_n))}{d(S_m,S_n)}\mathrm{e}^{d(T(S_m),T(S_n))-d(S_m,S_n)}=\frac{S_{m-1}-S_{n-1}}{S_m-S_n}\mathrm{e}^{S_n-S_{n-1}+S_{m-1}-S_m}$$

$$=\frac{m+n-1}{m+n+1}\mathrm{e}^{n-m}<\mathrm{e}^{n-m}\leqslant\mathrm{e}^{-1}.$$

显然,S_1 是 T 的唯一不动点.

通过数学分析的极限知识,我们不难得到下面的引理.

引理 1.8.1 设 $F:\mathbf{R}^+\to\mathbf{R}$ 是一个增函数且数列 $\{\alpha_n\}_{n=1}^{\infty}$ 是一个正实数列.

(a)如果 $\lim\limits_{n\to\infty}F(\alpha_n)=-\infty$,那么 $\lim\limits_{n\to\infty}\alpha_n=0$;

(b)如果 $\inf\limits_{n\geqslant1}F(\alpha_n)=-\infty$ 且 $\lim\limits_{n\to\infty}\alpha_n=0$,那么 $\lim\limits_{n\to\infty}F(\alpha_n)=-\infty$.

利用引理 1.8.1,定义 1.8.1 中的条件 (F_2) 能被一个等效但更简单的条件替代,

$(\mathrm{F}_2')\inf\limits_{n\geqslant1}F(\alpha_n)=-\infty$

或

(F_2'') 存在一个正实数列 $\{\alpha_n\}_{n=1}^{\infty}$,使得 $\lim\limits_{n\to\infty}F(\alpha_n)=-\infty$.

在下面结果中,我们使用以下条件代替定义 1.8.1 中 (F_3) 的条件:

$(\mathrm{F}_3')F$ 在 $(0,+\infty)$ 上是连续的.

我们用 Φ 表示满足条件 $(\mathrm{F}_1)(\mathrm{F}_2')$ 和 (F_3') 的所有函数构成的集合.

例 1.8.6 令 $F_1(\alpha)=\dfrac{-1}{\alpha},F_2(\alpha)=\dfrac{-1}{\alpha}+\alpha,F_3(\alpha)=\dfrac{1}{1-\mathrm{e}^{\alpha}},F_4(\alpha)=\dfrac{1}{\mathrm{e}^{\alpha}-\mathrm{e}^{-\alpha}}$. 那么 $F_1,F_2,F_3,F_4\in\Phi$.

注 1.8.3 条件 (F_3) 和 (F_3') 是相互独立的. 事实上,对于 $p\geqslant1,F(\alpha)=\dfrac{-1}{\alpha^p}$ 满足条件 (F_1) 和 (F_2),但不满足 (F_3),而满足条件 (F_3'). 同样,对于 $a>1,t\in\left(0,\dfrac{1}{a}\right),F(\alpha)=\dfrac{-1}{(\alpha+[\alpha])^t}$,其中 $[\alpha]$ 表示 α 的整数部分,满足条件 (F_1) 和 (F_2),但它不满足 (F_3'),而满足条件 (F_3),对 $k\in\left(\dfrac{1}{a},1\right)$. 另外,如果我们取 $F(\alpha)=\ln\alpha$,则 F 既满足 (F_3),又满足条件 (F_3').

我们给出 F-Suzuki 压缩映射的定义如下.

定义 1.8.2 设 (X,d) 是一个度量空间. 映射 $T:X\to X$ 称为 F-Suzuki 压缩映射,如果存在 $\tau>0$,使得对于所有的 $x,y\in X,Tx\neq Ty$,

$$\frac{1}{2}d(x,Tx)<d(x,y)\Rightarrow\tau+F(d(Tx,Ty))\leqslant F(d(x,y)),\text{其中 } F\in\Phi.$$

定理 1.8.2[32]　设 (X,d) 是一个完备的度量空间,$T:X \to X$ 是一个 F-Suzuki 压缩映射. 那么 T 具有唯一的不动点 $x^* \in X$,并且对于每一个 $x_0 \in X$,数列 $\{T^n x_0\}_{n=1}^{\infty}$ 收敛到 x^*.

证明:任取 $x_0 \in X$,定义序列 $\{x_n\}_{n=1}^{\infty}$ 如下:

$$x_1 = Tx_0, x_2 = Tx_1 = T^2 x_0, \cdots, x_{n+1} = Tx_n = T^{n+1} x_0, \forall n \in \mathbf{N}. \quad (1.8.8)$$

如果存在 $n \in \mathbf{N}_0$,使得 $d(x_n, Tx_n) = 0$,则证明完成. 所以后面假设 $0 < d(x_n, Tx_n)$, $\forall n \in \mathbf{N}_0$. 因此

$$\frac{1}{2} d(x_n, Tx_n) < d(x_n, Tx_n), \forall n \in \mathbf{N}_0.$$

对 $\forall n \in \mathbf{N}_0$,有

$$\tau + F(d(Tx_n, T^2 x_n)) \leqslant F(d(x_n, Tx_n)),$$

即

$$F(d(x_{n+1}, Tx_{n+1})) \leqslant F(d(x_n, Tx_n)) - \tau.$$

重复这个过程,可以得到

$$F(d(x_n, Tx_n)) \leqslant F(d(x_{n-1}, Tx_{n-1})) - \tau$$
$$\leqslant F(d(x_{n-2}, Tx_{n-2})) - 2\tau$$
$$\leqslant F(d(x_{n-3}, Tx_{n-3})) - 3\tau$$
$$\cdots$$
$$\leqslant F(d(x_0, Tx_0)) - n\tau. \quad (1.8.9)$$

根据式 $(1.8.9)$,可以推出 $\lim\limits_{n \to \infty} F(d(x_n, Tx_n)) = -\infty$. 结合 $(\mathrm{F_2'})$ 和引理 1.8.1,有

$$\lim_{n \to \infty} d(x_n, Tx_n) = 0. \quad (1.8.10)$$

现在来证明点列 $\{x_n\}_{n=1}^{\infty}$ 是一个柯西列. 不然,假设存在 $\varepsilon > 0$ 和自然数列 $\{p(n)\}_{n=1}^{\infty}$ 和 $\{q(n)\}_{n=1}^{\infty}$ 使得

$$p(n) > q(n) > n, d(x_{p(n)}, x_{q(n)}) \geqslant \varepsilon, d(x_{p(n)-1}, x_{q(n)}) < \varepsilon, \forall n \in \mathbf{N}.$$

所以

$$\varepsilon \leqslant d(x_{p(n)}, x_{q(n)})$$
$$\leqslant d(x_{p(n)}, x_{p(n)-1}) + d(x_{p(n)-1}, x_{q(n)})$$
$$\leqslant d(x_{p(n)}, x_{p(n)-1}) + \varepsilon$$
$$= d(x_{p(n)-1}, Tx_{p(n)-1}) + \varepsilon.$$

利用上述不等式和式 $(1.8.10)$ 得出

$$\lim_{n \to \infty} d(x_{p(n)}, x_{q(n)}) = \varepsilon. \quad (1.8.11)$$

从式(1.8.10)和式(1.8.11)可知,可以选取正整数 $N \in \mathbf{N}$,使得

$$\frac{1}{2}d(x_{p(n)}, Tx_{p(n)}) < \frac{1}{2}\varepsilon < d(x_{p(n)}, x_{q(n)}), \forall n \geq N.$$

所以,

$$\tau + F(d(Tx_{p(n)}, Tx_{q(n)})) \leq F(d(x_{p(n)}, x_{q(n)})), \forall n \geq N.$$

根据式(1.8.8)得,

$$\tau + F(d(Tx_{p(n)+1}, Tx_{q(n)+1})) \leq F(d(x_{p(n)}, x_{q(n)})), \forall n \geq N.$$

$$(1.8.12)$$

从(F_3')、式(1.8.10)和式(1.8.12),可以得到 $\tau + F(\varepsilon) \leq F(\varepsilon)$. 这个矛盾表明 $\{x_n\}_{n=1}^{\infty}$ 是一个柯西列. 借助于 (X, d) 的完备性,$\{x_n\}_{n=1}^{\infty}$ 收敛到 X 中的某个点 x^*. 因此

$$\lim_{n \to \infty} d(x_n, x^*) = 0. \qquad (1.8.13)$$

可以断言

$$\frac{1}{2}d(x_n, Tx_n) < d(x_n, x^*) \text{ 或} \frac{1}{2}d(Tx_n, T^2x_n) < d(Tx_n, x^*), \forall n \in \mathbf{N}.$$

$$(1.8.14)$$

若不然,假设存在 $m \in \mathbf{N}$,使得下面表达式成立:

$$\frac{1}{2}d(x_m, Tx_m) \geq d(x_m, x^*) \text{ 和} \frac{1}{2}d(Tx_m, T^2x_m) \geq d(Tx_m, x^*).$$

$$(1.8.15)$$

因此

$$2d(x_m, x^*) \leq d(x_m, Tx_m) \leq d(x_m, x^*) + d(x^*, Tx_m),$$

这意味着

$$d(x_m, x^*) \leq d(x^*, Tx_m). \qquad (1.8.16)$$

从式(1.8.15)和式(1.8.16)得出

$$d(x_m, x^*) \leq d(x^*, Tx_m) \leq \frac{1}{2}d(Tx_m, T^2x_m). \qquad (1.8.17)$$

由于 $\frac{1}{2}d(x_m, Tx_m) < d(x_m, Tx_m)$,结合定理的条件,可以推出

$$\tau + F(d(Tx_m, T^2x_m)) \leq F(d(x_m, Tx_m)).$$

由于 $\tau > 0$,这意味着

$$F(d(Tx_m, T^2x_m)) < F(d(x_m, Tx_m)).$$

所以,由条件(F_1)可推出

$$d(Tx_m, T^2x_m) < d(x_m, Tx_m). \qquad (1.8.18)$$

通过式(1.8.15)、式(1.8.17)和式(1.8.18)得

$$d(Tx_m, T^2x_m) < d(x_m, Tx_m)$$
$$\leqslant d(x_m, x^*) + d(x^*, Tx_m)$$
$$\leqslant \frac{1}{2}d(Tx_m, T^2x_m) + \frac{1}{2}d(Tx_m, T^2x_m)$$
$$= d(Tx_m, T^2x_m).$$

这是一个矛盾. 因此,式(1.8.14)成立. 据此可知,对于 $\forall n \in \mathbf{N}$,

$$\tau + F(d(Tx_n, Tx^*)) \leqslant F(d(x_n, x^*))$$

与

$$\tau + F(d(T^2x_n, Tx^*)) \leqslant F(d(Tx_n, x^*)) = F(d(x_{n+1}, x^*))$$

其一成立.

在第一种情况下,从式(1.8.13)、(F_2')和引理 1.8.1,得到 $\lim\limits_{n\to\infty} F(d(Tx_n, Tx^*)) = -\infty$. 根据($F_2'$)和引理 1.8.1 得 $\lim\limits_{n\to\infty} d(Tx_n, Tx^*) = 0$. 因此

$$d(x^*, Tx^*) = \lim_{n\to\infty} d(x_{n+1}, Tx^*) = \lim_{n\to\infty} d(Tx_n, Tx^*) = 0.$$

在第二种情况下,同样地,从式(1.8.13)、(F_2')和引理 1.8.1,得到 $\lim\limits_{n\to\infty} F(d(T^2x_n, Tx^*)) = -\infty$. 进而可得 $\lim\limits_{n\to\infty} d(Tx_n, Tx^*) = 0$. 于是

$$d(x^*, Tx^*) = \lim_{n\to\infty} d(x_{n+2}, Tx^*) = \lim_{n\to\infty} d(T^2x_n, Tx^*) = 0.$$

因此,x^* 是 T 的一个不动点.

最后来证明 T 至多有一个不动点. 事实上,如果 $x^*, y^* \in X$ 是 T 的两个不同的不动点,即 $Tx^* = x^* \neq y^* = Ty^*$. 因此 $d(x^*, y^*) > 0$. 于是,$0 = \frac{1}{2}d(x^*, Tx^*) < d(x^*, y^*)$. 利用定理的条件,可以推出

$$F(d(x^*, y^*)) = F(d(Tx^*, Ty^*)) < \tau + F(d(Tx^*, Ty^*)) \leqslant F(d(x^*, y^*)),$$

矛盾. 因此,不动点是唯一的.

例 1.8.7　考虑序列 $\{S_n\}_{n\in\mathbf{N}}$ 如下:

$$S_1 = 1 \times 2, S_2 = 1 \times 2 + 2 \times 3, \cdots,$$
$$S_n = 1 \times 2 + 2 \times 3 + \cdots n(n+1) = \frac{n(n+1)(n+2)}{3}, \cdots$$

令 $X = \{S_n : n \in \mathbf{N}\}$, $d(x,y) = |x-y|$,则 (X,d) 是一个完备的度量空间. 定义映射 $T:X\to X$ 为 $T(S_1) = S_1$, $T(S_n) = S_{n-1}$, $\forall n > 1$. 通过简单计算有

$$\lim_{n \to \infty} \frac{d(T(S_n), T(S_1))}{d(S_n, S_1)} = \lim_{n \to \infty} \frac{S_{n-1} - 2}{S_n - 2} = \lim_{n \to \infty} \frac{(n-1)n(n+1) - 6}{n(n+1)(n+2) - 6} = 1,$$

故 T 不是 Banach 压缩映射,也不是 Suzuki 压缩映射. 另一方面,取 $F(\alpha) = \dfrac{-1}{\alpha} +$

$\alpha \in \Phi$,通过计算可得, T 是 $\tau = 6$ 的 F-Suzuki 压缩映射. 首先观察到

$$\frac{1}{2} d(S_n, TS_n) < d(S_n, S_m) \Leftrightarrow (1 = n < m) \text{ 或} (1 \leqslant m < n) \text{ 或} (1 < n < m).$$

当 $1 = n < m$ 时,有

$$|T(S_m) - T(S_1)| = |S_{m-1} - S_1| = 2 \times 3 + 3 \times 4 + \cdots + (m-1)m,$$
$$|S_m - S_1| = 2 \times 3 + 3 \times 4 + \cdots + m(m+1). \tag{1.8.19}$$

因为 $m > 1$ 且 $\dfrac{-1}{2\times3+3\times4+\cdots+(m-1)m} < \dfrac{-1}{2\times3+3\times4+\cdots+m(m+1)}$,所以

$$6 - \frac{1}{2 \times 3 + 3 \times 4 + \cdots + (m-1)m} + [2 \times 3 + 3 \times 4 + \cdots + (m-1)m]$$

$$< 6 - \frac{1}{2 \times 3 + 3 \times 4 + \cdots + m(m+1)} + [2 \times 3 + 3 \times 4 + \cdots + (m-1)m]$$

$$= -\frac{1}{2 + 3 + \cdots + m} + [2 \times 3 + 3 \times 4 + \cdots + (m-1)m + m(m+1)].$$

根据式(1.8.19),可以得到

$$6 - \frac{1}{|T(S_m) - T(S_1)|} + |T(S_m) - T(S_1)| < -\frac{1}{|S_m - S_1|} + |S_m - S_1|.$$

当 $1 \leqslant m < n$ 时,与 $1 = n < m$ 的情形相似,有

$$6 - \frac{1}{|T(S_m) - T(S_1)|} + |T(S_m) - T(S_1)| < -\frac{1}{|S_m - S_1|} + |S_m - S_1|.$$

当 $1 < n < m$ 时,计算可得

$$|T(S_m) - T(S_n)| = n(n+1) + (n+1)(n+2) + \cdots + (m-1)m,$$
$$|S_m - S_n| = (n+1)(n+2) + (n+2)(n+3) + \cdots + m(m+1).$$

$$\tag{1.8.20}$$

相似地,可得

$$(m+1)m \geqslant (n+2)(n+1) = n(n+1) + 2(n+1) \geqslant n(n+1) + 6.$$

又因为

$$\frac{-1}{n(n+1) + (n+1)(n+2) + \cdots + (m-1)m} <$$

$$\frac{-1}{(n+1)(n+2) + (n+2)(n+3) + \cdots + m(m+1)},$$

所以

$$6 - \frac{1}{n(n+1) + (n+1)(n+2) + \cdots + (m-1)m} + \left[n(n+1) + (n+1)(n+2) + \cdots + (m-1)m \right]$$

$$< 6 - \frac{1}{(n+1)(n+2) + (n+2)(n+3) + \cdots + m(m+1)} + \left[n(n+1) + (n+1)(n+2) + \cdots + (m-1)m \right]$$

$$= - \frac{1}{(n+1)(n+2) + (n+2)(n+3) + \cdots + m(m+1)} + 6 + n(n+1) + \left[(n+1)(n+2) + \cdots + (m-1)m \right]$$

$$\leqslant - \frac{1}{(n+1)(n+2) + (n+2)(n+3) + \cdots + m(m+1)} + m(m+1) + \left[(n+1)(n+2) + \cdots + (m-1)m \right]$$

$$= - \frac{1}{(n+1)(n+2) + (n+2)(n+3) + \cdots + m(m+1)} + \left[(n+1)(n+2) + \cdots + m(m+1) \right].$$

借助于式(1.8.20),可得

$$6 - \frac{1}{|T(S_m) - T(S_n)|} + |T(S_m) - T(S_n)| < - \frac{1}{|S_m - S_n|} + |S_m - S_n|.$$

综上,对所有的 $m, n \in \mathbf{N}$, $\tau + F(d(T(S_m), T(S_n))) \leqslant d(S_m, S_n)$. 因此, T 是一个 F-Suzuki 压缩映射,且显然有 $T(S_1) = S_1$.

本节的最后,我们再介绍一个广义 F-压缩映射的不动点结果,结论来自参考文献[33].

定义 1.8.3　设 (X, d) 是一个度量空间. 映射 $T: X \to X$ 称为广义 F-压缩映射,如果存在 $\tau > 0$,满足条件 (F_1)—(F_3) 的映射 F,使得

$$\forall x, y \in X, d(Tx, Ty) > 0 \Rightarrow \tau + F(d(Tx, Ty)) \leqslant F(M(x, y)) \tag{1.8.21}$$

这里

$$M(x, y) = \max \left\{ d(x, y), d(x, Tx), d(y, Ty), \frac{d(x, Ty) + d(y, Tx)}{d(x, Tx) + d(y, Ty) + 1} d(x, y) \right\}.$$

定理 1.8.3[33]　设 (X, d) 是一个完备的度量空间,映射 $T: X \to X$ 是一个广义 F-压缩映射. 如果 T 或 F 连续,则 T 在 X 中有一个不动点.

证明: 任取 $x_0 \in X$,构造序列 $\{x_n\}_{n=1}^{\infty}$ 如下: $x_1 = Tx_0, x_2 = Tx_1 = T^2 x_0, \cdots, x_{n+1} = Tx_n = T^{n+1} x_0, \forall n \in \mathbf{N}$. 如果存在 $n \in \mathbf{N}_0$,使得 $d(x_n, Tx_n) = 0$,则证明完成. 所以

假设

$$0 < d(x_n, Tx_n) = d(Tx_{n-1}, Tx_n), \forall n \in \mathbf{N}.$$

$\forall n \in \mathbf{N}$,有

$$\tau + F(d(Tx_{n-1}, Tx_n)) \leqslant F(M(x_{n-1}, x_n)).$$

因此,

$$F(d(x_n, x_{n+1})) = F(d(Tx_{n-1}, Tx_n)) \leqslant F(M(x_{n-1}, x_n)) - \tau. \quad (1.8.22)$$

此时

$$M(x_{n-1}, x_n) = \max \left\{ d(x_{n-1}, x_n), d(x_{n-1}, x_n), d(x_n, x_{n+1}), \right.$$

$$\left. \frac{d(x_{n-1}, x_{n+1}) + d(x_n, x_n)}{d(x_{n-1}, x_n) + d(x_n, x_{n+1}) + 1} d(x_{n-1}, x_n) \right\}$$

$$= \max \left\{ d(x_{n-1}, x_n), d(x_{n-1}, x_n), d(x_n, x_{n+1}), \right.$$

$$\left. \frac{d(x_{n-1}, x_{n+1})}{d(x_{n-1}, x_n) + d(x_n, x_{n+1}) + 1} d(x_{n-1}, x_n) \right\}$$

$$\leqslant \max \left\{ d(x_{n-1}, x_n), d(x_n, x_{n+1}), \right.$$

$$\left. \frac{d(x_{n-1}, x_n) + d(x_n, x_{n+1})}{d(x_{n-1}, x_n) + d(x_n, x_{n+1}) + 1} d(x_{n-1}, x_n) \right\}$$

$$= \max \{ d(x_{n-1}, x_n), d(x_n, x_{n+1}) \}.$$

所以

$$F(d(x_n, x_{n+1})) = F(d(Tx_{n-1}, Tx_n)) \leqslant F(\max \{ d(x_{n-1}, x_n), d(x_n, x_{n+1}) \}) - \tau.$$

可以断定 $M(x_{n-1}, x_n) = d(x_n, x_{n+1})$ 是不可能的. 事实上,若 $M(x_{n-1}, x_n) = d(x_n, x_{n+1})$,则

$$F(d(x_n, x_{n+1})) = F(d(Tx_{n-1}, Tx_n)) \leqslant F(d(x_n, x_{n+1})) - \tau < F(d(x_n, x_{n+1})).$$

这是一个矛盾. 于是

$$M(x_{n-1}, x_n) = \max \{ d(x_{n-1}, x_n), d(x_n, x_{n+1}) \} = d(x_{n-1}, x_n).$$

因此,借助于式(1.8.22)得到,

$$F(d(x_n, x_{n+1})) \leqslant F(d(x_{n-1}, x_n)) - \tau.$$

继续这个过程,可以推出

$$F(d(x_n, x_{n+1})) \leqslant F(d(x_{n-1}, x_n)) - \tau = F(d(Tx_{n-2}, Tx_{n-1})) - \tau$$

$$\leqslant F(d(x_{n-2}, x_{n-1})) - 2\tau = F(d(Tx_{n-3}, Tx_{n-2})) - 2\tau$$

$$\leqslant F(d(x_{n-3}, x_{n-2})) - 3\tau$$

$$\cdots$$
$$\leqslant F(d(x_0,x_1)) - n\,\tau.$$

这表明

$$F(d(x_n,x_{n+1})) \leqslant F(d(x_0,x_1)) - n\,\tau. \tag{1.8.23}$$

根据式(1.8.23),可以得到 $\lim\limits_{n\to\infty} F(d(x_n,x_{n+1})) = -\infty$. 结合 (F_2),得出

$$\lim\limits_{n\to\infty} d(x_n,x_{n+1}) = 0. \tag{1.8.24}$$

利用 (F_3) 知,存在 $k \in (0,1)$,使得

$$\lim\limits_{n\to\infty}(d(x_n,x_{n+1}))^k F(d(x_n,x_{n+1}))) = 0. \tag{1.8.25}$$

由式(1.8.23)可知,对所有的 $n \in \mathbf{N}$,

$$(d(x_n,x_{n+1}))^k (F(d(x_n,x_{n+1})) - F(d(x_0,x_1))) \leqslant -(d(x_n,x_{n+1}))^k n\,\tau \leqslant 0. \tag{1.8.26}$$

通过式(1.8.24)、式(1.8.25),并在式(1.8.26)中让 $n\to\infty$,有

$$\lim\limits_{n\to\infty}(n(d(x_n,x_{n+1}))^k) = 0. \tag{1.8.27}$$

借助于式(1.8.27)知存在 $n_1 \in \mathbf{N}$,使得对于所有的 $n \geqslant n_1$,有 $n(d(x_n,x_{n+1}))^k \leqslant 1$,即

$$d(x_n,x_{n+1}) \leqslant \frac{1}{n^{\frac{1}{k}}}. \tag{1.8.28}$$

为了证明 $\{x_n\}$ 是一个柯西列. 考虑满足 $m > n \geqslant n_1$ 的自然数 m,n,从三角不等式和式(1.8.28)可以得出

$$d(x_n,x_m) \leqslant d(x_n,x_{n+1}) + d(x_{n+1},x_{n+2}) + d(x_{n+2},x_{n+3}) + \cdots + d(x_{m-1},x_m)$$

$$= \sum_{i=n}^{m-1} d(x_i,x_{i+1}) \leqslant \sum_{i=n}^{\infty} d(x_i,x_{i+1}) \leqslant \sum_{i=n}^{\infty} \frac{1}{i^{\frac{1}{k}}}. \tag{1.8.29}$$

由于级数 $\sum\limits_{i=n}^{\infty} \dfrac{1}{i^{\frac{1}{k}}}$ 是收敛的,在式(1.8.29)中取 $n\to\infty$ 的极限,得到

$$\lim\limits_{n,m\to\infty} d(x_n,x_m) = 0.$$

因此, $\{x_n\}$ 是一个柯西列. 又因为 X 是完备的度量空间,所以存在 $x^* \in X$,使得 $\lim\limits_{n\to\infty} x_n = x^*$. 如果 T 是连续的,那么有

$$x^* = \lim\limits_{n\to\infty} x_{n+1} = \lim\limits_{n\to\infty} Tx_n = T(\lim\limits_{n\to\infty} x_n) = Tx^*,$$

所以 x^* 是 T 的一个不动点.

下面假设 F 是连续的. 在这种情况下,可以断定 $x^* = Tx^*$. 假设不然,即 $x^* \neq Tx^*$. 此时,存在 $n_0 \in \mathbf{N}$ 和 $\{x_n\}$ 的一个子列 $\{x_{n_k}\}$,使得对所有的 $n_k \geqslant n_0$,

有 $d(Tx_{n_k}, Tx^*) > 0$（否则，存在 $n_1 \in \mathbf{N}$，使得 $x_n = Tx^*$ 对于所有的 $n \geqslant n_1$ 成立，这意味着 $x^* = Tx^*$．这与假设矛盾）．根据压缩条件（1.8.21），可以推出

$$\tau + F(d(x_{n_k+1}, Tx^*)) = \tau + F(d(Tx_{n_k}, Tx^*)) \leqslant F(M(x_{n_k}, x^*))$$

$$= F\Big\{ \max \Big(d(x_{n_k}, x^*), d(x_{n_k}, x_{n_k+1}), d(x^*, Tx^*),$$

$$\frac{d(x_{n_k}, Tx^*) + d(x^*, x_{n_k+1})}{d(x_{n_k}, x^*) + d(x_{n_k}, x_{n_k+1}) + 1} d(x_{n_k}, x^*) \Big) \Big\}.$$

在上式中取 $k \to \infty$ 的极限，并利用 F 的连续性，则有

$$\tau + F(d(x^*, Tx^*)) \leqslant F(d(x^*, Tx^*)),$$

这是矛盾的．因此，$x^* = Tx^*$．

综上，x^* 是 T 的一个不动点．

例 1.8.8 设 $X = [0,1]$．定义映射 $T: X \to X$ 为

$$Tx = \begin{cases} \dfrac{1}{2}, & x \in [0,1), \\[2mm] \dfrac{1}{4}, & x = 1. \end{cases}$$

显然，T 不是连续的，所以由注 1.8.1 知 T 不是 F-压缩的．对于 $x \in [0,1)$ 和 $y = 1$，我们有

$$d(Tx, T1) = d\Big(\frac{1}{2}, \frac{1}{4}\Big) = \Big| \frac{1}{2} - \frac{1}{4} \Big| = \frac{1}{4} > 0,$$

并且

$$\max\Big\{ d(x,1), d(x,Tx), d(1,T1), \frac{d(x,T1) + d(1,Tx)}{d(x,Tx) + d(1,T1) + 1} \cdot d(x,1) \Big\} <$$

$$d(1, T1) = \frac{3}{4}.$$

此时，若选择 $F(\alpha) = \ln(\alpha)$，$\alpha \in (0, +\infty)$ 和 $\tau = \ln 3$，可以得到 T 是一个广义 F-压缩映射．容易看出，$x = \dfrac{1}{2}$ 是 T 的一个不动点．

第 2 章　b-度量空间中的公共不动点理论

1993 年,Czerwik 在参考文献[34]中引入了 b-度量空间的概念. b-度量空间是一类十分重要的广义度量空间,其中的不动点理论的研究引起了广大学者们的关注. 近年来,对 b-度量空间及其上各类型映射的不动点理论研究取得了诸多优秀的成果,见参考文献[35]—[49]. 本章将主要介绍广义 $(g\text{-}\alpha_{s^p}, \psi, \varphi)$ 型压缩映射和广义 $\alpha\text{-}\varphi_E\text{-}$Geraghty 型压缩映射对的公共不动点和重合点定理.

2.1　b-度量空间的基本概念

本节给出 b-度量空间的一些相关定义及引理.

定义 2.1.1　设 X 是一个非空集合,映射 $d:X \times X \to [0,+\infty)$,满足以下三个条件:

（1）$d(x,y)=0$ 当且仅当 $x=y$;

（2）$d(x,y)=d(y,x)$;

（3）$d(x,y) \leqslant s(d(x,z)+d(z,y))$, $\forall x,y,z \in X$,

其中 $s \geqslant 1$ 为常数. 此时 d 称为 X 上的一个 b-度量,(X,d) 称为以 s 为系数的 b-度量空间.

显然,b-度量空间实际上比度量空间广泛,因为任何一个度量空间都是 $s=1$ 的 b-度量空间.

例 2.1.1　在 $L^p[a,b]$ $(0<p<1)$ 中定义

$$d(x,y) = \left(\int_a^b |x(t)-y(t)|^p \mathrm{d}t \right)^{\frac{1}{p}}, \forall x(t), y(t) \in L^p[a,b],$$

则 $(L^p[a,b],d)$ 是一个系数 $s=2^{1/p}$ 的 b-度量空间.

例 2.1.2　在 $l^p(\mathbf{R})$ 中定义

$$d(x,y) = \left(\sum_{n=1}^{\infty} |x_n-y_n|^p \right)^{\frac{1}{p}}, \forall x=\{x_n\}, y=\{y_n\} \in l^p(\mathbf{R}),$$

则 $(l^p(\mathbf{R}),d)$ 是一个系数 $s=2^{1/p}$ 的 b-度量空间.

例 2.1.3 设 (X,ρ) 是一个度量空间,定义 $d(a,b)=(\rho(a,b))^p$,其中 $p>1$ 是一个实数. 那么 (X,d) 是一个系数 $s=2^{p-1}$ 的 b-度量空间.

证明: 显然定义 2.1.1 中的条件(1),(2)成立. 下面证明条件(3)成立.

由于 $p>1$ 是一个实数,借助于函数 $f(x)=x^p(x>0)$ 的凸性可得

$$\left(\frac{a+b}{2}\right)^p \leq \frac{1}{2}(a^p+b^p),$$

即有 $(a+b)^p \leq 2^{p-1}(a^p+b^p)$. 于是对于任意的 $x,y,z \in X$,有

$$
\begin{aligned}
d(x,y) &= (\rho(x,y))^p \\
&\leq (\rho(x,z)+\rho(z,y))^p \\
&\leq 2^{p-1}((\rho(x,z))^p+(\rho(z,y))^p) \\
&= 2^{p-1}(\rho(x,z))^p + 2^{p-1}(\rho(z,y))^p.
\end{aligned}
$$

于是条件(3)成立,即 (X,d) 是一个系数 $s=2^{p-1}$ 的 b-度量空间.

以下例子表明,通常情况下 b-度量空间不一定是度量空间.

例 2.1.4 设 $X=\{0,1,2\}$. 定义

$$d(2,0)=d(0,2)=m \geq 2,$$
$$d(0,1)=d(1,2)=d(1,0)=d(2,1)=1,$$
$$d(0,0)=d(1,1)=d(2,2)=0.$$

那么对于所有的 $a,b,c \in X$,

$$d(a,b) \leq \frac{m}{2}[d(a,c)+d(c,b)].$$

于是 (X,d) 是一个系数 $s=\frac{m}{2}$ 的 b-度量空间.

显然,如果 $m>2$,那么通常意义下的三角不等式就不满足了,即当 $m>2$ 时, (X,d) 不是一个度量空间.

一般来说,对于系数 $s>1$ 的 b-度量函数 d 对两个变量都不需要是连续的. 下面给出一个 b-度量函数不是连续函数的例子.

例 2.1.5 设 $X=\mathbf{N} \cup \{+\infty\}$,定义映射 $d:X \times X \to \mathbf{R}^+$ 为

$$
d(m,n)=\begin{cases}
0, & m=n, \\
\left|\dfrac{1}{m}-\dfrac{1}{n}\right|, & m,n \text{ 是偶数或 } mn=+\infty, \\
5, & m,n \text{ 是奇数并且 } m \neq n, \\
2, & \text{其他.}
\end{cases}
$$

那么容易得到,对于所有的 $m,n,p \in X$,都有

$$d(m,p) \leqslant 3[d(m,n) + d(n,p)].$$

因此,(X,d)是一个以 3 为系数的 *b*-度量空间. 如果对于每一个 $n \in \mathbf{N}$,令 $a_n = 2n$,那么当 $n \to \infty$ 时,$d(2n, +\infty) = \dfrac{1}{2n} \to 0$,即 $a_n \to +\infty$. 但是当 $n \to \infty$ 时,$d(a_n, 1) = 2$ 并不收敛到 $d(+\infty, 1) = 1$. 因此,d 不是一个连续函数.

定义 2.1.2　设(X,d)是一个系数 $s \geqslant 1$ 的 *b*-度量空间,$\{x_n\}$ 是 X 中的一个序列,$x \in X$. 那么

(1)当 $n \to \infty$ 时,有 $d(x_n, x) \to 0$,则称 $\{x_n\}$ 收敛于 x;

(2)当 $n, m \to \infty$ 时,有 $d(x_n, x_m) \to 0$,则称 $\{x_n\}$ 是一个柯西列.

一般地,如果 *b*-度量空间中的每个柯西列都收敛,那么称该空间为完备的 *b*-度量空间. 在 *b*-度量空间中,不难得到,每一个收敛列都是一个柯西列,同时收敛列的极限是唯一的.

引理 2.1.1　设(X,d)是一个系数 $s \geqslant 1$ 的 *b*-度量空间,$\{x_n\}$ 和 $\{y_n\}$ 分别收敛于 x 和 y. 那么

$$\frac{1}{s^2}d(x,y) \leqslant \liminf_{n \to \infty} d(x_n, y_n) \leqslant \limsup_{n \to \infty} d(x_n, y_n) \leqslant s^2 d(x,y).$$

特别地,如果 $x = y$,那么 $\lim\limits_{n \to \infty} d(x_n, y_n) = 0$. 此外,对任意的 $z \in X$,有

$$\frac{1}{s}d(x,z) \leqslant \liminf_{n \to \infty} d(x_n, z) \leqslant \limsup_{n \to \infty} d(x_n, z) \leqslant s d(x,z).$$

证明:利用 *b*-度量的三角不等式,容易得到

$$d(x,y) \leqslant s d(x, x_n) + s^2 d(x_n, y_n) + s^2 d(y_n, y),$$

和

$$d(x_n, y_n) \leqslant s d(x_n, x) + s^2 d(x,y) + s^2 d(y, y_n).$$

在以上两个不等式中分别取 $n \to \infty$ 的下极限和上极限,立即可得所证的第一个不等式. 类似地,再次使用三角不等式可证第二个不等式.

定义 2.1.3　设 f 和 g 是非空集合 X 上的自映射. 若存在某个 $x \in X$,有 $\omega = fx = gx$,则 x 称为 f 和 g 的重合点,ω 称为 f 和 g 的重合值. 记 $C(f,g)$ 为 f 和 g 的所有重合点的集合.

定义 2.1.4　设 f 和 g 是非空集合 X 上的自映射. 若对于任意的 $x \in C(f,g)$,有 $fgx = gfx$,则称 f 和 g 是弱相容的.

定义 2.1.5　设 X 是一个非空集合,$f: X \to X$,$\alpha: X \times X \to [0, +\infty)$ 是两个映射. 若 $\forall x, y \in X$,$\alpha(x,y) \geqslant 1$ 可以推出 $\alpha(fx, fy) \geqslant 1$,则称 f 是一个 α-可容许映射.

定义 2.1.6 设 X 是一个非空集合,$f:X\rightarrow X$,$\alpha:X\times X\rightarrow[0,+\infty)$ 是两个映射,$s\geq 1$,$p\geq 1$ 为两个已知常数. 若 $\forall x,y\in X$,$\alpha(x,y)\geq s^p$ 可以推出 $\alpha(fx,fy)\geq s^p$,则称 f 是一个 α_{s^p}-可容许映射.

2.2 广义$(g\text{-}\alpha_{s^p},\psi,\varphi)$型压缩映射的公共不动点定理

本节中我们将主要介绍两类广义$(g\text{-}\alpha_{s^p},\psi,\varphi)$型压缩映射具有公共不动点的条件,主要结果来自参考文献[44].

定义 2.2.1 设(X,d)是一个系数 $s\geq 1$ 的 b-度量空间. 设$f,g:X\rightarrow X$ 是两个映射,$\alpha:X\times X\rightarrow[0,+\infty)$,$p\geq 1$ 是一个常数. 若对于任意的 $x,y\in X$,$\alpha(gx,gy)\geq s^p$ 可以推出 $\alpha(fx,fy)\geq s^p$,则称 f 是一个 $g\text{-}\alpha_{s^p}$-可容许映射.

设(X,d)是一个系数 $s\geq 1$ 的完备 b-度量空间,映射 $\alpha:X\times X\rightarrow[0,+\infty)$. 性质$(H_{s^p})$和$(U_{s^p})$分别表示:

(H_{s^p})如果 X 中的序列$\{x_n\}$满足当 $n\rightarrow\infty$ 时,有 $gx_n\rightarrow gx$,那么存在$\{gx_n\}$的子列$\{gx_{n_k}\}$满足 $\alpha(gx_{n_k},gx)\geq s^p$.

(U_{s^p})对于任意的 $u,v\in C(f,g)$,有 $\alpha(gu,gv)\geq s^p$ 或 $\alpha(gv,gu)\geq s^p$ 成立.

定义 Ψ,Φ 两个集合如下:

$$\Psi=\{\psi:[0,+\infty)\rightarrow[0,+\infty)\text{是单调递增的连续函数}\},$$
$$\Phi=\{\varphi:[0,+\infty)\rightarrow[0,+\infty)\text{是单调递增的连续函数},$$
$$\text{并且满足}\varphi(t)=0\Leftrightarrow t=0\}.$$

定义 2.2.2 设(X,d)是一个系数 $s\geq 1$ 的完备 b-度量空间. 设$f,g:X\rightarrow X$ 是两个映射满足 $f(X)\subset g(X)$,$\alpha:X\times X\rightarrow[0,+\infty)$,$p\geq 1$ 是一个常数. 如果存在 $\psi\in\Psi,\varphi\in\Phi$ 满足以下条件:

$$\psi(\alpha(gx,gy)d(fx,fy))\leq\psi(N(x,y))-\varphi(M(x,y)),\quad(2.2.1)$$
其中 $x,y\in X$ 且 $\alpha(gx,gy)\geq s^p$,

$$N(x,y)=\max\left\{d(gx,gy),d(fx,gx),d(fy,gy),\frac{d(gx,fy)+d(fx,gy)}{4s},\right.$$
$$\left.\frac{d(fx,gx)d(fy,gy)}{1+d(fx,fy)},\frac{d(fy,gy)[1+d(fx,gx)]}{1+d(gx,gy)}\right\},$$

$$M(x,y)=\max\{d(fx,gy),d(gx,gy),d(fx,gx),d(fy,gy),$$

$$\frac{d(fx,gx)\left[1+d(gx,gy)\right]}{1+d(fx,gy)},\frac{d(fx,gx)\left[1+d(fx,gx)\right]}{1+d(fx,gy)},$$

$$\frac{d(fx,gx)\left[1+d(fy,gy)\right]}{1+d(fx,gy)}\Bigg\},$$

则称 f 为广义 $(g\text{-}\alpha_{s^p},\psi,\varphi)$ 型压缩映射.

下面研究广义 $(g\text{-}\alpha_{s^p},\psi,\varphi)$ 型压缩映射具有公共不动点的条件.

定理 2.2.1　设 (X,d) 是一个系数 $s\geqslant1$ 的完备 b-度量空间. 设 $f,g:X\to X$, 满足 $f(X)\subset g(X)$, 其中 $g(X)$ 是 X 的闭子集, $\alpha:X\times X\to[0,+\infty)$ 是一个给定映射. 如果以下条件成立:

(1) f 是一个 $g\text{-}\alpha_{s^p}$-可容许映射;

(2) f 是一个广义 $(g\text{-}\alpha_{s^p},\psi,\varphi)$ 型压缩映射;

(3) 存在 $x_0\in X$, 使得 $\alpha(gx_0,fx_0)\geqslant s^p$ 成立;

(4) 性质 (H_{s^p}) 以及 (U_{s^p}) 成立;

(5) α 有 s^p 型的传递性, 即对于任意的 $x,y,z\in X$ 都有

$$\alpha(x,y)\geqslant s^p,\alpha(y,z)\geqslant s^p\Rightarrow\alpha(x,z)\geqslant s^p,$$

那么在 X 中 f,g 有唯一的重合值. 此外, 若 f,g 是弱相容的, 则 f,g 有唯一的公共不动点.

证明: 根据条件 (3), 存在 $x_0\in X$, 使得 $\alpha(gx_0,fx_0)\geqslant s^p$. 对所有的 $n\in\mathbf{N}$, 定义 X 中的序列 $\{x_n\}$ 和 $\{y_n\}$: $y_n=fx_n=gx_{n+1}$. 若对某个 $n\in\mathbf{N}$, 有 $y_n=y_{n+1}=fx_{n+1}=gx_{n+1}$, 易知 f,g 有重合点. 不失一般性, 设 $y_n\neq y_{n+1}$. 通过条件 (1), 可得

$$\alpha(gx_0,gx_1)=\alpha(gx_0,fx_0)\geqslant s^p,$$
$$\alpha(gx_1,gx_2)=\alpha(fx_0,fx_1)\geqslant s^p,$$
$$\alpha(gx_2,gx_3)=\alpha(fx_1,fx_2)\geqslant s^p.$$

通过归纳, 对于所有的 $n\in\mathbf{N}$, 有 $\alpha(gx_n,gx_{n+1})=\alpha(y_{n-1},y_n)\geqslant s^p$. 由式 (2.2.1) 可知

$$\begin{aligned}\psi(d(y_n,y_{n-1}))&\leqslant\psi(s^p d(y_n,y_{n-1}))\\&\leqslant\psi(\alpha(gx_n,gx_{n+1})d(fx_n,fx_{n+1}))\\&\leqslant\psi(N(x_n,x_{n+1}))-\varphi(M(x_n,x_{n+1}))\quad(2.2.2)\end{aligned}$$

其中,

$$N(x_n,x_{n+1})=\max\Bigg\{d(y_{n-1},y_n),d(y_n,y_{n-1}),d(y_{n+1},y_n),$$

$$\frac{d(y_{n-1},y_{n+1})+d(y_n,y_n)}{4s},\frac{d(y_{n-1},y_n)d(y_{n+1},y_n)}{1+d(y_n,y_{n+1})},$$

$$\frac{d(y_{n+1},y_n)[1+d(y_n,y_{n-1})]}{1+d(y_{n-1},y_n)}\bigg\}$$

$$\leqslant \max\bigg\{d(y_{n-1},y_n),d(y_n,y_{n+1}),\frac{s[d(y_{n-1},y_n)+d(y_n,y_{n+1})]}{4s}\bigg\}$$

$$= \max\{d(y_{n-1},y_n),d(y_n,y_{n+1})\}, \tag{2.2.3}$$

$$M(x_n,x_{n+1}) = \max\bigg\{d(y_n,y_n),d(y_{n-1},y_n),d(y_n,y_{n-1}),d(y_{n+1},y_n),$$

$$\frac{d(y_n,y_{n-1})[1+d(y_{n-1},y_n)]}{1+d(y_n,y_n)},\frac{d(y_n,y_{n-1})[1+d(y_n,y_{n-1})]}{1+d(y_n,y_n)},$$

$$\frac{d(y_n,y_{n-1})[1+d(y_{n+1},y_n)]}{1+d(y_n,y_n)}\bigg\}. \tag{2.2.4}$$

如果存在某个 $n\in\mathbf{N}$,使得

$$d(y_n,y_{n+1}) \geqslant d(y_n,y_{n-1}) > 0,$$

由式(2.2.3)和式(2.2.4)可知

$$N(x_n,x_{n+1}) \leqslant d(y_n,y_{n+1}), \tag{2.2.5}$$

$$M(x_n,x_{n+1}) \geqslant \max\{d(y_n,y_{n+1}),d(y_n,y_{n-1})\} = d(y_n,y_{n+1}). \tag{2.2.6}$$

利用式(2.2.2)、式(2.2.5)和式(2.2.6),可得

$$\psi(d(y_n,y_{n+1})) \leqslant \psi(N(x_n,x_{n+1})) - \varphi(M(x_n,x_{n+1}))$$

$$\leqslant \psi(d(y_n,y_{n+1})) - \varphi(d(y_n,y_{n+1})).$$

于是 $\varphi(d(y_n,y_{n+1}))\leqslant 0$,也就是 $d(y_n,y_{n+1})=0$,与 $d(y_n,y_{n+1})>0$ 矛盾. 因此,$d(y_n,y_{n+1})<d(y_n,y_{n-1})$,即 $\{d(y_n,y_{n+1})\}$ 是一个递减序列. 所以存在 $r\geqslant 0$,使得 $\lim\limits_{n\to\infty} d(y_n,y_{n+1})=r$.

通过式(2.2.3)和式(2.2.4)可得

$$N(x_n,x_{n+1}) \leqslant d(y_n,y_{n-1}),$$

$$M(x_n,x_{n+1}) \geqslant d(y_n,y_{n-1}).$$

因此

$$\psi(d(y_n,y_{n+1})) \leqslant \psi(N(x_x,x_{n+1})) - \varphi(M(x_x,x_{n+1}))$$

$$\leqslant \psi(d(y_n,y_{n-1})) - \varphi(d(y_n,y_{n-1})).$$

现在假设 $r>0$. 在上述不等式中令 $n\to\infty$,有 $\psi(r)\leqslant\psi(s^p r)\leqslant\psi(r)-\varphi(r)$,矛盾. 进而可推断

$$\lim_{n\to\infty} d(y_n,y_{n+1}) = 0. \tag{2.2.7}$$

下面证明 $\{y_n\}$ 是一个柯西列. 若不然,即 $\lim\limits_{n,m\to\infty} d(y_n,y_m)\neq 0$. 于是存在 $\varepsilon>0$, $\{y_n\}$ 的子列 $\{y_{n_k}\}$ 和 $\{y_{m_k}\}$, 使得 $n_k>m_k>k$, $d(y_{m_k},y_{n_k})\geqslant\varepsilon$, 且 n_k 是满足上述条件的最小正整数,即 $d(y_{m_k},y_{n_k-1})<\varepsilon$. 利用三角不等式可得

$$\begin{aligned}\varepsilon &\leqslant d(y_{m_k},y_{n_k})\\ &\leqslant sd(y_{m_k},y_{n_k-1}) + sd(y_{n_k-1},y_{n_k})\\ &\leqslant s\varepsilon + sd(y_{n_k},y_{n_k-1}).\end{aligned}$$

利用等式 $(2.2.7)$,并在上述不等式左右两端取 $k\to\infty$ 的上极限,得到

$$\varepsilon \leqslant \limsup_{k\to\infty} d(y_{m_k},y_{n_k}) \leqslant s\varepsilon.$$

同时,

$$d(y_{m_k},y_{n_k}) \leqslant sd(y_{m_k},y_{n_k-1}) + sd(y_{n_k-1},y_{n_k}), \qquad (2.2.8)$$

$$d(y_{m_k},y_{n_k}) \leqslant sd(y_{m_k},y_{m_k-1}) + sd(y_{m_k-1},y_{n_k}), \qquad (2.2.9)$$

$$d(y_{m_k-1},y_{n_k}) \leqslant sd(y_{m_k-1},y_{m_k}) + sd(y_{m_k},y_{n_k}). \qquad (2.2.10)$$

根据 $d(y_{m_k},y_{n_k-1})<\varepsilon$ 和式 $(2.2.8)$ 可知,

$$\frac{\varepsilon}{s} \leqslant \limsup_{k\to\infty} d(y_{m_k},y_{n_k-1}) \leqslant \varepsilon.$$

利用式 $(2.2.9)$ 和式 $(2.2.10)$,有

$$\frac{\varepsilon}{s} \leqslant \limsup_{k\to\infty} d(y_{m_k-1},y_{n_k}) \leqslant s^2\varepsilon.$$

同样地,可推出

$$d(y_{m_k-1},y_{n_k-1}) \leqslant sd(y_{m_k-1},y_{m_k}) + sd(y_{m_k},y_{n_k-1}),$$

$$d(y_{m_k},y_{n_k}) \leqslant sd(y_{m_k},y_{m_k-1}) + s^2d(y_{m_k-1},y_{n_k-1}) + s^2d(y_{n_k-1},y_{n_k}).$$

因此

$$\frac{\varepsilon}{s^2} \leqslant \limsup_{k\to\infty} d(y_{m_k-1},y_{n_k-1}) \leqslant s\varepsilon.$$

通过 $N(x,y)$ 的定义可知

$$\begin{aligned}N(x_{m_k},x_{n_k}) = \max\Bigg\{ &d(y_{m_k-1},y_{n_k-1}), d(y_{m_k},y_{m_k-1}), d(y_{n_k},y_{n_k-1}),\\ &\frac{d(y_{m_k-1},y_{n_k}) + d(y_{m_k},y_{n_k-1})}{4s}, \frac{d(y_{m_k-1},y_{m_k})d(y_{n_k},y_{n_k-1})}{1 + d(y_{m_k},y_{n_k})},\\ &\frac{d(y_{n_k},y_{n_k-1})[1 + d(y_{m_k},y_{m_k-1})]}{1 + d(y_{m_k-1},y_{n_k-1})}\Bigg\}.\end{aligned}$$

进而有

$$\limsup_{k\to\infty} N(x_{m_k}, x_{n_k}) \leqslant \max\left\{\varepsilon s, 0, 0, \frac{\varepsilon s^2 + \varepsilon}{4s}, 0, 0\right\} = \varepsilon s. \qquad (2.2.11)$$

同时,

$$M(x_{m_k}, x_{n_k}) = \max\left\{ d(y_{m_k}, y_{n_k-1}), d(y_{m_k-1}, y_{n_k-1}), d(y_{m_k}, y_{n_k-1}), d(y_{n_k}, y_{n_k-1}), \right.$$

$$\frac{d(y_{m_k}, y_{m_k-1})[1 + d(y_{m_k-1}, y_{n_k-1})]}{1 + d(y_{m_k}, y_{n_k-1})}, \frac{d(y_{m_k}, y_{n_k-1})[1 + d(y_{m_k}, y_{m_k-1})]}{1 + d(y_{m_k}, y_{n_k-1})},$$

$$\left. \frac{d(y_{m_k}, y_{m_k-1})[1 + d(y_{n_k}, y_{n_k-1})]}{1 + d(y_{m_k}, y_{n_k-1})} \right\}.$$

由此可知,

$$\liminf_{k\to\infty} M(x_{m_k}, x_{n_k}) \geqslant \max\left\{\frac{\varepsilon}{s}, \frac{\varepsilon}{s^2}, 0, 0, 0, 0\right\} \geqslant \frac{\varepsilon}{s^2},$$

$$\liminf_{k\to\infty} M(x_{m_k}, x_{n_k}) \leqslant \max\{\varepsilon, s\varepsilon, 0, 0, 0, 0\} = s\varepsilon.$$

也就是

$$\frac{\varepsilon}{s^2} \leqslant \liminf_{k\to\infty} M(x_{m_k}, x_{n_k}) \leqslant s\varepsilon. \qquad (2.2.12)$$

利用 α 的 s^p 型传递性,得到

$$\alpha(x_{m_k}, x_{n_k}) \geqslant s^p.$$

在式(2.2.1)中取 $x = x_{m_k}, y = x_{n_k}$,有

$$\psi(d(y_{m_k}, y_{n_k})) \leqslant \psi(s^p d(fx_{m_k}, fx_{n_k}))$$

$$\leqslant \psi(\alpha(gx_{m_k}, gx_{n_k}) d(fx_{m_k}, fx_{n_k}))$$

$$\leqslant \psi(N(x_{m_k}, x_{n_k})) - \varphi(M(x_{m_k}, x_{n_k})).$$

利用式(2.2.11)可知,

$$\psi(s\varepsilon) \leqslant \psi(s^p \varepsilon)$$

$$\leqslant \psi(s^p \limsup_{k\to\infty} d(fx_{m_k}, fx_{n_k}))$$

$$\leqslant \psi(\limsup_{k\to\infty} N(x_{m_k}, x_{n_k})) - \varphi(\liminf_{k\to\infty} M(x_{m_k}, x_{n_k}))$$

$$\leqslant \psi(s\varepsilon) - \varphi(\liminf_{k\to\infty} M(x_{m_k}, x_{n_k})).$$

因此可以推出 $\liminf\limits_{k\to\infty} M(x_{m_k}, x_{n_k}) = 0$,与式(2.2.12)矛盾. 于是 $\{y_n\}$ 是 X 中的柯西列,并且 $\lim\limits_{n,m\to\infty} d(y_n, y_m) = 0$. 借助于 X 的完备性,可知存在 $u \in X$,使得

$$\lim_{n\to\infty} d(y_n, u) = \lim_{n\to\infty} d(fx_n, u) = \lim_{n\to\infty} d(gx_{n+1}, u) = 0. \qquad (2.2.13)$$

此外,因为 $g(X)$ 是闭集,所以 $u \in g(X)$. 于是可以选取 $z \in X$,使得 $u = gz$,故式(2.2.13)就可以改写为

$$\lim_{n \to \infty} d(y_n, gz) = \lim_{n \to \infty} d(fx_n, gz) = \lim_{n \to \infty} d(gx_{n+1}, gz) = 0.$$

由性质 (H_{s^p}) 可知,对所有的 $k \in \mathbf{N}$,存在 $\{y_n\}$ 的子列 $\{y_{n_k}\}$ 满足 $\alpha(y_{n_k-1}, gz) \geqslant s^p$. 如果 $fz \neq gz$,在压缩条件(2.2.1)中令 $x = x_{n_k}, y = z$,可得

$$\psi(d(y_{n_k}, fz)) = \psi(d(fx_{n_k}, fz))$$

$$\leqslant \psi(s^p d(fx_{n_k}, fz))$$

$$\leqslant \psi(\alpha(gx_{n_k}, gz) d(fx_{n_k}, fz))$$

$$\leqslant \psi(N(x_{n_k}, z)) - \varphi(M(x_{n_k}, z)), \qquad (2.2.14)$$

其中,

$$N(x_{n_k}, z) = \max\left\{ d(y_{n_k-1}, gz), d(y_{n_k}, y_{n_k-1}), d(fz, gz), \right.$$

$$\frac{d(y_{n_k-1}, fz) + d(y_{n_k}, gz)}{4s}, \frac{d(y_{n_k}, y_{n_k-1}) d(fz, gz)}{1 + d(y_{n_k}, fz)},$$

$$\left. \frac{d(fz, gz)[1 + d(y_{n_k}, y_{n_k-1})]}{1 + d(y_{n_k-1}, gz)} \right\},$$

$$M(x_{n_k}, z) = \max\left\{ d(y_{n_k}, gz), d(y_{n_k-1}, gz), d(y_{n_k}, y_{n_k-1}), d(fz, gz) \right.$$

$$\frac{d(y_{n_k}, y_{n_k-1})[1 + d(y_{n_k-1}, gz)]}{1 + d(y_{n_k}, gz)}, \frac{d(y_{n_k}, y_{n_k-1})[1 + d(y_{n_k}, y_{n_k-1})]}{1 + d(y_{n_k}, gz)},$$

$$\left. \frac{d(y_{n_k}, y_{n_k-1})[1 + d(fz, gz)]}{1 + d(y_{n_k}, gz)} \right\}.$$

容易得到

$$\limsup_{k \to \infty} N(x_{n_k}, z) \leqslant \max\left\{ 0, 0, d(gz, fz), \frac{sd(gz, fz)}{4s}, 0, d(gz, fz) \right\} = d(gz, fz),$$

$$\liminf_{k \to \infty} M(x_{n_k}, z) \leqslant \max\{ 0, 0, 0, d(gz, fz), 0, 0, 0 \} = d(gz, fz).$$

在式(2.2.14)中取 $k \to \infty$ 的上极限,有

$$\psi(d(gz, fz)) = \psi(s^{p-1} d(gz, fz))$$

$$= \psi\left(s^p \cdot \frac{1}{s} d(gz, fz)\right)$$

$$\leqslant \psi\left(s^p \limsup_{k \to \infty} d(fx_{n_k}, fz)\right)$$

$$\leqslant \psi\left(\limsup_{k \to \infty} N(x_{n_k}, z)\right) - \varphi\left(\liminf_{k \to \infty} M(x_{n_k}, z)\right)$$

$$=\psi(d(gz,fz))-\varphi(d(gz,fz)),$$

也就是$fz=gz$. 所以$u=fz=gz$是f,g的重合值. 借助于式(2.2.1)和性质(U_{sp}),可以推出重合值是唯一的. 若不然,则存在$z,z'\in C(f,g)$且$z\neq z'$,依据性质(U_{sp}),不失一般性,有

$$\alpha(gz,gz')\geqslant s^p.$$

在式(2.2.1)中令$x=z,y=z'$,可以推出

$$d(fz,fz')=0.$$

因此$fz=fz'$,即重合值是唯一的. 利用f,g弱相容的性质,可知u是唯一的公共不动点.

例 2.2.1 设$X=[0,+\infty)$,对于任意的$x,y\in X$,定义$d(x,y)=(x-y)^2$. 设$f,g:X\to X$,

$$fx=\begin{cases}\dfrac{x+x^2}{8},x\in[0,1],\\2x,x>1.\end{cases}\quad gx=\begin{cases}\dfrac{7(x+x^2)}{8},x\in[0,1],\\\dfrac{7x}{4},x>1.\end{cases}$$

定义映射$\alpha:g(X)\times g(X)\to[0,+\infty)$为

$$\alpha(x,y)=\begin{cases}s^2,x,y\in\left[0,\dfrac{7}{4}\right],\\0,\text{其他}.\end{cases}$$

以及$\psi,\varphi:[0,+\infty)\to[0,+\infty)$,$\psi(t)=\dfrac{t}{2}$,$\varphi(t)=\dfrac{64t}{585}$. 显然,$f(X)\subset g(X)$,并且$g(X)$是闭集. 对于任意的$x,y\in X$,当$gx,gy\in\left[0,\dfrac{7}{4}\right]$时,有$\alpha(gx,gy)\geqslant s^2$,因此可推断$x,y\in[0,1]$. 利用定义可知,$fx,fy\in\left[0,\dfrac{7}{4}\right]$且$\alpha(fx,fy)\geqslant s^2$. 也就是说,$f$是一个$g$-$\alpha_{sp}$-可容许映射. 对于所有的$x,y\in[0,1]$,有

$$\begin{aligned}\psi(\alpha(gx,gy)d(fx,fy))&=\frac{1}{2}\cdot 4\cdot d(fx,fy)\\&=2\cdot\frac{1}{64}\cdot((x+x^2)-(y+y^2))^2\\&\leqslant\frac{1}{32}\max\{(x+x^2)^2,(y+y^2)^2\},\end{aligned}$$

$$\psi(\alpha(gx,gy)d(fx,fy))=\frac{1}{2}\cdot 4\cdot d(fx,fy)$$

$$= 2 \cdot \frac{1}{64} \cdot ((x + x^2) - (y + y^2))^2$$

$$\leq \frac{1}{32} \max \{ (x + x^2)^2, (y + y^2)^2 \},$$

$$\psi (N (x, y)) \geq \psi (\max \{ d (fx, gx), d (fy, gy) \})$$

$$= \frac{9}{32} \cdot \max \{ (x + x^2)^2, (y + y^2)^2 \},$$

$$\varphi (M (x, y)) = \varphi \left(\max \left\{ \left(\frac{(x + x^2)}{8} - \frac{7 (y + y^2)}{8} \right)^2, \left(\frac{7 (x + x^2)}{8} - \frac{7 (y + y^2)}{8} \right)^2, \right. \right.$$

$$\left(\frac{(x + x^2)}{8} - \frac{7 (x + x^2)}{8} \right)^2, \left(\frac{(y + y^2)}{8} - \frac{7 (y + y^2)}{8} \right)^2,$$

$$\frac{\left(\frac{(x + x^2)}{8} - \frac{7 (x + x^2)}{8} \right)^2 \left[1 + \left(\frac{7 (x + x^2)}{8} - \frac{7 (y + y^2)}{8} \right)^2 \right]}{1 + \left(\frac{(x + x^2)}{8} - \frac{7 (y + y^2)}{8} \right)^2},$$

$$\frac{\left(\frac{(x + x^2)}{8} - \frac{7 (x + x^2)}{8} \right)^2 \left[1 + \left(\frac{(x + x^2)}{8} - \frac{7 (x + x^2)}{8} \right)^2 \right]}{1 + \left(\frac{(x + x^2)}{8} - \frac{7 (y + y^2)}{8} \right)^2},$$

$$\left. \left. \frac{\left(\frac{(x + x^2)}{8} - \frac{7 (x + x^2)}{8} \right)^2 \left[1 + \left(\frac{(y + y^2)}{8} - \frac{7 (y + y^2)}{8} \right)^2 \right]}{1 + \left(\frac{(x + x^2)}{8} - \frac{7 (y + y^2)}{8} \right)^2} \right\} \right),$$

$$\varphi (M (x, y)) \leq \varphi \left(\max \left\{ \frac{49}{64} \max \{ (y + y^2)^2, (x + x^2)^2 \}, \right. \right.$$

$$\frac{49}{64} \max \{ (y + y^2)^2, (x + x^2)^2 \},$$

$$\frac{9}{16} (x + x^2)^2, \frac{9}{16} (y + y^2)^2,$$

$$\frac{9}{16} (x + x^2)^2 \left[1 + \frac{49}{64} \max \{ (y + y^2)^2, (x + x^2)^2 \} \right],$$

$$\left. \left. \frac{9}{16} (x + x^2)^2 \left[1 + \frac{9}{16} (x + x^2)^2 \right], \frac{9}{16} (x + x^2)^2 \left[1 + \frac{9}{16} (y + y^2)^2 \right] \right\} \right)$$

$$\leqslant \frac{64}{585} \cdot \frac{9}{16} \cdot \frac{65}{16} \max\{(y+y^2)^2, (x+x^2)^2\}$$

$$= \frac{1}{4}\max\{(y+y^2)^2, (x+x^2)^2\}.$$

根据上述不等式,计算得

$$\psi(\alpha(gx,gy)d(fx,fy)) \leqslant \frac{1}{32}\max\{(x+x^2)^2, (y+y^2)^2\}$$

$$= \frac{9}{32}\max\{(x+x^2)^2, (y+y^2)^2\} -$$

$$\frac{1}{4}\max\{(x+x^2)^2, (y+y^2)^2\}$$

$$\leqslant \psi(N(x,y)) - \varphi(M(x,y)).$$

因此,f 是一个广义 $(g-\alpha_{s^p}, \psi, \varphi)$ 型压缩映射,定理 2.2.1 的条件全部满足,于是 f,g 有唯一的公共不动点. 显然 0 是 f,g 的公共不动点.

在定理 2.2.1 中取 $\psi(t) = t$,可得下面的结论.

推论 2.2.1 设 (X,d) 是一个系数 $s \geqslant 1$ 的完备 b-度量空间. 设 $f,g:X \to X$,满足 $f(X) \subset g(X)$,其中 $g(X)$ 是 X 的闭子集,$\alpha:X \times X \to [0, +\infty)$ 是一个给定映射. 如果以下条件成立:

(1)f 是一个 $g-\alpha_{s^p}$-可容许映射;

(2)存在 $\varphi \in \Phi$ 满足以下条件:

$$\alpha(gx,gy)d(fx,fy) \leqslant N(x,y) - \varphi(M(x,y)),$$

其中 $N(x,y)$,$M(x,y)$ 与定理 2.2.1 相同;

(3)存在 $x_0 \in X$,使得 $\alpha(gx_0, fx_0) \geqslant s^p$ 成立;

(4)性质 (H_{s^p}) 以及 (U_{s^p}) 成立;

(5)α 有 s^p 型的传递性,即对于任意的 $x,y,z \in X$ 都有

$$\alpha(x,y) \geqslant s^p, \alpha(y,z) \geqslant s^p \Rightarrow \alpha(x,z) \geqslant s^p,$$

那么在 X 中 f,g 有唯一的重合值. 此外,若 f,g 是弱相容的,则 f,g 有唯一的公共不动点.

定理 2.2.2 设 (X,d) 是一个系数 $s \geqslant 1$ 的完备 b-度量空间. 设 $f,g:X \to X$,满足 $f(X) \subset g(X)$,其中 $g(X)$ 是 X 的闭子集,$\alpha:X \times X \to [0, +\infty)$ 是一个给定映射. 如果以下条件成立:

(1)f 是一个 $g-\alpha_{s^p}$-可容许映射;

(2)对于任意的 $x,y \in X$,存在 $\psi \in \Psi, \varphi \in \Phi$ 满足以下条件:

$$\psi(\alpha(gx,gy)d(fx,fy)) \leqslant \psi(L(x,y)) - \varphi(M(x,y)) \quad (2.2.15)$$

其中 $M(x,y)$ 与定理 2.2.1 相同,且

$$L(x,y) = \max\left\{d(fx,gy),d(fx,gx),d(fy,gy),\frac{d(gx,gy) + d(fx,gy)}{2s}\right\};$$

(3)存在 $x_0 \in X$,使得 $\alpha(gx_0,fx_0) \geqslant s^p$ 成立;

(4)性质 (H_{s^p}) 以及 (U_{s^p}) 成立;

(5)α 有 s^p 型的传递性,即对于任意的 $x,y,z \in X$ 都有

$$\alpha(x,y) \geqslant s^p, \alpha(y,z) \geqslant s^p \Rightarrow \alpha(x,z) \geqslant s^p,$$

那么在 X 中 f,g 有唯一的重合值. 此外,若 f,g 是弱相容的,则 f,g 有唯一的公共不动点.

证明:与定理 2.2.1 类似,对于所有的 $n \in \mathbf{N}$,定义 X 中的序列 $\{x_n\}$ 和 $\{y_n\}$: $y_n = fx_n = gx_{n+1}$. 若对某个 $n \in \mathbf{N}$,有 $y_n = y_{n+1} = fx_{n+1} = gx_{n+1}$,容易得出 f,g 有重合点. 不失一般性,设 $y_n \neq y_{n+1}$. 于是

$$\alpha(gx_n,gx_{n+1}) = \alpha(y_{n-1},y_n) \geqslant s^p.$$

由式(2.2.15)可知

$$\begin{aligned}
\psi(d(y_n,y_{n-1})) &\leqslant \psi(s^p d(y_n,y_{n-1})) \\
&\leqslant \psi(\alpha(gx_n,gx_{n+1})d(fx_n,fx_{n+1})) \\
&\leqslant \psi(L(x_n,x_{n+1})) - \varphi(M(x_n,x_{n+1})), \quad (2.2.16)
\end{aligned}$$

其中,

$$\begin{aligned}
L(x_n,x_{n+1}) = \max\bigg\{ & d(y_n,y_n),d(y_n,y_{n-1}),d(y_{n+1},y_n), \\
& \frac{d(y_{n-1},y_n) + d(y_n,y_n)}{2s}\bigg\} \\
\leqslant & \max\{d(y_{n-1},y_n),d(y_n,y_{n+1})\}, \quad (2.2.17)
\end{aligned}$$

$$\begin{aligned}
M(x_n,x_{n+1}) = \max\bigg\{ & d(y_n,y_n),d(y_{n-1},y_n),d(y_n,y_{n-1}),d(y_{n+1},y_n), \\
& \frac{d(y_n,y_{n-1})[1 + d(y_{n-1},y_n)]}{1 + d(y_n,y_n)},\frac{d(y_n,y_{n-1})[1 + d(y_n,y_{n-1})]}{1 + d(y_n,y_n)}, \\
& \frac{d(y_n,y_{n-1})[1 + d(y_{n+1},y_n)]}{1 + d(y_n,y_n)}\bigg\}. \quad (2.2.18)
\end{aligned}$$

如果存在某个 $n \in \mathbf{N}$ 使得

$$d(y_n,y_{n+1}) \geqslant d(y_n,y_{n-1}) > 0,$$

由式(2.2.17)和式(2.2.18),可知

$$L(x_n, x_{n+1}) \leqslant d(y_n, y_{n+1}),$$
$$M(x_n, x_{n+1}) \geqslant d(y_n, y_{n+1}).$$

利用式(2.2.16)可得

$$\psi(d(y_n, y_{n+1})) \leqslant \psi(L(x_n, x_{n+1})) - \varphi(M(x_n, x_{n+1}))$$
$$\leqslant \psi(d(y_n, y_{n+1})) - \varphi(d(y_n, y_{n+1})),$$

进而可以推断 $d(y_n, y_{n+1}) = 0$,与 $d(y_n, y_{n+1}) > 0$ 矛盾. 因此,可知 $d(y_n, y_{n+1}) < d(y_n, y_{n-1})$,即 $\{d(y_n, y_{n+1})\}$ 是一个递减序列,所以存在 $r \geqslant 0$,满足 $\lim_{n \to \infty} d(y_n, y_{n+1}) = r$.

通过式(2.2.17)和式(2.2.18)得到

$$L(x_n, x_{n+1}) \leqslant d(y_n, y_{n-1}),$$
$$M(x_n, x_{n+1}) \geqslant d(y_n, y_{n-1}).$$

因此

$$\psi(d(y_n, y_{n+1})) \leqslant \psi(L(x_x, x_{n+1})) - \varphi(M(x_x, x_{n+1}))$$
$$\leqslant \psi(d(y_n, y_{n-1})) - \varphi(d(y_n, y_{n-1})).$$

现在假设 $r > 0$. 在上述不等式中令 $n \to \infty$,可得 $\psi(r) \leqslant \psi(r) - \varphi(r)$. 进一步地可推出

$$\lim_{n \to \infty} d(y_n, y_{n+1}) = r = 0.$$

下面证明 $\{y_n\}$ 是一个柯西列. 与定理2.2.1相似,若不然,即 $\lim_{n,m \to \infty} d(y_n, y_m) \neq 0$. 于是存在 $\varepsilon > 0$ 及 $\{y_n\}$ 的子列 $\{y_{n_k}\}$ 和 $\{y_{m_k}\}$,使得 $n_k > m_k > k$, $d(y_{m_k}, y_{n_k}) \geqslant \varepsilon$,且 n_k 是符合上述条件的最小正整数,即 $d(y_{m_k}, y_{n_k-1}) < \varepsilon$. 利用三角不等式可得下列结论:

$$\varepsilon \leqslant \limsup_{k \to \infty} d(y_{m_k}, y_{n_k}) \leqslant s\varepsilon, \qquad (2.2.19)$$

$$\frac{\varepsilon}{s} \leqslant \limsup_{k \to \infty} d(y_{m_k}, y_{n_k-1}) \leqslant \varepsilon, \qquad (2.2.20)$$

$$\frac{\varepsilon}{s} \leqslant \limsup_{k \to \infty} d(y_{m_k-1}, y_{n_k}) \leqslant s^2\varepsilon, \qquad (2.2.21)$$

$$\frac{\varepsilon}{s^2} \leqslant \limsup_{k \to \infty} d(y_{m_k-1}, y_{n_k-1}) \leqslant s\varepsilon. \qquad (2.2.22)$$

通过 $L(x, y)$ 和 $M(x, y)$ 的定义可知

$$L(x_{m_k}, x_{n_k}) = \max\left\{ d(y_{m_k}, y_{n_k-1}), d(y_{m_k-1}, y_{m_k}), d(y_{n_k}, y_{n_k-1}), \right.$$

$$\frac{d(y_{m_k-1},y_{n_k-1}) + d(y_{m_k},y_{n_k-1})}{2s}\Bigg\},$$

$$M(x_{m_k},x_{n_k}) = \max\Bigg\{d(y_{m_k},y_{n_k-1}),d(y_{m_k-1},y_{n_k-1}),d(y_{m_k},y_{m_k-1}),d(y_{n_k},y_{n_k-1}),$$

$$\frac{d(y_{m_k},y_{m_k-1})\left[1 + d(y_{m_k-1},y_{n_k-1})\right]}{1 + d(y_{m_k},y_{n_k-1})},\frac{d(y_{m_k},y_{m_k-1})\left[1 + d(y_{m_k},y_{m_k-1})\right]}{1 + d(y_{m_k},y_{n_k-1})},$$

$$\frac{d(y_{m_k},y_{m_k-1})\left[1 + d(y_{n_k},y_{n_k-1})\right]}{1 + d(y_{m_k},y_{n_k-1})}\Bigg\}.$$

令 $k\to\infty$，再利用式(2.2.19)—式(2.2.22)可得

$$\limsup_{k\to\infty} L(x_{m_k},x_{n_k}) \leqslant \max\left\{\varepsilon,0,0,\frac{\varepsilon s + \varepsilon}{2s}\right\} = \varepsilon.$$

同样地，

$$\liminf_{k\to\infty} M(x_{m_k},x_{n_k}) \geqslant \max\left\{\frac{\varepsilon}{s},\frac{\varepsilon}{s^2},0,0,0,0,0\right\} = \frac{\varepsilon}{s^2},$$

$$\liminf_{k\to\infty} M(x_{m_k},x_{n_k}) \leqslant \max\{\varepsilon,s\varepsilon,0,0,0,0,0\} = s\varepsilon,$$

也就是

$$\frac{\varepsilon}{s^2} \leqslant \liminf_{k\to+\infty} M(x_{m_k},x_{n_k}) \leqslant s\varepsilon. \tag{2.2.23}$$

利用 α 的 s^p 型传递性，有

$$\alpha(x_{m_k},x_{n_k}) \geqslant s^p.$$

在式(2.2.15)中取 $x=x_{n_k},y=x_{m_k}$，可以推出

$$\psi(d(y_{m_k},y_{n_k})) \leqslant \psi(s^p d(fx_{m_k},fx_{n_k}))$$

$$\leqslant \psi(\alpha(gx_{m_k},gx_{n_k})d(fx_{m_k},fx_{n_k}))$$

$$\leqslant \psi(L(x_{m_k},x_{n_k})) - \varphi(M(x_{m_k},x_{n_k})).$$

进而有，

$$\psi(\varepsilon) \leqslant \psi(s^p\varepsilon)$$

$$\leqslant \psi(s^p \limsup_{k\to\infty} d(fx_{m_k},fx_{n_k}))$$

$$\leqslant \psi(\limsup_{k\to\infty} L(x_{m_k},x_{n_k})) - \varphi(\liminf_{k\to\infty} M(x_{m_k},x_{n_k}))$$

$$\leqslant \psi(\varepsilon) - \varphi(\liminf_{k\to\infty} M(x_{m_k},x_{n_k})).$$

因此，$\liminf\limits_{k\to\infty} M(x_{m_k},x_{n_k}) = 0$，与式(2.2.23)矛盾. 于是

$$\lim_{n,m\to\infty} d(y_n, y_m) = 0.$$

由 X 的完备性和 $g(X)$ 是闭集，可知存在 $u \in X$ 使得

$$\lim_{n\to\infty} d(y_n, u) = \lim_{n\to\infty} d(fx_n, u) = \lim_{n\to\infty} d(gx_{n+1}, u) = 0.$$

选取 $z \in X$ 使得 $u = gz$，那么上式就可以改写为

$$\lim_{n\to\infty} d(y_n, gz) = \lim_{n\to\infty} d(fx_n, gz) = \lim_{n\to\infty} d(gx_{n+1}, gz) = 0.$$

由性质 (H_{s^p}) 可知，对所有的 $k \in \mathbf{N}$，存在 $\{y_n\}$ 的子列 $\{y_{n_k}\}$ 满足 $\alpha(y_{n_{k-1}}, gz) \geqslant s^p$.
如果 $fz \neq gz$，在压缩条件 $(2.2.15)$ 中取 $x = x_{n_k}, y = z$，则有

$$\psi(d(y_{n_k}, fz)) = \psi(d(fx_{n_k}, fz))$$

$$\leqslant \psi(s^p d(fx_{n_k}, fz))$$

$$\leqslant \psi(\alpha(gx_{n_k}, gz) d(fx_{n_k}, fz))$$

$$\leqslant \psi(L(x_{n_k}, z)) - \varphi(M(x_{n_k}, z)), \qquad (2.2.24)$$

其中，

$$L(x_{n_k}, z) = \max\left\{ d(y_{n_k}, gz), d(y_{n_k}, y_{n_{k-1}}), d(fz, gz), \right.$$

$$\left. \frac{d(y_{n_{k-1}}, gz) + d(y_{n_k}, gz)}{2s} \right\},$$

$$M(x_{n_k}, z) = \max\left\{ d(y_{n_k}, gz), d(y_{n_{k-1}}, gz), d(y_{n_k}, y_{n_{k-1}}), d(fz, gz) \right.$$

$$\frac{d(y_{n_k}, y_{n_{k-1}})[1 + d(y_{n_{k-1}}, gz)]}{1 + d(y_{n_k}, gz)}, \frac{d(y_{n_k}, y_{n_{k-1}})[1 + d(y_{n_k}, y_{n_{k-1}})]}{1 + d(y_{n_k}, gz)},$$

$$\left. \frac{d(y_{n_k}, y_{n_{k-1}})[1 + d(fz, gz)]}{1 + d(y_{n_k}, gz)} \right\}.$$

容易得到

$$\limsup_{k\to\infty} L(x_{n_k}, z) \leqslant \max\{0, 0, d(gz, fz), 0\} = d(gz, fz),$$

$$\liminf_{k\to\infty} M(x_{n_k}, z) = d(gz, fz).$$

在式 $(2.2.24)$ 中取 $k \to \infty$ 的上极限，有

$$\psi(d(gz, fz)) = \psi(s^{p-1} d(gz, fz)) = \psi\left(s^p \cdot \frac{1}{s} d(gz, fz)\right)$$

$$\leqslant \psi\left(s^p \limsup_{k\to\infty} d(fx_{n_k}, fz)\right)$$

$$\leqslant \psi\left(\limsup_{k\to\infty} L(x_{n_k},z)\right) - \varphi\left(\liminf_{k\to\infty} M(x_{n_k},z)\right)$$

$$= \psi(d(gz,fz)) - \varphi(d(gz,fz)),$$

于是得到 $fz=gz$. 所以 $u=fz=gz$ 是 f,g 的重合值, 余下的证明过程与定理 2.2.1 的证明过程相似, 此处不再赘述.

例 2.2.2 设 $X=[0,+\infty)$. 对于任意的 $x,y\in X$, 定义 $d(x,y)=(x-y)^2$. 设 $f,g:X\to X$,

$$fx = \begin{cases} \dfrac{x}{64}, x\in[0,1], \\ \mathrm{e}^x - \mathrm{e} + \dfrac{1}{2}, x>1, \end{cases} \qquad gx = \begin{cases} \dfrac{x}{2}, x\in[0,1], \\ \mathrm{e}^{2x} - \mathrm{e}^2 + \dfrac{1}{2}, x>1. \end{cases}$$

定义映射 $\alpha:g(X)\times g(X)\to[0,+\infty)$ 为

$$\alpha(x,y) = \begin{cases} s^2, x,y\in\left[0,\dfrac{1}{2}\right], \\ 0, 其他, \end{cases}$$

以及 $\psi,\varphi:[0,+\infty)\to[0,+\infty)$, $\psi(t)=t$, $\varphi(t)=\dfrac{3\,828t}{4\,805}$. 显然, $f(X)\subset g(X)$, 并且 $g(X)$ 是闭集. 对于任意的 $x,y\in X$, 当 $gx,gy\in\left[0,\dfrac{1}{2}\right]$ 时, 有 $\alpha(gx,gy)\geqslant s^2$, 因此可推断出 $x,y\in[0,1]$. 由定义可知, $fx,fy\in\left[0,\dfrac{1}{2}\right]$ 且 $\alpha(fx,fy)\geqslant s^2$. 也就是说, f 是一个 g-α_{sP}-可容许映射. 对于所有的 $x,y\in[0,1]$, 有

$$\psi(\alpha(gx,gy)d(fx,fy)) = 4\cdot\left(\frac{x}{64}-\frac{y}{64}\right)^2 \leqslant \frac{1}{64^2}\cdot\max\{x^2,y^2\},$$

$$\psi(L(x,y)) \geqslant \psi(\max\{d(fx,gx),d(fy,gy)\}) = \left(\frac{31}{64}\right)^2\cdot\max\{x^2,y^2\},$$

$$\varphi(M(x,y)) = \varphi\left(\max\left\{\left(\frac{x}{64}-\frac{y}{2}\right)^2, \left(\frac{x}{2}-\frac{y}{2}\right)^2, \left(\frac{x}{64}-\frac{x}{2}\right)^2, \left(\frac{y}{64}-\frac{y}{2}\right)^2,\right.\right.$$

$$\frac{\left(\frac{x}{64}-\frac{x}{2}\right)^2\left[1+\left(\frac{x}{2}-\frac{y}{2}\right)^2\right]}{1+\left(\frac{x}{64}-\frac{y}{2}\right)^2}, \frac{\left(\frac{x}{64}-\frac{x}{2}\right)^2\left[1+\left(\frac{x}{2}-\frac{x}{64}\right)^2\right]}{1+\left(\frac{x}{64}-\frac{y}{2}\right)^2},$$

$$\left. \frac{\left(\frac{x}{64} - \frac{x}{2}\right)^2 \left[1 + \left(\frac{y}{2} - \frac{y}{64}\right)^2\right]}{1 + \left(\frac{x}{64} - \frac{y}{2}\right)^2} \right\}\right)$$

$$\leqslant \varphi\left(\max\left\{\frac{1}{4}\max\{x^2, y^2\}, \frac{1}{4}\max\{x^2, y^2\}, \left(\frac{31}{64}\right)^2\max\{x^2, y^2\},\right.\right.$$

$$\left(\frac{31}{64}\right)^2\max\{x^2, y^2\}, \left(\frac{31}{64}\right)^2\max\{x^2, y^2\} \cdot \frac{5}{4},$$

$$\left.\left.\left(\frac{31}{64}\right)^2\max\{x^2, y^2\} \cdot \frac{5\ 057}{4\ 096}, \left(\frac{31}{64}\right)^2\max\{x^2, y^2\} \cdot \frac{5\ 057}{4\ 096}\right\}\right)$$

$$= \frac{3\ 828}{4\ 805} \cdot \left(\frac{31}{64}\right)^2\max\{x^2, y^2\} \cdot \frac{5}{4}.$$

根据上述不等式,可得

$$\psi(\alpha(gx, gy)d(fx, fy)) \leqslant \frac{4}{64^2}\max\{x^2, y^2\}$$

$$= \left(\frac{31}{64}\right)^2\max\{x^2, y^2\} - \frac{3\ 828}{4\ 805} \cdot \left(\frac{31}{64}\right)^2\max\{x^2, y^2\} \cdot \frac{5}{4}$$

$$\leqslant \psi(L(x, y)) - \varphi(M(x, y)).$$

因此,定理 2.2.2 的条件全部满足,于是 f, g 有唯一的公共不动点. 显然 0 是 f, g 的公共不动点.

注 2.2.1　在参考文献[46]的定理 2.1 中,取 $S = T = I_x$,Roshan 证明了满足

$$d(fx, gy) \leqslant \frac{q}{s^4}\max\left\{d(x, y), d(fx, x), d(gy, y), \frac{1}{2}(d(x, fy) + d(fx, y))\right\}$$

的映射 f, g 有公共不动点,其中 $q \in (0, 1)$. 若例 2.2.2 中的所有假设都成立,当 $x = 0, y \in \left(0, \frac{1}{2}\right)$,容易验证

$$d(fx, gy) = \frac{y^2}{4} > \frac{y^2}{16} \geqslant \frac{q}{16}\max\left\{y^2, 0, \frac{y^2}{4}, \frac{y^2}{2 \cdot 64^2} + \frac{y^2}{2}\right\}$$

$$= \frac{q}{s^4}\max\left\{d(x, y), d(fx, x), d(gy, y), \frac{1}{2}(d(x, fy) + d(fx, y))\right\},$$

也就是参考文献[46]中的定理不能保证例 2.2.2 中的映射 f, g 有公共不动点.

在定理 2.2.2 中取 $\psi(t) = t, \varphi(t) = t$,可得下面的结论.

推论 2.2.2　设 (X, d) 是一个系数 $s \geqslant 1$ 的完备 b-度量空间. 设 $f, g: X \to X$,

满足 $f(X) \subset g(X)$，其中 $g(X)$ 是 X 的闭子集，$\alpha : X \times X \rightarrow [0, +\infty)$ 是一个给定映射. 如果以下条件成立：

(1) f 是一个 $g-\alpha_{s^p}$-可容许映射；

(2) 对于任意的 $x, y \in X$，

$$\alpha(gx, gy)d(fx, fy) \leqslant L(x, y) - M(x, y),$$

其中 $M(x, y), L(x, y)$ 与定理 2.2.2 相同；

(3) 存在 $x_0 \in X$，使得 $\alpha(gx_0, fx_0) \geqslant s^p$ 成立；

(4) 性质 (H_{s^p}) 以及 (U_{s^p}) 成立；

(5) α 有 s^p 型的传递性，即对于任意的 $x, y, z \in X$ 都有

$$\alpha(x, y) \geqslant s^p, \alpha(y, z) \geqslant s^p \Rightarrow \alpha(x, z) \geqslant s^p,$$

那么在 X 中 f, g 有唯一的重合值. 此外，若 f, g 是弱相容的，则 f, g 有唯一的公共不动点.

定理 2.2.3　设 (X, d) 是一个系数 $s \geqslant 1$ 的完备 *b*-度量空间. 设 $f : X \rightarrow X, \alpha : X \times X \rightarrow [0, +\infty)$ 是两个给定的映射. 如果以下条件成立：

(1) f 是一个 α_{s^p}-可容许映射；

(2) 对于任意的 $x, y \in X$ 有

$$\alpha(x, y)d(fx, fy) \leqslant (1 - L)K^*(x, y),$$

其中 $L \in (0, 1), K^*(x, y) = \max\{d(x, y), d(fx, x), d(fy, y), d(fx, y)\}$；

(3) 存在 $x_0 \in X$，使得 $\alpha(x_0, fx_0) \geqslant s^p$ 成立；

(4) 当 $g = I$ 时，性质 (H_{s^p}) 以及 (U_{s^p}) 成立；

(5) α 有 s^p 型的传递性，即对于任意的 $x, y, z \in X$ 都有

$$\alpha(x, y) \geqslant s^p, \alpha(y, z) \geqslant s^p \Rightarrow \alpha(x, z) \geqslant s^p,$$

那么 f 有唯一的不动点.

证明：证明过程与前述定理相似，此处略去.

利用上述定理 2.2.3 来证明下列积分方程

$$x(t) = \int_0^T G(t, r, x(r)) \, dr \qquad (2.2.25)$$

有解.

设 $X = C[0, T]$ 是定义在 $[0, T]$ 上所有实连续函数的集合. 此集合上标准度量的定义如下：对于任意的 $x, y \in X$，

$$\rho(x, y) = \sup_{t \in [0, T]} |x(t) - y(t)|.$$

当 $p \geqslant 2$ 时，对于任意的 $x, y \in X$，定义

$$d(x,y) = (\rho(x,y))^p = \sup_{t \in [0,T]} |x(t) - y(t)|^p.$$

显然 (X,d) 是一个系数 $s = 2^{p-1}$ 的完备 b-度量空间. 定义映射 $f: X \to X$:

$$fx(t) = \int_0^T G(t,r,x(r)) \mathrm{d}r.$$

设 $\xi: \mathbf{R} \times \mathbf{R} \to \mathbf{R}$ 是一给定的函数, 满足

$$\xi(x(t),y(t)) \geqslant 0, \xi(y(t),z(t)) \geqslant 0 \Rightarrow \xi(x(t),z(t)) \geqslant 0, \forall x,y,z \in X.$$

定理 2.2.4 考虑积分方程 (2.2.25) 并且假设下列条件成立:

(1) $G: [0,T] \times [0,T] \times \mathbf{R} \to \mathbf{R}^+$ 是连续的;

(2) 存在 $x_0 \in X$, 使得对于任意的 $t \in [0,T]$, $\xi(x_0(t),fx_0(t)) \geqslant 0$ 成立;

(3) 对于任意的 $t \in [0,T]$ 以及 $x,y \in X$, $\xi(x(t),y(t)) \geqslant 0$ 可以推出 $\xi(fx(t), fy(t)) \geqslant 0$;

(4) ①如果 X 中的序列 $\{x_n\}$ 满足当 $n \to \infty$ 时 $x_n \to x$, 那么存在 $\{x_n\}$ 的子列 $\{x_{n_k}\}$ 满足 $\xi(x_{n_k}(t),x(t)) \geqslant 0$. ②对于任意的 $u,v \in Fix(f)$, 有 $\xi(u,v) \geqslant 0$ 或 $\xi(v,u) \geqslant 0$ 成立;

(5) 存在一个连续函数 $\gamma: [0,T] \times [0,T] \to \mathbf{R}^+$ 满足

$$\sup_{t \in [0,T]} \int_0^T \gamma(t,r) \mathrm{d}r \leqslant 1;$$

(6) 存在一个常数 $L \in (0,1)$, 对于任意的 $(t,r) \in [0,T] \times [0,T]$ 有

$$|G(t,r,x(r)) - G(t,r,y(r))| \leqslant \sqrt[p]{\frac{1-L}{s^p}} \gamma(t,r) |x(r) - y(r)|,$$

那么积分方程 (2.2.25) 有唯一的解 $x \in X$.

证明: 定义映射 $\alpha: X \times X \to [0, +\infty)$ 为

$$\alpha(x,y) = \begin{cases} s^p, & \xi(x(t),y(t)) \geqslant 0, \\ 0, & \text{其他}. \end{cases}$$

易证 f 是一个 α_{s^p}-可容许映射. 对于任意的 $x,y \in X$, 利用条件 (1)—(6) 可知

$$s^p d(fx(t),fy(t)) = s^p \sup_{t \in [0,T]} |fx(t) - fy(t)|^p$$

$$= s^p \sup_{t \in [0,T]} \left| \int_0^T G(t,r,x(r)) \mathrm{d}r - \int_0^T G(t,r,y(r)) \mathrm{d}r \right|^p$$

$$\leqslant s^p \sup_{t \in [0,T]} \left(\int_0^T |G(t,r,x(r)) - G(t,r,y(r))| \mathrm{d}r \right)^p$$

$$\leqslant s^p \sup_{t \in [0,T]} \left(\int_0^T \sqrt[p]{\frac{1-L}{s^p}} \gamma(t,r) |x(r) - y(r)| \mathrm{d}r \right)^p$$

$$\leqslant s^p \sup_{t \in [0,T]} \left(\int_0^T \sqrt[p]{\frac{1-L}{s^p}} \gamma(t,r) \mathrm{d}r \right)^p \sup_{t \in [0,T]} |x(r) - y(r)|^p$$

$$\leqslant (1 - L) K^*(x(t), y(t)).$$

据此可知

$$\alpha(x(t), y(t)) d(fx(t), fy(t)) \leqslant (1 - L) K^*(x(t), y(t)).$$

因此,定理 2.2.3 的条件全部满足,故 f 在 X 中有唯一的不动点,也就是积分方程(2.2.25)在 X 中有唯一解.

2.3　广义 α-φ_E -Geraghty 压缩映射对的公共不动点和重合点定理

在本节中,我们的目的是在 *b*-度量空间中获得 $\alpha_{i,j}$-$\varphi_{E_{M,N}}$-Geraghty 压缩映射对具有公共不动点和 $\alpha_{i,j}$-φ_{E_N}-Geraghty 压缩映射对具有重合点的条件,主要结果来自参考文献[49].

定义 2.3.1　设 $M:X \to X$ 和 $\alpha:X \times X \to \mathbf{R}$ 是给定的映射. 如果对于所有的 $a \in X$,都有 $\alpha(a, Ma) \geqslant 1 \Rightarrow \alpha(Ma, M^2a) \geqslant 1$,那么称 M 是一个 α-轨道可容许映射.

定义 2.3.2　设 $M:X \to X$ 和 $\alpha:X \times X \to \mathbf{R}$ 是给定的映射. 若 M 满足

(1) M 是一个 α-轨道可容许映射;

(2) $\forall a, b \in X, \alpha(a, b) \geqslant 1, \alpha(b, Mb) \geqslant 1 \Rightarrow \alpha(a, Mb) \geqslant 1$,

则称 M 是一个三角 α-轨道可容许映射.

定义 2.3.3　设 (X, d) 是一个完备的度量空间,$M:X \to X$ 是一个给定映射. 如果存在一个函数 $\varphi:[0, +\infty) \to [0, 1)$ 满足条件 $\forall \{v_n\} \subset X, \lim_{n \to \infty} \varphi(v_n) = 1 \Rightarrow \lim_{n \to \infty} v_n = 0$,且对于所有的 $a, b \in X$,

$$d(Ma, Mb) \leqslant \varphi(d(a, b)) d(a, b),$$

则称 M 是一个 Geraghty 压缩映射.

在接下来的讨论中我们用 Φ 来表示所有满足上述条件的函数全体,即

$$\Phi = \{\varphi:\varphi:[0, +\infty) \to [0, 1) 满足条件 \forall \{v_n\} \subset X, \lim_{n \to \infty} \varphi(v_n) = 1 \Rightarrow \lim_{n \to \infty} v_n = 0\}.$$

定义 2.3.4　设 M 和 N 是度量空间 (X, d) 上的两个自映射. 假设存在一个函数 $\varphi \in \Phi$,使得对于所有的 $a, b \in X$,不等式

$$d(Ma, Nb) \leqslant \varphi(E_{M,N}(a, b)) E_{M,N}(a, b)$$

成立,其中 $E_{M,N}(a, b) = d(a, b) + |d(a, Ma) - d(b, Nb)|$. 那么称 M, N 是一个

$E_{M,N}$ 型 Geraghty 压缩映射对.

对于 $s \geq 1$,用 Φ_s 表示 $\varphi : [0, +\infty) \to \left[0, \frac{1}{s}\right)$ 且满足条件 $\lim\limits_{n \to \infty} \varphi(\upsilon_n) = \frac{1}{s} \Rightarrow \lim\limits_{n \to \infty} \upsilon_n = 0$ 的全体.

定义 2.3.5 设 (X,d) 是一个度量空间,且 $\alpha : X \times X \to \mathbf{R}$ 是一个给定函数,$M : X \to X$ 是一个给定映射. 如果存在 $\varphi \in \Phi_s$,使得对于所有的 $a, b \in X$ 都有

$$\alpha(a,b) \geq 1 \Rightarrow d(Ma, Mb) \leq \varphi(E(a,b)) E(a,b),$$

其中

$$E(a,b) = d(a,b) + |d(a,Ma) - d(b,Mb)|,$$

那么称 M 是一个 α-φ_E-Geraghty 压缩映射.

定义 2.3.6 设 (X,d) 是一个系数 $s \geq 1$ 的 b-度量空间,并且 $\alpha_{i,j} : X \times X \to [0, +\infty)$ 是一个给定函数(i,j 是两个正整数),$M, N : X \to X$ 是两个给定映射,$p \geq 2$ 是一个常数. 如果存在一个函数 $\varphi \in \Phi_s$,使得对所有的 $a, b \in X$,都有

$$\alpha_{i,j}(a,b) \geq s^p \Rightarrow \alpha_{i,j}(a,b) d(M^i a, N^j b) \leq \varphi(E(a,b)) E(a,b),$$

$$(2.3.1)$$

其中

$$E(a,b) = d(a,b) + |d(a, M^i a) - d(b, N^j b)|,$$

那么称 M, N 是一个 $\alpha_{i,j}$-$\varphi_{E_{M,N}}$-Geraghty 压缩映射对.

注 2.3.1 (1)如果 $s = 1, \alpha_{i,j}(a,b) = 1$ 并且 $i = j = 1$,定义 2.3.6 可以退化为 $E_{M,N}$-Geraghty 压缩映射对的定义.

(2)如果 $M = N, i = j = 1$,定义 2.3.6 可以退化为 α-φ_E-Geraghty 压缩映射的定义.

定义 2.3.7 设 (X,d) 是一个系数 $s \geq 1$ 的 b-度量空间,$\alpha_{i,j} : X \times X \to [0, +\infty)$ 是一个给定函数,$p \geq 2$ 是一个常数. 如果映射 $M, N : X \to X$ 满足对于任意的 $a \in X$,有

$$\alpha_{i,j}(a, M^i a) \geq s^p \Rightarrow \alpha_{i,j}(M^i a, N^j M^i a) \geq s^p,$$

$$\alpha_{i,j}(a, N^j a) \geq s^p \Rightarrow \alpha_{i,j}(N^j a, M^i N^j a) \geq s^p,$$

那么称 M, N 是一个 $\alpha_{i,j}$-轨道可容许映射对.

定义 2.3.8 设 (X,d) 是一个系数 $s \geq 1$ 的 b-度量空间,并且 $\alpha_{i,j} : X \times X \to [0, +\infty)$ 是一个已知函数. 设 $M, N : X \to X$ 是两个给定映射. 如果

(1)M, N 是一个 $\alpha_{i,j}$-轨道可容许映射对;

(2)$\alpha_{i,j}(a,b) \geq s^p, \alpha_{i,j}(b, M^i b) \geq s^p$ 和 $\alpha_{i,j}(b, N^j b) \geq s^p$ 能推出 $\alpha_{i,j}(a, M^i b) \geq s^p$ 和 $\alpha_{i,j}(a, N^j b) \geq s^p$,

那么称 M,N 是一个三角 $\alpha_{i,j}$-轨道可容许映射对.

引理 2.3.1　设 (X,d) 是一个系数 $s \geq 1$ 的完备 b-度量空间. 设 $M,N: X \to X$ 是一个三角 $\alpha_{i,j}$-轨道可容许映射对. 假设存在 $a_0 \in X$, 使得 $\alpha_{i,j}(a_0, M^i a_0) \geq s^p$. 现在定义 X 中的一个序列 $\{a_n\}$ 为 $a_{2n} = N^j a_{2n-1}, a_{2n+1} = M^i a_{2n}, n = 1,2,\cdots$. 那么对于所有满足条件 $m > n$ 的 $m, n \in \mathbf{N}_0$, 都有 $\alpha_{i,j}(a_n, a_m) \geq s^p$.

证明:因为映射对 M,N 是三角 $\alpha_{i,j}$-轨道可容许的,并且有

$$\alpha_{i,j}(a_0, M^i a_0) = \alpha_{i,j}(a_0, a_1) \geq s^p,$$

于是可以推出

$$\alpha_{i,j}(M^i a_0, N^j M^i a_0) = \alpha_{i,j}(a_1, N^j a_1) = \alpha_{i,j}(a_1, a_2) \geq s^p.$$

因为 $\alpha_{i,j}(a_1, N^j a_1) \geq s^p$,所以得到

$$\alpha_{i,j}(N^j a_1, M^i N^j a_1) = \alpha_{i,j}(a_2, M^i a_2) = \alpha_{i,j}(a_2, a_3) \geq s^p.$$

用同样的方法可以推出

$$\alpha_{i,j}(M^i a_2, N^j M^i a_2) = \alpha_{i,j}(a_3, N^j a_3) = \alpha_{i,j}(a_3, a_4) \geq s^p.$$

不断地重复上述过程,可以得到对于所有的 $n \in \mathbf{N}_0$,都有 $\alpha_{i,j}(a_n, a_{n+1}) \geq s^p$. 根据三角 $\alpha_{i,j}$-轨道可容许映射对定义的第二个条件,容易得出,对于所有满足条件 $m > n$ 的 $m, n \in \mathbf{N}_0$,都有 $\alpha_{i,j}(a_n, a_m) \geq s^p$.

定理 2.3.1　设 (X,d) 是一个系数 $s \geq 1$ 的完备 b-度量空间,$\alpha_{i,j}: X \times X \to [0, +\infty)$ 是一个关于第一、二元对称的函数,$M,N: X \to X$ 是两个给定映射. 如果下列条件满足:

(1) M,N 是一个三角 $\alpha_{i,j}$-轨道可容许映射对;

(2) M,N 是一个 $\alpha_{i,j}$-$\varphi_{E_{M,N}}$-Geraghty 压缩映射对;

(3) 存在 $a_0 \in X$, 使得 $\alpha_{i,j}(a_0, M^i a_0) \geq s^p$ 成立;

(4) 如果 X 中的序列 $\{a_n\}$ 满足:对所有的 $n \in \mathbf{N}$, 有 $\alpha_{i,j}(a_n, a_{n+1}) \geq s^p$, 并且当 $n \to \infty$ 时, 有 $a_n \to a$, 那么存在一个 $\{a_n\}$ 的子列 $\{a_{n_k}\}$, 使得 $\forall k \in \mathbf{N}$, 都有 $\alpha_{i,j}(a_{n_k}, a) \geq s^p$;

(5) 对于 M^i 或 N^j 的不动点 a, b, 有 $\alpha_{i,j}(a, b) \geq s^p$ 成立,
那么 M 和 N 有唯一的公共不动点.

证明:设 a_0 是 X 中一个任意的点. 在 X 中定义一个序列 $\{a_n\}$, $a_{2n} = N^j a_{2n-1}$, $a_{2n+1} = M^i a_{2n}$, 其中 $n = 1,2,\cdots$. 假设存在一个 $n_0 \in \mathbf{N}_0$, 使得 $a_{n_0} = a_{n_0+1}$. 考虑以下两种情形.

(1) n_0 是一个奇数. 于是有 $a_{n_0+1} = N^j a_{n_0} = a_{n_0}$, 即 a_{n_0} 是 N^j 的一个不动点. 接下来证明 $a_{n_0} = a_{n_0+1} = N^j a_{n_0} = M^i a_{n_0+1}$. 如果 $N^j a_{n_0} \neq M^i a_{n_0+1}$, 则根据引理 2.4.1 有

$$\alpha_{i,j}(a_{n_0}, a_{n_0+1}) = \alpha_{i,j}(a_{n_0+1}, a_{n_0}) \geqslant s^p,$$

并且

$$d(M^i a_{n_0+1}, N^j a_{n_0}) \leqslant \alpha_{i,j}(a_{n_0+1}, a_{n_0}) d(M^i a_{n_0+1}, N^j a_{n_0})$$
$$\leqslant \varphi(E(a_{n_0+1}, a_{n_0})) E(a_{n_0+1}, a_{n_0}),$$

其中

$$E(a_{n_0+1}, a_{n_0}) = d(a_{n_0+1}, a_{n_0}) + |d(a_{n_0+1}, M^i a_{n_0+1}) - d(a_{n_0}, N^j a_{n_0})| = d(a_{n_0+1}, M^i a_{n_0+1}).$$

于是

$$d(M^i a_{n_0+1}, N^j a_{n_0}) \leqslant \varphi(d(a_{n_0+1}, M^i a_{n_0+1})) d(a_{n_0+1}, M^i a_{n_0+1}) < \frac{1}{s} d(N^j a_{n_0}, M^i a_{n_0+1}).$$

这是矛盾的. 因此, $d(N^j a_{n_0}, M^i a_{n_0+1}) = 0$ 并且 $a_{n_0} = a_{n_0+1} = N^j a_{n_0} = M^i a_{n_0+1}$. 那么 a_{n_0} 是 M^i 的一个不动点, 也就是说, a_{n_0} 是 M^i 和 N^j 的一个公共不动点.

（2）n_0 是一个偶数. 于是有 $a_{n_0+1} = M^i a_{n_0} = a_{n_0}$, 即 a_{n_0} 是 M^i 的一个不动点. 用同样的方法可以得到 a_{n_0} 是 M^i 和 N^j 的一个公共不动点.

在接下来的证明中假设对于所有的 $n \geqslant 0, a_n \neq a_{n+1}$. 讨论以下几种情形.

情形 1: 在式（2.3.1）中, 令 $a = a_{2n}, b = a_{2n-1}$. 于是有 $\alpha_{i,j}(a_{2n}, a_{2n-1}) \geqslant s^p$. 所以

$$d(a_{2n}, a_{2n+1}) = d(N^j a_{2n-1}, M^i a_{2n})$$
$$\leqslant \alpha_{i,j}(a_{2n}, a_{2n-1}) d(M^i a_{2n}, N^j a_{2n-1})$$
$$\leqslant \varphi(E(a_{2n}, a_{2n-1})) E(a_{2n}, a_{2n-1}), \qquad (2.3.2)$$

其中

$$E(a_{2n}, a_{2n-1}) = d(a_{2n}, a_{2n-1}) + |d(a_{2n}, M^i a_{2n}) - d(a_{2n-1}, N^j a_{2n-1})|$$
$$= d(a_{2n}, a_{2n-1}) + |d(a_{2n}, a_{2n+1}) - d(a_{2n-1}, a_{2n})|. \qquad (2.3.3)$$

如果 $d(a_{2n}, a_{2n+1}) \geqslant d(a_{2n-1}, a_{2n})$, 则 $E(a_{2n}, a_{2n-1}) = d(a_{2n}, a_{2n+1})$, 并且

$$d(a_{2n}, a_{2n+1}) \leqslant \varphi(d(a_{2n}, a_{2n+1})) d(a_{2n}, a_{2n+1}) < \frac{1}{s} d(a_{2n}, a_{2n+1}),$$

矛盾. 因此 $d(a_{2n}, a_{2n+1}) < d(a_{2n-1}, a_{2n})$.

情形 2: 在式（2.3.1）中, 令 $a = a_{2n}, b = a_{2n+1}$. 于是有 $\alpha_{i,j}(a_{2n}, a_{2n+1}) \geqslant s^p$. 因此,

$$d(a_{2n+1}, a_{2n+2}) = d(M^i a_{2n}, N^j a_{2n+1})$$
$$\leqslant \alpha_{i,j}(a_{2n}, a_{2n+1}) d(M^i a_{2n}, N^j a_{2n+1})$$
$$\leqslant \varphi(E(a_{2n}, a_{2n+1})) E(a_{2n}, a_{2n+1}),$$

其中

$$E(a_{2n}, a_{2n+1}) = d(a_{2n}, a_{2n+1}) + |d(a_{2n}, M^i a_{2n}) - d(a_{2n+1}, N^j a_{2n+1})|$$

$$= d(a_{2n},a_{2n+1}) + |d(a_{2n},a_{2n+1}) - d(a_{2n+1},a_{2n+2})|.$$

如果 $d(a_{2n+1},a_{2n+2}) \geq d(a_{2n},a_{2n+1})$，则 $E(a_{2n},a_{2n+1})=d(a_{2n+1},a_{2n+2})$，并且

$$d(a_{2n+1},a_{2n+2}) \leq \varphi(d(a_{2n+1},a_{2n+2}))d(a_{2n+1},a_{2n+2}) < \frac{1}{s}d(a_{2n+1},a_{2n+2}).$$

这是不可能的. 所以 $d(a_{2n+1},a_{2n+2})<d(a_{2n},a_{2n+1})$.

综上，$\{d(a_n,a_{n+1})\}$ 是一个递减数列. 因此，存在一个 $\gamma \geq 0$，使得 $\lim\limits_{n\to\infty} d(a_n,a_{n+1})=\gamma$. 下面证明 $\gamma=0$. 事实上，在式(2.3.3)中令 $n\to\infty$，得到

$$\lim_{n\to\infty} E(a_{2n},a_{2n-1}) = \lim_{n\to\infty}(2d(a_{2n},a_{2n-1}) - d(a_{2n},a_{2n+1})) = \gamma.$$

在式(2.3.2)中让 $n\to\infty$ 并结合上述不等式，可以推出

$$\frac{\gamma}{s} = \frac{1}{s}\lim_{n\to\infty} d(a_{2n},a_{2n+1})$$

$$\leq \lim_{n\to\infty} d(a_{2n},a_{2n+1})$$

$$\leq \lim_{n\to\infty} \varphi(E(a_{2n},a_{2n-1}))E(a_{2n},a_{2n-1})$$

$$\leq \frac{1}{s}\lim_{n\to\infty} E(a_{2n},a_{2n-1})$$

$$= \frac{\gamma}{s}.$$

于是

$$\lim_{n\to\infty} \varphi(E(a_{2n},a_{2n-1}))E(a_{2n},a_{2n-1}) = \frac{\gamma}{s}.$$

继而得出

$$\lim_{n\to\infty} \varphi(E(a_{2n},a_{2n-1})) = \frac{1}{s}.$$

这意味着 $\lim\limits_{n\to\infty} E(a_{2n},a_{2n-1})=\gamma=0$，即 $\lim\limits_{n\to\infty} d(a_n,a_{n+1})=0$.

下面证明 $\{a_n\}$ 是 X 中的一个柯西列. 为了证明这个结论，只需证明 $\{a_{2n}\}$ 是一个柯西列. 假设 $\{a_{2n}\}$ 不是一个柯西列，则存在 $\ell>0$，$\{a_{2n}\}$ 的子列 $\{a_{2m_k}\}$ 和 $\{a_{2n_k}\}$，满足 $m_k>n_k>k$，$d(a_{2m_k},a_{2n_k}) \geq \ell$，且 m_k 是满足上述结果成立的最小正整数，即

$$d(a_{2m_k-2},a_{2n_k}) < \ell.$$

根据三角不等式，可以得到

$$\ell < d(a_{2m_k},a_{2n_k}) \leq sd(a_{2m_k},a_{2n_k+1}) + sd(a_{2n_k+1},a_{2n_k}).$$

于是

$$\frac{\ell}{s} < \liminf_{k \to \infty} d(a_{2m_k}, a_{2n_k+1}) \leqslant \limsup_{k \to \infty} d(a_{2m_k}, a_{2n_k+1}). \qquad (2.3.4)$$

由引理 2.3.1 可知 $\alpha_{i,j}(a_{2m_k-1}, a_{2n_k}) \geqslant s^p$,并且

$$d(a_{2m_k}, a_{2n_k+1}) \leqslant \alpha_{i,j}(a_{2m_k-1}, a_{2n_k}) d(M^i a_{2n_k}, N^j a_{2m_k-1})$$
$$\leqslant \varphi(E(a_{2n_k}, a_{2m_k-1})) E(a_{2n_k}, a_{2m_k-1}), \qquad (2.3.5)$$

其中

$$E(a_{2n_k}, a_{2m_k-1}) = d(a_{2n_k}, a_{2m_k-1}) + |d(a_{2n_k}, M^i a_{2n_k}) - d(a_{2m_k-1}, N^j a_{2m_k-1})|$$
$$= d(a_{2n_k}, a_{2m_k-1}) + |d(a_{2n_k}, a_{2n_k+1}) - d(a_{2m_k-1}, a_{2m_k})|.$$

因此

$$\liminf_{k \to \infty} E(a_{2n_k}, a_{2m_k-1}) = \liminf_{k \to \infty} d(a_{2m_k-1}, a_{2n_k})$$
$$\leqslant \liminf_{k \to \infty} [sd(a_{2m_k-1}, a_{2m_k-2}) + sd(a_{2m_k-2}, a_{2n_k})]$$
$$\leqslant s\ell.$$

在不等式(2.3.5)中让 $k \to \infty$ 并结合式(2.3.4),可以推出

$$\ell = s \cdot \frac{\ell}{s}$$
$$\leqslant s \liminf_{k \to \infty} d(a_{2m_k}, a_{2n_k+1})$$
$$\leqslant s^p \liminf_{k \to \infty} d(a_{2m_k}, a_{2n_k+1})$$
$$\leqslant \alpha_{i,j}(a_{2m_k-1}, a_{2n_k}) \liminf_{k \to \infty} d(M^i a_{2n_k}, N^j a_{2m_k-1})$$
$$\leqslant \liminf_{k \to \infty} \varphi(E(a_{2n_k}, a_{2m_k-1})) E(a_{2n_k}, a_{2m_k-1})$$
$$\leqslant \liminf_{k \to \infty} \frac{1}{s} \cdot s\ell$$
$$= \ell.$$

同时

$$\ell \leqslant \alpha_{i,j}(a_{2m_k-1}, a_{2n_k}) \limsup_{k \to \infty} d(M^i a_{2n_k}, N^j a_{2m_k-1})$$
$$\leqslant \liminf_{k \to \infty} \varphi(E(a_{2n_k}, a_{2m_k-1})) E(a_{2n_k}, a_{2m_k-1})$$
$$= \ell.$$

因此

$$\lim_{k \to \infty} \varphi(E(a_{2n_k}, a_{2m_k-1})) E(a_{2n_k}, a_{2m_k-1}) = \ell. \qquad (2.3.6)$$

相似地,

$$s\ell = s^2 \cdot \frac{\ell}{s}$$

$$\leqslant s^2 \liminf_{k\to\infty} d(a_{2m_k}, a_{2n_k+1})$$

$$\leqslant s^p \liminf_{k\to\infty} d(a_{2m_k}, a_{2n_k+1})$$

$$\leqslant \alpha_{i,j}(a_{2m_k-1}, a_{2n_k}) \liminf_{k\to\infty} d(M^i a_{2n_k}, N^j a_{2m_k-1})$$

$$\leqslant \liminf_{k\to\infty} \varphi(E(a_{2n_k}, a_{2m_k-1})) E(a_{2n_k}, a_{2m_k-1})$$

$$\leqslant \liminf_{k\to\infty} E(a_{2n_k}, a_{2m_k-1})$$

$$\leqslant s\ell,$$

并且

$$s\ell \leqslant \alpha_{i,j}(a_{2m_k-1}, a_{2n_k}) \limsup_{k\to\infty} d(M^i a_{2n_k}, N^j a_{2m_k-1})$$

$$\leqslant \limsup_{k\to\infty} E(a_{2n_k}, a_{2m_k-1})$$

$$\leqslant s\ell.$$

于是

$$\lim_{k\to\infty} E(a_{2n_k}, a_{2m_k-1}) = s\ell. \tag{2.3.7}$$

结合式(2.3.6)和式(2.3.7),有

$$\lim_{k\to\infty} \varphi(E(a_{2n_k}, a_{2m_k-1})) = \frac{1}{s}, \lim_{k\to\infty} E(a_{2n_k}, a_{2m_k-1}) = 0.$$

这是矛盾的. 因此$\{a_n\}$是X中的一个柯西列. (X,d)的完备性保证了存在$a^* \in X$, 使得$\lim_{n\to\infty} a_n = a^*$.

由条件(4), 可以得到, 存在$\{a_n\}$的子列$\{a_{2n_k}\}$, 使得$\alpha_{i,j}(a_{2n_k}, a^*) \geqslant s^p$, 并且

$$d(a_{2n_k+1}, N^j a^*) \leqslant \alpha_{i,j}(a_{2n_k}, a^*) d(M^i a_{2n_k}, N^j a^*) \leqslant \varphi(E(a_{2n_k}, a^*)) E(a_{2n_k}, a^*), \tag{2.3.8}$$

其中

$$E(a_{2n_k}, a^*) = d(a_{2n_k}, a^*) + |d(a_{2n_k}, M^i a_{2n_k}) - d(a^*, N^j a^*)|$$

$$= d(a_{2n_k}, a^*) + |d(a_{2n_k}, a_{2n_k+1}) - d(a^*, N^j a^*)|,$$

$$\lim_{k\to\infty} E(a_{2n_k}, a^*) = d(a^*, N^j a^*).$$

根据三角不等式,有

$$\frac{1}{s} d(a^*, N^j a^*) - d(a^*, a_{2n_k+1}) \leqslant d(a_{2n_k+1}, N^j a^*). \tag{2.3.9}$$

结合式(2.3.8)和式(2.3.9),并让$k\to\infty$,得到

$$\frac{1}{s}d(a^*,N^ja^*) \leqslant \lim_{k\to\infty}d(a_{2n_k+1},N^ja^*)$$

$$\leqslant \lim_{k\to\infty}\varphi(E(a_{2n_k},a^*))E(a_{2n_k},a^*) \leqslant \frac{1}{s}E(a_{2n_k},a^*).$$

因此

$$\lim_{k\to\infty}\varphi(E(a_{2n_k},a^*)) = \frac{1}{s}, \lim_{k\to\infty}E(a_{2n_k},a^*) = 0,$$

即 $d(a^*,N^ja^*) = 0$. 用同样的方法可以得出 $d(a^*,M^ia^*) = 0$. 因此,a^* 是 M^i 和 N^j 的一个公共不动点.

下面证明公共不动点的唯一性. 假设存在另一个 $b^* \in X$ 使得 $b^* = M^ib^*$. 由条件(5)可知 $\alpha_{i,j}(b^*,a^*) \geqslant s^p$,于是

$$d(b^*,a^*) \leqslant \alpha_{i,j}(b^*,a^*)d(M^ib^*,N^ja^*) \leqslant \varphi(E(b^*,a^*))E(b^*,a^*),$$

其中

$$E(b^*,a^*) = d(b^*,a^*) + |d(b^*,M^ib^*) - d(a^*,N^ja^*)|.$$

因此,$d(b^*,a^*) < \frac{1}{s}d(b^*,a^*)$,矛盾. 这就证明了 a^* 是 M^i 的唯一不动点. 用同样的方法可以得到 a^* 也是 N^j 的唯一不动点. 又因为

$$Ma^* = MM^ia^* = M^iMa^*, Na^* = NN^ja^* = N^jNa^*,$$

所以再根据唯一性便有 a^* 是 M 和 N 的一个公共不动点. 容易证得 a^* 是 M 和 N 的唯一公共不动点.

例 2.3.1 设 $X = [0,1]$. 定义映射 $d:X\times X\to \mathbf{R}^+$ 为 $d(a,b) = |a-b|^2$. 显然,(X,d) 是一个系数 $s=2$ 的 b-度量空间. 令 $p=2,i=4,j=2$,并且

$$\alpha_{i,j}(a,b) = \begin{cases} s^p, & a,b \in [0,1], \\ 0, & \text{其他}. \end{cases}$$

映射 $M,N:X\to X$ 定义为 $M(a) = \dfrac{a}{2}, N(a) = \dfrac{a}{4}$,并且对于所有的 $t>0, \varphi(t) = \dfrac{1}{64}$. 根据 M 和 N 的定义,容易得到映射对 M,N 是三角 $\alpha_{i,j}$-轨道可容许的. 接下来证明 M 和 N 是一个 $\alpha_{i,j}$-$\varphi_{E_{M,N}}$-Geraghty 压缩映射对. 事实上,

$$\alpha_{i,j}(a,b) = 4, d(M^ia,N^jb) = d\left(\frac{a}{16},\frac{b}{16}\right) = \frac{1}{16^2}|a-b|^2,$$

$$E(a,b) = d(a,b) + |d(a,M^ia) - d(b,N^jb)|$$

$$= |a-b|^2 + \left||a-\frac{a}{16}|^2 - |b-\frac{b}{16}|^2\right| = |a-b|^2 + \left|\left(\frac{15}{16}a\right)^2 - \left(\frac{15}{16}b\right)^2\right|.$$

因此

$$4 \cdot \frac{1}{16^2}|a-b|^2 \leqslant \frac{1}{64}\left[|a-b|^2 + \left|\left(\frac{15}{16}a\right)^2 - \left(\frac{15}{16}b\right)^2\right|\right].$$

于是对于任意的 $a,b \in X$，定理 2.3.1 的所有条件都满足，即 M 和 N 在 X 中有唯一的公共不动点. 很显然 0 就是 M 和 N 的唯一公共不动点.

如果 (X,d) 是一个度量空间，在定理 2.4.1 中令 $p=i=j=1, \alpha_{i,j} \geqslant s^p = 1$，我们立刻得到参考文献[50]中的定理 5，叙述如下.

推论 2.3.1　设 (X,d) 是一个完备的度量空间，$M,N:X \to X$ 是两个给定映射. 如果 M,N 是一个 $E_{M,N}$ 型 Geraghty 压缩映射对，那么 M 和 N 有唯一的公共不动点.

如果在定理 2.3.1 中令 $p=1, M=N, i=j=1$，我们立刻得到参考文献[51]中的定理 2.2.

推论 2.3.2　设 (X,d) 是一个完备的 b-度量空间，$\alpha:X\times X \to [0,+\infty)$ 是一个已知函数，$M:X \to X$ 是一个给定映射. 假设下列条件满足：

（1）M 是三角 α-轨道可容许的；

（2）M 是一个 α-φ_E-Geraghty 压缩映射；

（3）存在 $a_0 \in X$，使得 $\alpha(a_0, Ma_0) \geqslant 1$ 成立；

（4）如果 X 中的序列 $\{a_n\}$ 满足：对所有的 $n \in \mathbf{N}$，有 $\alpha(a_n, a_{n+1}) \geqslant 1$，并且当 $n \to \infty$ 时，有 $a_n \to a$，那么存在一个 $\{a_n\}$ 的子列 $\{a_{n_k}\}$，使得对于所有的 $k \in \mathbf{N}$，有 $\alpha(a_{n_k}, a) \geqslant 1$，那么 M 有一个不动点 $a^* \in X$.

定义 2.3.9　设 M 和 N 是定义在非空集合上的两个自映射. 如果 M 和 N 满足对任意的 $a \in C(M,N)$ 有 $M^i a = N^j a \Rightarrow MN^j a = NM^i a$，则称 M 和 N 是 (i,j)-弱相容的.

注 2.3.2　取 $i=j=1$，这个定义退化为弱相容的定义.

定义 2.3.10　设 (X,d) 是一个系数 $s \geqslant 1$ 的 b-度量空间，$M,N:X \to X$ 和 $\alpha_{i,j}:X\times X \to [0,+\infty)$ 是给定映射，满足对任意的 $a,b,c \in X$ 都有

$$\alpha_{i,j}(a,b) \geqslant s^p \text{ 和 } \alpha_{i,j}(b,c) \geqslant s^p \Rightarrow \alpha_{i,j}(a,c) \geqslant s^p,$$

其中，$p \geqslant 1$ 是任意的常数. 若对于所有的 $a,b \in X$ 有

$$\alpha_{i,j}(N^j a, N^j b) \geqslant s^p \Rightarrow \alpha_{i,j}(M^i a, M^i b) \geqslant s^p,$$

则称 M 是一个 N-$\alpha_{i,j}$-可容许映射.

注 2.3.3

（1）取 $i=j=1$，这个定义退化为 b-度量空间上的 N-α_{s^p}-可容许映射的定义.

（2）取 $i=j=1$ 和 $N=I$，这个定义退化为 b-度量空间上的 α_{s^p}-可容许映射的

定义.

（3）取 $s=p=i=j=1$ 和 $N=I$，这个定义退化为度量空间上的 α-可容许映射的定义.

引理 2.3.2　设 (X,d) 是一个系数 $s \geqslant 1$ 的 b-度量空间，并且 $M:X \to X$ 是一个 N-$\alpha_{i,j}$-可容许映射. 假设存在 $a_0 \in X$，使得 $\alpha_{i,j}(N^j a_0, M^i a_0) \geqslant s^p$. 定义 X 中的序列 $\{a_n\}$ 和 $\{b_n\}$ 为 $b_n = M^i a_n = N^j a_{n+1}$，$n=0,1,2\cdots$. 那么对于所有的 $m,n \in \mathbf{N}_0$，当 $m>n$ 时，都有 $\alpha_{i,j}(a_n, a_m) \geqslant s^p$.

证明：因为映射 M 是 N-$\alpha_{i,j}$-可容许的，所以

$$\alpha_{i,j}(N^j a_0, N^j a_1) = \alpha_{i,j}(N^j a_0, M^i a_0) \geqslant s^p \Rightarrow \alpha_{i,j}(N^j a_1, N^j a_2) = \alpha_{i,j}(M^i a_0, M^i a_1) \geqslant s^p,$$

$$\alpha_{i,j}(N^j a_1, N^j a_2) = \alpha_{i,j}(M^i a_0, M^i a_1) \geqslant s^p \Rightarrow \alpha_{i,j}(N^j a_2, N^j a_3) = \alpha_{i,j}(M^i a_1, M^i a_2) \geqslant s^p,$$

$$\cdots.$$

于是能推出 $\alpha_{i,j}(N^j a_n, N^j a_{n+1}) = \alpha_{i,j}(M^i a_{n-1}, M^i a_n) \geqslant s^p$. 因此对于所有的 $n \in \mathbf{N}_0$，都有 $\alpha_{i,j}(b_n, b_{n+1}) \geqslant s^p$. 根据 $\alpha_{i,j}(b_n, b_{n+1}) \geqslant s^p$ 和 $\alpha_{i,j}(b_{n+1}, b_{n+2}) \geqslant s^p$，可以推出 $\alpha_{i,j}(b_n, b_{n+2}) \geqslant s^p$. 进而对于所有的 $m,n \in \mathbf{N}_0$，当 $m>n$ 时，都有 $\alpha_{i,j}(b_n, b_m) \geqslant s^p$.

定义 2.3.11　设 (X,d) 是一个系数 $s \geqslant 1$ 的 b-度量空间，并且 $M,N:X \to X$ 是两个给定映射，$\alpha_{i,j}:X \times X \to [0,+\infty)$ 是一个给定函数，$p \geqslant 1$ 是一个常数. 如果存在函数 $\varphi \in \Phi_s$，使得对于所有的 $a,b \in X$，都有

$$\alpha_{i,j}(N^j a, N^j b) \geqslant s^p \Rightarrow \alpha_{i,j}(N^j a, N^j b) d(M^i a, M^i b) \leqslant \varphi(E(a,b)) E(a,b),$$

$$\tag{2.3.10}$$

其中

$$E(a,b) = d(N^j a, N^j b) + |d(M^i a, N^j a) - d(M^i b, N^j b)|,$$

那么称 M 是一个 $\alpha_{i,j}$-φ_{E_N}-Geraghty 压缩映射.

定理 2.3.2　设 (X,d) 是一个系数 $s \geqslant 1$ 的完备 b-度量空间，$\alpha_{i,j}:X \times X \to [0,+\infty)$ 是一个给定函数. 设 $M,N:X \to X$ 是两个给定映射，满足 $M^i(X) \subset N^j(X)$，其中 $N^j(X)$ 是闭的，i,j 是两个任意的常数. 假设映射 M 和 N 满足：

（1）M 是 N-$\alpha_{i,j}$-可容许的；

（2）M 是一个 $\alpha_{i,j}$-φ_{E_N}-Geraghty 压缩映射；

（3）存在 $a_0 \in X$，使得 $\alpha_{i,j}(N^j a_0, M^i a_0) \geqslant s^p$ 成立；

（4）如果 X 中的序列 $\{a_n\}$ 满足：当 $n \to \infty$ 时，有 $N^j a_n \to N^j a$，那么存在一个 $\{N^j a_n\}$ 的子列 $\{N^j a_{n_k}\}$，使得对于所有的 $k \in \mathbf{N}$，都有 $\alpha_{i,j}(N^j a_{n_k}, N^j a) \geqslant s^p$；

（5）M 和 N 是 (i,j)-弱相容的，

那么 M 和 N 有重合点.

证明:根据条件(3)可知,存在 $a_0 \in X$,使得 $\alpha_{i,j}(N^j a_0, M^i a_0) \geqslant s^p$. 定义 X 中的序列 $\{a_n\}$ 和 $\{b_n\}$ 为 $b_n = M^i a_n = N^j a_{n+1}, n = 0, 1, 2 \cdots$. 如果存在某个 $n \in \mathbf{N}_0$,使得 $b_n = b_{n+1}$,那么得到 $N^j a_{n+1} = b_n = b_{n+1} = M^i a_{n+1}$,即 M^i 和 N^j 有一个重合点 a_{n+1}. 因为 M 和 N 是 (i,j)-弱相容的,所以

$$M^i a_{n+1} = N^j a_{n+1} \Rightarrow MN^j a_{n+1} = NM^i a_{n+1}.$$

因此

$$Mb_n = MM^i a_{n+1} = MN^j a_{n+1} = NM^i a_{n+1} = Nb_n,$$

即 b_n 是 M 和 N 的一个重合点.

不失一般性,假设对于所有的 $n \geqslant 0, b_n \neq b_{n+1}$. 由引理 2.3.2 可知

$$\alpha_{i,j}(b_{n-1}, b_n) = \alpha_{i,j}(N^j a_n, N^j a_{n+1}) \geqslant s^p.$$

根据条件(2),有

$$\begin{aligned}
d(b_n, b_{n+1}) &= d(M^i a_n, M^i a_{n+1}) \\
&\leqslant s^p d(M^i a_n, M^i a_{n+1}) \\
&\leqslant \alpha_{i,j}(N^j a_n, N^j a_{n+1}) d(M^i a_n, M^i a_{n+1}) \\
&\leqslant \varphi(E(a_n, a_{n+1})) E(a_n, a_{n+1}),
\end{aligned} \tag{2.3.11}$$

其中

$$\begin{aligned}
E(a_n, a_{n+1}) &= d(N^j a_n, N^j a_{n+1}) + |d(M^i a_n, N^j a_n) - d(M^i a_{n+1}, N^j a_{n+1})| \\
&= d(b_n, b_{n+1}) + |d(b_n, b_{n-1}) - d(b_{n+1}, b_n)|.
\end{aligned} \tag{2.3.12}$$

如果 $d(b_{n+1}, b_n) \geqslant d(b_n, b_{n-1})$,则 $E(a_n, a_{n+1}) = d(b_n, b_{n+1}) > 0$,于是

$$d(b_n, b_{n+1}) \leqslant \varphi(d(b_n, b_{n+1})) d(b_n, b_{n+1}) < \frac{1}{s} d(b_n, b_{n+1}).$$

这是一个矛盾. 因此 $d(b_{n+1}, b_n) < d(b_n, b_{n-1})$,即 $\{d(b_n, b_{n+1})\}$ 是一个递减数列. 于是存在 $\gamma \geqslant 0$,使得

$$\lim_{n \to \infty} d(b_n, b_{n+1}) = \gamma.$$

由式(2.3.12),可以得出

$$E(a_n, a_{n+1}) = 2d(b_n, b_{n-1}) - d(b_n, b_{n+1}), \text{并且} \lim_{n \to \infty} E(a_n, a_{n+1}) = \gamma.$$

$$\tag{2.3.13}$$

将式(2.3.13)代入式(2.3.11),并令 $n \to \infty$,得到

$$\begin{aligned}
\frac{\gamma}{s} &= \frac{1}{s} \lim_{n \to \infty} d(b_n, b_{n+1}) \\
&\leqslant \lim_{n \to \infty} d(b_n, b_{n+1})
\end{aligned}$$

$$\leqslant \lim_{n\to\infty} \varphi(E(a_n, a_{n-1})) E(a_n, a_{n+1})$$

$$\leqslant \frac{1}{s} \lim_{n\to\infty} E(a_n, a_{n+1})$$

$$= \frac{\gamma}{s}.$$

上面的不等式说明

$$\lim_{n\to\infty} \varphi(E(a_n, a_{n+1})) E(a_n, a_{n+1}) = \frac{\gamma}{s}, 并且 \lim_{n\to\infty} \varphi(E(a_n, a_{n+1})) = \frac{1}{s}.$$

于是

$$\lim_{n\to\infty} E(a_n, a_{n+1}) = \gamma = \lim_{n\to\infty} d(b_n, b_{n+1}) = 0.$$

接下来将证明 $\{b_n\}$ 是一个柯西列. 如若不是,则存在 $\ell > 0$, $\{b_n\}$ 的子列 $\{b_{m_k}\}$ 和 $\{b_{n_k}\}$,满足

$$n_k > m_k > k, d(b_{n_k}, b_{m_k}) \geqslant \ell,$$

且 n_k 是使得上式成立的最小整数,即 $d(b_{n_{k-1}}, b_{m_k}) < \ell$. 又因为 $\alpha_{i,j}(b_{n_{k-1}}, b_{m_{k-1}}) = \alpha_{i,j}(N^j a_{n_k}, N^j a_{m_k}) \geqslant s^p$,所以

$$\ell \leqslant d(b_{n_k}, b_{m_k})$$

$$= d(M^i a_{n_k}, M^i a_{m_k})$$

$$\leqslant s^p d(M^i a_{n_k}, M^i a_{m_k})$$

$$\leqslant \alpha_{i,j}(N^j a_{n_k}, N^j a_{m_k}) d(M^i a_{n_k}, M^i a_{m_k})$$

$$\leqslant \varphi(E(a_{n_k}, a_{m_k})) E(a_{n_k}, a_{m_k}), \qquad (2.3.14)$$

其中

$$E(a_{n_k}, a_{m_k}) = d(N^j a_{n_k}, N^j a_{m_k}) + |d(M^i a_{n_k}, N^j a_{n_k}) - d(M^i a_{m_k}, N^j a_{m_k})|$$

$$= d(b_{n_{k-1}}, b_{m_{k-1}}) + |d(b_{n_k}, b_{n_{k-1}}) - d(b_{m_k}, b_{m_{k-1}})|$$

$$\leqslant s d(b_{n_{k-1}}, b_{m_k}) + s d(b_{m_k}, b_{m_{k-1}}) + |d(b_{n_k}, b_{n_{k-1}}) - d(b_{m_k}, b_{m_{k-1}})|$$

$$< s\ell + s d(b_{m_k}, b_{m_{k-1}}) + |d(b_{n_k}, b_{n_{k-1}}) - d(b_{m_k}, b_{m_{k-1}})|.$$

在上述不等式和式 $(2.3.14)$ 中令 $k \to \infty$,得到 $\lim_{k\to\infty} E(a_{n_k}, a_{m_k}) = s\ell$,并且

$$\ell \leqslant \lim_{k\to\infty} \varphi(E(a_{n_k}, a_{m_k})) E(a_{n_k}, a_{m_k}) \leqslant \frac{1}{s} \lim_{k\to\infty} E(a_{n_k}, a_{m_k}) = \ell.$$

于是

$$\lim_{k\to\infty} \varphi(E(a_{n_k}, a_{m_k})) = \frac{1}{s} 并且 \lim_{k\to\infty} E(a_{n_k}, a_{m_k}) = 0.$$

这是矛盾的. 因此 $\{b_n\}$ 是一个柯西列. 由 (X,d) 的完备性推出存在 $b^* \in X$, 使得 $\lim\limits_{n\to\infty} b_n = b^*$, 即

$$\lim_{n\to\infty} d(b_n, b^*) = \lim_{n\to\infty} d(M^i a_n, b^*) = \lim_{n\to\infty} d(N^j a_{n+1}, b^*) = 0.$$

因为 $N^j(X)$ 是闭的, 所以有 $b^* \in N^j(X)$. 也就是说, 存在 $a^* \in X$ 使得 $b^* = N^j(a^*)$, 上述极限式可以改写为

$$\lim_{n\to\infty} d(b_n, N^j a^*) = \lim_{n\to\infty} d(M^i a_n, N^j a^*) = \lim_{n\to\infty} d(N^j a_{n+1}, N^j a^*) = 0.$$

由条件(4), 可以得到存在 $\{b_n\}$ 的子列 $\{b_{n_k}\}$ 使得

$$\alpha_{i,j}(b_{n_k-1}, N^j a^*) = \alpha_{i,j}(N^j a_{n_k}, N^j a^*) \geqslant s^p.$$

应用压缩条件(2.3.10), 有

$$d(M^i a_{n_k}, M^i a^*) \leqslant \alpha_{i,j}(N^j a_{n_k}, N^j a^*) d(M^i a_{n_k}, M^i a^*) \leqslant \varphi(E(a_{n_k}, a^*)) E(a_{n_k}, a^*),$$

其中

$$\begin{aligned} E(a_{n_k}, a^*) &= d(N^j a_{n_k}, N^j a^*) + |d(M^i a_{n_k}, N^j a_{n_k}) - d(M^i a^*, N^j a^*)| \\ &= d(b_{n_k-1}, N^j a^*) + |d(b_{n_k}, b_{n_k-1}) - d(M^i a^*, N^j a^*)|, \\ \lim_{k\to\infty} E(a_{n_k}, a^*) &= d(M^i a^*, N^j a^*). \end{aligned}$$

根据三角不等式, 可以推出

$$\frac{1}{s} d(M^i a^*, N^j a^*) - d(M^i a_{n_k}, N^j a^*) \leqslant d(M^i a_{n_k}, M^i a^*)$$
$$\leqslant \varphi(E(a_{n_k}, a^*)) E(a_{n_k}, a^*).$$

在上述不等式中令 $k\to\infty$, 得到

$$\frac{1}{s} d(M^i a^*, N^j a^*) \leqslant \lim_{k\to\infty} \varphi(E(a_{n_k}, a^*)) E(a_{n_k}, a^*)$$
$$\leqslant \lim_{k\to\infty} \frac{1}{s} E(a_{n_k}, a^*) = \frac{1}{s} d(M^i a^*, N^j a^*).$$

于是

$$\lim_{k\to\infty} \varphi(E(a_{n_k}, a^*)) = \frac{1}{s} \text{ 并且} \lim_{k\to\infty} E(a_{n_k}, a^*) = d(M^i a^*, N^j a^*) = 0.$$

因此, $b^* = M^i a^* = N^j a^*$ 是 M^i 和 N^j 的一个重合值. 因为 M 和 N 是 (i,j)-弱相容的, 所以

$$M^i a^* = N^j a^* \Rightarrow MN^j a^* = NM^i a^*.$$

相应有

$$M b^* = MM^i a^* = MN^j a^* = NM^i a^* = N b^*,$$

即 b^* 是 M 和 N 的一个重合点.

例 2.3.2 设 $X = \{0, 1, 2\}$. 定义 $d: X \times X \to \mathbf{R}^+$ 为 $d(a, b) = |a-b|^2$. 因此 (X, d) 是一个系数 $s = 2$ 的 b-度量空间. 令 $p = 2, i = 2, j = 3$, 并定义

$$\alpha_{i,j}(a, b) = \begin{cases} s^p, a, b \in X, \\ 0, 其他. \end{cases}$$

设映射 $M, N: X \to X$ 为 $M(0) = 1, M(1) = 1, M(2) = 0, N(0) = 2, N(1) = 1, N(2) = 0$. 对于所有的 $t \geq 0, \varphi(t) = \frac{1}{2s}$. 显然 M 是 N-$\alpha_{i,j}$-可容许的, 同时 M 是一个 $\alpha_{i,j}$-φ_{E_N}-Geraghty 压缩映射. 事实上, 一方面, 当 $a = b$ 时, 有

$$\alpha_{i,j}(N^j a, N^j b) d(M^i a, M^i b) \leq \varphi(E(a, b)) E(a, b).$$

另一方面, 当 $a \neq b$ 时, 由于

$$E(0, 1) = d(2, 1) + |d(1, 0) - d(1, 1)| = 2,$$
$$E(0, 2) = d(2, 0) + |d(1, 2) - d(1, 0)| = 4,$$
$$E(1, 2) = d(1, 0) + |d(1, 1) - d(1, 0)| = 2.$$

考虑以下几种情形:

(1) $a = 0, b = 1$. 那么

$$\alpha_{i,j}(N^j a, N^j b) d(M^i a, M^i b) = 4d(1, 1) = 0 \leq \frac{1}{2s} E(0, 1) = \frac{1}{2}.$$

(2) $a = 0, b = 2$. 那么

$$\alpha_{i,j}(N^j a, N^j b) d(M^i a, M^i b) = 4d(1, 1) = 0 \leq \frac{1}{2s} E(0, 2) = 1.$$

(3) $a = 1, b = 2$. 那么

$$\alpha_{i,j}(N^j a, N^j b) d(M^i a, M^i b) = 4d(1, 1) = 0 \leq \frac{1}{2s} E(1, 2) = \frac{1}{2}.$$

根据 d 的对称性, 可以得出对所有的 $a, b \in X$, 都满足式 (2.4.10). 同时

$$M^i(1) = N^j(1) \Rightarrow NM^i(1) = MN^j(1).$$

这意味着 M 和 N 是 (i, j)-弱相容的. 于是定理 2.3.2 的所有条件都成立, 进而 M 和 N 在 X 中有重合点. 显然 1 是 M 和 N 的一个重合点.

如果 (X, d) 是一个度量空间, 在定理 2.3.2 中取 $p = i = j = 1, N = I$, 我们立刻得到下面的结果.

推论 2.3.3 设 (X, d) 是一个完备的度量空间, $\alpha_{i,j}: X \times X \to [0, +\infty), M: X \to X$ 是两个给定映射. 假设下列条件成立:

(1) M 是 α-可容许的;

(2) M 是一个 α-φ_E-Geraghty 压缩映射;

（3）存在 $a_0 \in X$，使得 $\alpha(a_0, Ma_0) \geqslant 1$ 成立；

（4）如果 X 中的序列 $\{a_n\}$ 满足：当 $n \to \infty$ 时，有 $a_n \to a$，那么存在一个 $\{a_n\}$ 的子列 $\{a_{n_k}\}$，使得对于所有的 $k \in \mathbf{N}$，都有 $\alpha(a_{n_k}, a) \geqslant 1$，

那么 M 在 X 上有一个不动点.

如果在定理 2.3.2 中取 $i = j = 1$，我们得到下面的结果.

推论 2.3.4　设 (X, d) 是一个系数 $s \geqslant 1$ 的完备 *b*-度量空间，$\alpha: X \times X \to [0, \infty)$ 是一个给定函数. 设 $M, N: X \to X$ 是两个给定映射，满足 $M(X) \subset N(X)$，其中 $N(X)$ 是闭的. 假设映射 M 和 N 满足：

（1）M 是 N-α_{s^p}-可容许的；

（2）M 是一个 α-φ_{E_N}-Geraghty 压缩映射；

（3）存在 $a_0 \in X$，使得 $\alpha(Na_0, Ma_0) \geqslant s^p$ 成立；

（4）如果 X 中的序列 $\{a_n\}$ 满足：当 $n \to \infty$ 时，有 $Na_n \to Na$，那么存在一个 $\{Na_n\}$ 的子列 $\{Na_{n_k}\}$，使得对于所有的 $k \in \mathbf{N}$，都有 $\alpha(Na_{n_k}, Na) \geqslant s^p$；

（5）M 和 N 是 (i, j)-弱相容的，

那么 M 和 N 有一个重合点.

第 3 章　b-似度量空间中的不动点理论

　　b-似度量空间的构造思想主要来自 b-度量空间和似度量空间,由 Alghmandi 等人[52]于 2013 年提出. 随后,许多学者在该空间框架下研究不动点问题,取得了许多成果,具体见参考文献[53]—[59]. 本章主要介绍 b-似度量空间上 α_{qs^p}-λ-拟压缩、$(\alpha_{qs^p}$-$\psi,\phi)$广义压缩映射和广义(ψ,φ)-弱相容型压缩映射对的不动点以及公共不动点结果.

3.1　b-似度量空间的基本概念

　　在介绍 b-似度量的概念之前,首先给出由 Amini-Harandi[60]提出的似度量的概念.

　　定义 3.1.1　设 X 是一个非空集合. 如果映射 $d:X \times X \to [0,+\infty)$ 满足以下三个条件:

　　$(1)d(x,y)=0 \Rightarrow x=y$;

　　$(2)d(x,y)=d(y,x)$;

　　$(3)d(x,y) \leqslant d(x,z)+d(z,y)$, $\forall x,y,z \in X$,

那么称 d 为 X 上的一个似度量,称(X,d)为一个似度量空间.

　　定义 3.1.2　设 X 是一个非空集合. 如果映射 $d:X \times X \to [0,+\infty)$ 满足以下三个条件:

　　$(1)d(x,y)=0 \Rightarrow x=y$;

　　$(2)d(x,y)=d(y,x)$;

　　$(3)d(x,y) \leqslant s(d(x,z)+d(z,y))$, $\forall x,y,z \in X$,

其中 $s \geqslant 1$ 为常数,那么称 d 为 X 上的一个 b-似度量,称(X,d)为以 s 为系数的 b-似度量空间.

　　注 3.1.1　b-似度量空间所成的类包含似度量空间或 b-度量空间所成的类,因为当 $s=1$ 时,一个 b-似度量空间就是一个似度量空间,并且因为每一个 b-

度量空间都是具有相同系数 s 的 *b*-似度量空间. 然而, 反过来不一定成立.

例 3.1.1　设 $X = \mathbf{R}^+, p > 1$ 是一个常数. 定义函数 $d: X \times X \to [0, +\infty)$ 为对于所有的 $x, y \in X$, 有 $d(x, y) = (x + y)^p$. 那么 (X, d) 是一个系数 $s = 2^{p-1}$ 的 *b*-似度量空间.

例 3.1.2　设 $X = \mathbf{R}^+$. 定义函数 $d: X \times X \to [0, +\infty)$ 为对于所有的 $x, y \in X$, 有 $d(x, y) = (\max\{x, y\})^2$. 那么 (X, d) 是一个系数 $s = 2$ 的 *b*-似度量空间. 显然, (X, d) 不是一个 *b*-度量空间, 也不是一个似度量空间.

例 3.1.3　设 $X = \{0, 1, 2\}$. 定义 $d: X \times X \to [0, +\infty)$ 为
$$d(0, 0) = 0, d(1, 1) = d(2, 2) = 2,$$
$$d(0, 1) = d(1, 0) = 4, d(1, 2) = d(2, 1) = 1, d(2, 0) = d(0, 2) = 2,$$
则 (X, d) 是一个系数 $s = 2$ 的 *b*-似度量空间. 显然 (X, d) 不是一个 *b*-度量空间, 也不是一个似度量空间.

定义 3.1.3　设 (X, d) 是一个系数 $s \geq 1$ 的 *b*-似度量空间, $\{x_n\}$ 是 X 中的一个序列, $x \in X$, 那么

(1) 如果当 $n \to \infty$ 时, 有 $d(x_n, x) \to d(x, x)$, 则称 $\{x_n\}$ 收敛于 x;

(2) 如果 $\lim\limits_{m, n \to \infty} d(x_n, x_m)$ 存在且是有限的, 则称 $\{x_n\}$ 是一个柯西列;

(3) 如果 X 中的每个柯西列 $\{x_n\}$ 都满足 $\lim\limits_{n, m \to \infty} d(x_n, x_m) = \lim\limits_{n \to \infty} d(x_n, x) = d(x, x)$, 那么称 (X, d) 是完备的.

注 3.1.2　点列的极限在 *b*-似度量空间中不一定是唯一的. 例如: 在例 3.1.2 中考虑点列 $\left\{\dfrac{1}{n}\right\}$, 则有当 $n \to \infty$ 时, $d\left(\dfrac{1}{n}, 0\right) = \dfrac{1}{n^2} \to 0 = d(0, 0)$, $d\left(\dfrac{1}{n}, 1\right) = 1 \to 1 = d(1, 1)$.

引理 3.1.1[52]　设 (X, d) 是一个系数 $s \geq 1$ 的 *b*-似度量空间. 如果序列 $\{x_n\}$ 和 $\{y_n\}$ 分别收敛于 x 和 y, 那么有

$$\frac{1}{s^2} d(x, y) - \frac{1}{s} d(x, x) - d(y, y) \leq \liminf_{n \to \infty} d(x_n, y_n) \leq \limsup_{n \to \infty} d(x_n, y_n)$$
$$\leq s d(x, x) + s^2 d(y, y) + s^2 d(x, y).$$

特别地, 如果 $x = y$, 那么有 $\lim\limits_{n \to \infty} d(x_n, y_n) = 0.$ 此外, 对于任意的 $z \in X$, 有

$$\frac{1}{s} d(x, z) - d(x, x) \leq \liminf_{n \to \infty} d(x_n, z) \leq \limsup_{n \to \infty} d(x_n, z) \leq s d(x, z) + s d(x, x).$$

进一步地, 若 $d(x, x) = 0$, 则

$$\frac{1}{s}d(x,z) \leqslant \liminf_{n\to\infty} d(x_n,z) \leqslant \limsup_{n\to\infty} d(x_n,z) \leqslant sd(x,z).$$

引理 3.1.2[56]　设 (X,d) 是一个系数 $s \geqslant 1$ 的 b-似度量空间. 那么

(1)若 $d(x,y)=0$,则 $d(x,x)=d(y,y)=0$;

(2)若 $\{x_n\}$ 满足 $\lim_{n\to\infty} d(x_n,x_{n+1})=0$,则

$$\lim_{n\to\infty} d(x_n,x_n) = \lim_{n\to\infty} d(x_{n+1},x_{n+1}) = 0;$$

(3)若 $x \neq y$,则 $d(x,y)>0$.

命题 3.1.1[52]　设 (X,d) 是一个系数 $s \geqslant 1$ 的 b-似度量空间,$\{x_n\}$ 是 X 中的一个序列,$x \in X$. 如果 $\lim_{n\to\infty} d(x_n,x)=0$,那么

(a) x 是唯一的;

(b)对于任意的 $y \in X$,有 $\frac{1}{s}d(x,y) \leqslant \lim_{n\to\infty} d(x_n,y) \leqslant sd(x,y)$.

引理 3.1.3　设 (X,d) 是一个系数 $s \geqslant 1$ 的完备 b-似度量空间,$\{x_n\}$ 是一个序列满足

$$\lim_{n\to\infty} d(x_n,x_{n+1}) = 0. \tag{3.1.1}$$

如果 $\{x_n\}$ 不是柯西列,那么存在 $\varepsilon>0$ 和 $\{x_n\}$ 的两个子列 $\{x_{m_k}\}$ 和 $\{x_{n_k}\}$ 满足 $n_k>m_k>k$(正整数),使得

$$d(x_{m_k},x_{n_k}) \geqslant \varepsilon, d(x_{m_k},x_{n_k-1}) < \varepsilon,$$

$$\frac{\varepsilon}{s^2} \leqslant \limsup_{k\to\infty} d(x_{m_k-1},x_{n_k-1}) \leqslant s\varepsilon,$$

$$\frac{\varepsilon}{s} \leqslant \limsup_{k\to\infty} d(x_{n_k-1},x_{m_k}) \leqslant s^2\varepsilon,$$

$$\frac{\varepsilon}{s} \leqslant \limsup_{k\to\infty} d(x_{m_k-1},x_{n_k}) \leqslant s^2\varepsilon.$$

证明:如果 $\{x_n\}$ 不是一个柯西列,那么存在 $\varepsilon>0$ 及 $\{x_n\}$ 的两个子列 $\{x_{m_k}\}$ 和 $\{x_{n_k}\}$ 满足

$$n_k > m_k > k, d(x_{m_k},x_{n_k}) \geqslant \varepsilon, \tag{3.1.2}$$

且 n_k 是满足上式的最小整数,即

$$d(x_{m_k},x_{n_k-1}) < \varepsilon. \tag{3.1.3}$$

由式(3.1.2)和三角不等式可得

$$\varepsilon \leqslant d(x_{m_k},x_{n_k})$$

$$\leqslant sd(x_{m_k},x_{m_k-1}) + sd(x_{m_k-1},x_{n_k})$$

$$\leqslant sd(x_{m_k}, x_{m_{k-1}}) + s^2 d(x_{m_{k-1}}, x_{n_{k-1}}) + s^2 d(x_{n_{k-1}}, x_{n_k}). \qquad (3.1.4)$$

在式(3.1.4)中取 $k \to \infty$ 的上极限,由式(3.1.1)、式(3.1.2)和式(3.1.3),可以推出

$$\frac{\varepsilon}{s^2} \leqslant \limsup_{k \to \infty} d(x_{m_{k-1}}, x_{n_{k-1}}). \qquad (3.1.5)$$

由三角不等式得

$$d(x_{m_{k-1}}, x_{n_{k-1}}) \leqslant sd(x_{m_{k-1}}, x_{m_k}) + sd(x_{m_k}, x_{n_{k-1}}).$$

上式两边同时取 $k \to \infty$ 的上极限,再结合式(3.1.1),得到

$$\limsup_{k \to \infty} d(x_{m_{k-1}}, x_{n_{k-1}}) \leqslant s\varepsilon. \qquad (3.1.6)$$

由式(3.1.5)和式(3.1.6),有

$$\frac{\varepsilon}{s^2} \leqslant \limsup_{k \to \infty} d(x_{m_{k-1}}, x_{n_{k-1}}) \leqslant s\varepsilon. \qquad (3.1.7)$$

类似地,可以得出

$$\frac{\varepsilon}{s} \leqslant \limsup_{k \to \infty} d(x_{m_{k-1}}, x_{n_k}). \qquad (3.1.8)$$

$$\frac{\varepsilon}{s} \leqslant \limsup_{k \to \infty} d(x_{n_{k-1}}, x_{m_k}). \qquad (3.1.9)$$

因为 $d(x_{n_{k-1}}, x_{m_k}) \leqslant sd(x_{n_{k-1}}, x_{m_{k-1}}) + sd(x_{m_{k-1}}, x_{m_k})$,由式(3.1.1)和式(3.1.7),计算可得

$$\limsup_{k \to \infty} d(x_{n_{k-1}}, x_{m_k}) \leqslant s \limsup_{k \to \infty} d(x_{n_{k-1}}, x_{m_{k-1}}) \leqslant s^2 \varepsilon. \qquad (3.1.10)$$

因此,

$$\frac{\varepsilon}{s} \leqslant \limsup_{k \to \infty} d(x_{n_{k-1}}, x_{m_k}) \leqslant s^2 \varepsilon. \qquad (3.1.11)$$

同时有

$$d(x_{m_{k-1}}, x_{n_k}) \leqslant sd(x_{m_{k-1}}, x_{n_{k-1}}) + sd(x_{n_{k-1}}, x_{n_k}).$$

那么由式(3.1.7)、式(3.1.8)和式(3.1.1),有

$$\limsup_{k \to \infty} d(x_{m_{k-1}}, x_{n_k}) \leqslant s \limsup_{k \to \infty} d(x_{m_{k-1}}, x_{n_{k-1}}) \leqslant s^2 \varepsilon.$$

因此,

$$\frac{\varepsilon}{s} \leqslant \limsup_{k \to \infty} d(x_{m_{k-1}}, x_{n_k}) \leqslant s^2 \varepsilon. \qquad (3.1.12)$$

3.2　广义拟压缩映射的不动点定理

本节我们将介绍 α_{qs^p}-λ-拟压缩和 $(\alpha_{qs^p}$-$\psi, \phi)$ 广义压缩映射的不动点的一

些结果,主要结论来源于参考文献[56].

定义 3.2.1 设 (X,d) 是一个系数 $s \geq 1$ 的 b-似度量空间,$f:X \to X$,$\alpha:X \times X \to [0,+\infty)$ 是两个映射,$q \geq 1$,$p \geq 2$ 是两个任意的常数. 如果对于所有的 $x,y \in X$,有 $\alpha(x,y) \geq qs^p$ 意味着 $\alpha(fx,fy) \geq qs^p$,那么称 f 是一个 α_{qs^p}-可容许映射.

注 3.2.1

(1)令 $q=1$,该定义退化为 b-似度量空间或 b-度量空间的 α_{s^p}-可容许映射的定义.

(2)令 $s=1$,该定义退化为度量空间或似度量空间中定义的 α_q-可容许映射的定义.

(3)令 $s=1$ 和 $q=1$,该定义退化为度量空间中 α-可容许映射的定义.

由此可见,α_{qs^p}-可容许映射的类更大,包含的函数更多.

设 (X,d) 是一个系数 $s \geq 1$ 的完备 b-似度量空间,$\alpha:X \times X \to [0,+\infty)$ 是一个函数. 性质 (H_{qs^p}) 和 (U_{qs^p}) 分别表示:

(H_{qs^p}) 如果 X 中的序列 $\{x_n\}$ 满足:当 $n \to \infty$ 时,有 $x_n \to x \in X$,并且 $\alpha(x_n,x_{n+1}) \geq qs^p$,那么存在 $\{x_n\}$ 的子列 $\{x_{n_k}\}$,使得 $\alpha(x_{n_k},x) \geq qs^p$ 成立.

(U_{qs^p}) 对于所有的 $x,y \in Fix(f)$,有 $\alpha(x,y) \geq qs^p$,其中 $Fix(f)$ 表示 f 的全体不动点的集合.

例 3.2.1 设 $X=(0,+\infty)$. 定义 $f:X \to X$ 和 $\alpha:X \times X \to [0,+\infty)$ 分别为
$$fx = \ln x, x \in X,$$
$$\alpha(x,y) = \begin{cases} 2s^2, & x \neq y, \\ 0, & x = y, \end{cases}$$
对于任意的 $s \geq 1$. 那么,f 是一个 α_{qs^p}-可容许映射.

例 3.2.2 设 $X=(0,+\infty)$. 定义 $f:X \to X$ 和 $\alpha:X \times X \to [0,+\infty)$ 分别为
$$fx = 3x, x \in X,$$
$$\alpha(x,y) = \begin{cases} 2, & x \neq y, \\ 0, & x = y, \end{cases}$$
对于任意的 $x,y \in X$. 那么,f 是一个 α_{2s^p}-可容许映射.

基于 Ciric 的拟压缩映射的定义,我们在 b-似度量空间的框架中引入如下的定义.

定义 3.2.2 设 (X,d) 是一个系数 $s \geq 1$ 的完备 b-似度量空间,$f:X \to X$ 是一个给定映射,λ 是一个非负常数. 如果 f 是一个 α_{qs^p}-可容许映射,使得对于所有的 $x,y \in X$,$\lambda \in \left[0,\frac{1}{2}\right)$,有

$$\alpha(x,y)d(fx,fy) \leqslant \lambda \max\{d(x,y),d(x,fx),d(y,fy),d(x,fy),$$
$$d(y,fx),d(x,x),d(y,y)\}, \tag{3.2.1}$$

那么称 f 是一个广义 α_{qs^p}-λ-拟压缩映射.

注 3.2.2　如果取 $\alpha(x,y)=s^2(p=2,q=1)$,那么该定义退化为 s-λ 拟压缩的定义. 如果取 $s=1$,则该定义退化为度量空间中的 λ-拟压缩的定义.

定理 3.2.1　设 (X,d) 是一个系数 $s \geqslant 1$ 的完备 *b*-似度量空间,$f:X \to X$ 是一个给定映射,$\alpha:X \times X \to \mathbf{R}^+$ 是一个给定函数. 假设下面的条件成立:

(1) f 是一个 α_{qs^p}-可容许映射;

(2) f 是一个 α_{qs^p}-λ-压缩映射;

(3) 存在 $x_0 \in X$,使得 $\alpha(x_0,fx_0) \geqslant qs^p$ 成立;

(4) 或者 f 是连续的,或者性质 (H_{qs^p}) 成立,

那么 f 有一个不动点. 进一步地,如果性质 (U_{qs^p}) 成立,那么 f 有唯一的不动点.

证明:由条件(3)可知,存在 $x_0 \in X$,使得 $\alpha(x_0,fx_0) \geqslant qs^p$. 定义 X 中的序列 $\{x_n\}$ 为 $x_n=fx_{n-1},n \in \mathbf{N}$. 如果对于某一 $n \in \mathbf{N}_0$,有 $x_n=x_{n+1}$,那么 $u=x_n$ 是 f 的一个不动点. 因此,今后假设对于所有的 $n \in \mathbf{N}_0,x_n \neq x_{n+1}$,即 $d(x_n,x_{n+1})>0$.

因为 f 是一个 α_{qs^p}-可容许映射,所以

$$\alpha(x_0,x_1) = \alpha(x_0,fx_0) \geqslant qs^p,$$
$$\alpha(fx_0,fx_1) = \alpha(x_1,x_2) \geqslant qs^p,$$
$$\alpha(fx_1,fx_2) = \alpha(x_2,x_3) \geqslant qs^p.$$

通过归纳可得

$$\alpha(x_n,x_{n+1}) \geqslant qs^p, n \in \mathbf{N}_0.$$

由条件(3.2.1)得到

$qs^p d(x_n,x_{n+1})$

$= qs^p d(fx_{n-1},fx_n) \leqslant \alpha(x_{n-1},x_n)d(fx_{n-1},fx_n)$

$\leqslant \lambda \max\{d(x_{n-1},x_n),d(x_{n-1},fx_{n-1}),d(x_n,fx_n),d(x_{n-1},fx_n),$
$\quad d(x_n,fx_{n-1}),d(x_{n-1},x_{n-1}),d(x_n,x_n)\}$

$= \lambda \max\{d(x_{n-1},x_n),d(x_{n-1},x_n),d(x_n,x_{n+1}),d(x_{n-1},x_{n+1})$
$\quad d(x_n,x_n),2sd(x_{n-1},x_{n-1}),d(x_n,x_n)\}$

$\leqslant \lambda \max\{d(x_{n-1},x_n),d(x_{n-1},x_n),d(x_n,x_{n+1}),s[d(x_{n-1},x_n)+d(x_n,x_{n+1})],$
$\quad 2sd(x_n,x_{n-1}),2sd(x_{n-1},x_n),2sd(x_n,x_{n-1})\}$

$$= \lambda \ \max \{ d(x_{n-1}, x_n), d(x_{n-1}, x_n), d(x_n, x_{n+1}),$$
$$s[d(x_{n-1}, x_n) + d(x_n, x_{n+1})], 2sd(x_n, x_{n-1})\}. \quad (3.2.2)$$

如果对于某一 $n \in \mathbf{N}$，有 $d(x_{n-1}, x_n) < d(x_n, x_{n+1})$，那么由不等式(3.2.2)可知

$$d(x_n, x_{n+1}) \leqslant \frac{2\lambda}{qs^{p-1}} d(x_n, x_{n+1}),$$

这与 $\frac{2\lambda}{qs^{p-1}} < 1$ 矛盾. 因此，对于所有的 $n \in \mathbf{N}, d(x_n, x_{n+1}) \leqslant d(x_{n-1}, x_n)$. 再由不等式(3.2.2)，得到

$$d(x_n, x_{n+1}) \leqslant \frac{2\lambda}{qs^{p-1}} d(x_{n-1}, x_n). \quad (3.2.3)$$

相似地，根据定理的压缩条件可以推出:

$$d(x_{n-1}, x_n) \leqslant \frac{2\lambda}{qs^{p-1}} d(x_{n-2}, x_{n-1}). \quad (3.2.4)$$

利用式(3.2.3)和式(3.2.4)，计算可得:对于所有的 n，

$$d(x_n, x_{n+1}) \leqslant cd(x_{n-1}, x_n) \leqslant \cdots \leqslant c^n d(x_0, x_1), \quad (3.2.5)$$

其中 $0 \leqslant c = \frac{2\lambda}{qs^{p-1}} < 1$. 在式(3.2.5)中取 $n \to \infty$ 的极限，有

$$d(x_n, x_{n+1}) \to 0 (n \to \infty). \quad (3.2.6)$$

现在来证明 $\{x_n\}$ 是一个柯西列. 为了证明这个结论，设 $m > n > 0$. 由 b-似度量的三角不等式，可以得到

$$d(x_n, x_m) = s[d(x_n, x_{n+1}) + d(x_{n+1}, x_m)]$$
$$\leqslant sd(x_n, x_{n+1}) + s^2 d(x_{n+1}, x_{n+2}) + s^3 d(x_{n+2}, x_{n+3}) + \cdots$$
$$\leqslant sc^n d(x_0, x_1) + s^2 c^{n+1} d(x_0, x_1) + s^3 c^{n+2} d(x_0, x_1) + \cdots$$
$$= sc^n d(x_0, x_1)[1 + sc + (sc)^2 + (sc)^3 + \cdots]$$
$$\leqslant \frac{sc^n}{1 - sc} d(x_0, x_1).$$

因为 $0 \leqslant cs = \frac{2\lambda s}{qs^{p-1}} = \frac{2\lambda}{qs^{p-2}} < 1$，在上式两端取 $n, m \to \infty$ 的极限，可得 $d(x_n, x_m) \to 0$ $(n, m \to \infty)$. 因此，$\{x_n\}$ 是完备 b-似度量空间 (X, d) 中的一个柯西列. 于是存在 $u \in X$，使得 $\{x_n\}$ 收敛到 u.

如果 f 是连续映射，那么

$$f(u) = f(\lim_{n \to \infty} x_n) = \lim_{n \to \infty} f(x_n) = \lim_{n \to \infty} x_{n+1} = u.$$

因此 u 是 f 的一个不动点.

　　另一方面,如果 f 不是一个连续函数,而性质 (H_{qs^p}) 成立,那么存在 $\{x_n\}$ 的子列 $\{x_{n_k}\}$,使得 $\alpha(x_{n_k},u) \geqslant qs^p$,$k \in \mathbf{N}$. 在条件 $(3.2.1)$ 中令 $x = x_{n_k}$,$y = u$,可以得到

$$qs^p d(x_{n_{k+1}},fu) = qs^p d(fx_{n_k},fu) \leqslant \alpha(x_{n_k},u)d(fx_{n_k},fu)$$
$$\leqslant \lambda \max\{d(x_{n_k},u),d(x_{n_k},fx_{n_k}),d(u,fu),d(x_{n_k},fu),$$
$$d(u,fx_{n_k}),d(x_{n_k},x_{n_k}),d(u,u)\}$$
$$= \lambda \max\{d(x_{n_k},u),d(x_{n_k},x_{n_{k+1}}),d(u,fu),d(x_{n_k},fu),$$
$$d(u,x_{n_{k+1}}),d(x_{n_k},x_{n_k}),d(u,u)\}. \qquad (3.2.7)$$

在式 $(3.2.7)$ 中取 $k \to \infty$ 的上极限,利用式 $(3.2.6)$、引理 $3.1.1$ 和引理 $3.1.2$,有

$$qs^p d(u,fu) = qs^p \frac{1}{s}d(u,fu) \leqslant 2\lambda s d(u,fu). \qquad (3.2.8)$$

由式 $(3.2.8)$ 可知 $d(u,fu) = 0$,这意味着 $fu = u$. 因此 u 是 f 的一个不动点.

　　另外,假设 u 和 v 是 f 的两个不动点,其中 $fu = u$,$fv = v$,$u \neq v$. 因为性质 (U_{qs^p}) 成立,所以 $\alpha(u,v) \geqslant qs^p$. 因此,由条件 $(3.2.1)$ 可得

$$qs^p d(u,v) = qs^p d(fu,fv) \leqslant \alpha(u,v)d(fu,fv)$$
$$\leqslant \lambda \max\{d(u,v),d(u,fu),d(v,fv),d(u,fv),$$
$$d(v,u),d(u,u),d(v,v)\}$$
$$= \lambda\max\{d(u,v),d(u,u),d(v,v),d(u,v),$$
$$d(v,u),d(u,u),d(v,v)\}$$
$$\leqslant 2\lambda s d(u,v). \qquad (3.2.9)$$

因为 $0 \leqslant c = \dfrac{2\lambda}{qs^{p-1}} < 1$,所以 $d(u,v) = 0$. 因此不动点是唯一的.

　　下面的定理是度量空间中 Hardy-Rogers 不动点定理在 b-似度量空间的表现形式.

　　定理 3.2.2　设 (X,d) 是一个系数 $s \geqslant 1$ 的完备 b-似度量空间,$f:X \to X$ 是一个给定映射. 设存在一个函数 $\alpha:X \times X \to [0,+\infty)$,使得对于所有的 $x,y \in X$ 和常数 $a_i \geqslant 0$,$i = 1,\cdots,5$,有

$$\alpha(x,y)d(fx,fy) \leqslant a_1 d(x,y) + a_2 d(x,fx) + a_3 d(y,fy) + a_4 d(x,fy) + a_5 d(y,fx),$$

其中 $a_1 + a_2 + a_3 + a_4 + a_5 < \dfrac{1}{2}$. 假设下面的条件成立:

　　(1) f 是一个 α_{qs^p}-可容许映射;

　　(2) 存在 $x_0 \in X$,使得 $\alpha(x_0,fx_0) \geqslant qs^p$ 成立;

(3)或者 f 是连续的,或者性质 (H_{qs^p}) 成立,

那么 f 有一个不动点. 进一步地,如果性质 (U_{qs^p}) 成立,那么 f 有唯一的不动点.

证明: 这个定理可以看作定理 3.2.1 的推论,因为对于所有的 $x,y \in X$,

$$a_1 d(x,y) + a_2 d(x,fx) + a_3 d(y,fy) + a_4 d(x,fy) + a_5 d(y,fx)$$

$$\leq (a_1 + a_2 + a_3 + a_4 + a_5) \max\{d(x,y),d(x,fx),d(y,fy),d(x,fy),d(y,fx)\}$$

$$= k \max\{d(x,y),d(x,fx),d(y,fy),d(x,fy),d(y,fx)\},$$

其中 $0 < k = a_1 + a_2 + a_3 + a_4 + a_5 < \dfrac{1}{2}$.

推论 3.2.1 设 (X,d) 是一个系数 $s \geq 1$ 的完备 b-似度量空间. 如果 $f:X \to X$ 是一个给定映射,并且存在常数 $a_i \geq 0,i=1,\cdots,5$,满足 $a_1 + a_2 + a_3 + a_4 + a_5 < \dfrac{1}{2}$,使得对于所有的 $x,y \in X$ 和常数 $p \geq 2$,有

$$qs^p d(fx,fy) \leq a_1 d(x,y) + a_2 d(x,fx) + a_3 d(y,fy) + a_4 d(x,fy) + a_5 d(y,fx),$$

那么 f 在 X 中有唯一的不动点.

证明: 在定理 3.2.2 中,取函数 $\alpha(x,y) = qs^p$,即得结论.

设 (X,d) 是一个系数 $s \geq 1$ 的 b-似度量空间. 对于一个自映射 $f:X \to X$,我们定义 $N(x,y)$ 为:对于所有的 $x,y \in X$,

$$N(x,y) = \max\left\{d(x,y),d(x,fx),d(y,fy),\frac{d(x,fy) + d(y,fx)}{4s}\right\}. \tag{3.2.10}$$

定义可变距离函数族 Ψ,Φ 如下:

$\Psi = \{\psi:[0,+\infty) \to [0,+\infty)$ 是一个递增的连续函数$\}$;

$\Phi = \{\phi:[0,+\infty) \to [0,+\infty)$ 是连续的,并且 $\forall t>0,\phi(t)<\psi(t)$,其中 $\psi \in \Psi\}$.

设 S 是所有映射 $\beta:[0,+\infty) \to [0,1)$ 满足条件:当 $n \to \infty$ 时,$\beta(t_n) \to 1$ 蕴含着 $t_n \to 0$ 的集合.

定义 3.2.3 设 (X,d) 是一个系数 $s \geq 1$ 的 b-似度量空间,$f:X \to X$ 是一个给定映射. 设 $\alpha:X \times X \to [0,+\infty)$ 是一给定函数,$q \geq 1,p \geq 2$ 是两个常数. 如果存在 $\psi \in \Psi,\phi \in \Phi$,使得对于所有满足 $\alpha(x,y) \geq qs^p$ 的 $x,y \in X$,有

$$\psi(\alpha(x,y)d(fx,fy)) \leq \phi(N(x,y)), \tag{3.2.11}$$

其中 $N(x,y)$ 如式(3.2.10),那么称 f 是一个 $(\alpha_{qs^p}\text{-}\psi,\phi)$ 广义压缩映射.

对于 $(\alpha_{qs^p}\text{-}\psi,\phi)$ 广义压缩映射,我们给出下面的定理.

定理 3.2.3 设 (X,d) 是一个系数 $s \geq 1$ 的完备 b-似度量空间,$f:X \to X$ 是一个 $(\alpha_{qs^p}\text{-}\psi,\phi)$ 广义压缩映射. 假设下面的条件成立:

（1）*f* 是一个 α_{qs^p}-可容许映射；

（2）存在 $x_0 \in X$，使得 $\alpha(x_0, fx_0) \geqslant qs^p$ 成立；

（3）或者 *f* 是连续的，或者性质（H_{qs^p}）成立，

那么 *f* 有一个不动点. 进一步地，如果性质（U_{qs^p}）成立，那么 *f* 有唯一的不动点.

证明：由条件（2）知，存在一点 $x_0 \in X$，使得 $\alpha(x_0, fx_0) \geqslant qs^p$. 构建一个 X 中的序列 $\{x_n\}$ 为 $x_n = f^n x_0 = f(x_{n-1})$，$n \in \mathbf{N}$. 如果对于某一 $n \in \mathbf{N}_0$，有 $d(x_n, x_{n+1}) = 0$，那么 $x_{n+1} = x_n$. 此时结果得证. 因此，假设对于所有的 $n \in \mathbf{N}_0$，有

$$d(x_n, x_{n+1}) > 0. \tag{3.2.12}$$

因为 *f* 是一个 α_{qs^p}-可容许映射，所以

$$\alpha(x_0, x_1) = \alpha(x_0, fx_0) \geqslant qs^p, \alpha(fx_0, fx_1) = \alpha(x_1, x_2) \geqslant qs^p,$$
$$\alpha(fx_1, fx_2) = \alpha(x_2, x_3) \geqslant qs^p.$$

归纳可得

$$\alpha(x_n, x_{n+1}) \geqslant qs^p, n \in \mathbf{N}_0. \tag{3.2.13}$$

由不等式（3.2.13）和条件（3.2.11），有

$$\psi(d(x_n, x_{n+1})) \leqslant \psi(qs^p d(x_n, x_{n+1})) = \psi(qs^p d(fx_{n-1}, fx_n))$$
$$\leqslant \psi(\alpha(x_{n-1}, x_n) d(fx_{n-1}, fx_n))$$
$$\leqslant \phi(N(x_{n-1}, x_n)) < \psi(N(x_{n-1}, x_n)), \tag{3.2.14}$$

其中

$$N(x_{n-1}, x_n) = \max\left\{ d(x_{n-1}, x_n), d(x_{n-1}, fx_{n-1}), d(x_n, fx_n), \right.$$

$$\left. \frac{d(x_{n-1}, fx_n) + d(x_n, fx_{n-1})}{4s} \right\}$$

$$= \max\left\{ d(x_{n-1}, x_n), d(x_{n-1}, x_n), d(x_n, x_{n+1}), \right.$$

$$\left. \frac{d(x_{n-1}, x_{n+1}) + d(x_n, x_n)}{4s} \right\}$$

$$= \max\left\{ d(x_{n-1}, x_n), d(x_{n-1}, x_n), d(x_n, x_{n+1}), \right.$$

$$\left. \frac{s[d(x_{n-1}, x_n) + d(x_n, x_{n+1})] + 2sd(x_{n-1}, x_n)}{4s} \right\}. \tag{3.2.15}$$

如果假设对于某一 $n \in \mathbf{N}$,

$$d(x_{n-1}, x_n) < d(x_n, x_{n+1}),$$

那么根据不等式(3.2.15)有

$$N(x_{n-1}, x_n) \leqslant d(x_n, x_{n+1}). \tag{3.2.16}$$

同时由式(3.2.13)和条件(3.2.11),可以推出

$$
\begin{aligned}
\psi(d(x_n, x_{n+1})) &\leqslant \psi(qs^p d(x_n, x_{n+1})) = \psi(qs^p d(fx_{n-1}, fx_n)) \\
&\leqslant \psi(\alpha(x_{n-1}, x_n) d(fx_{n-1}, fx_n)) \\
&\leqslant \phi(N(x_{n-1}, x_n)) < \psi(N(x_{n-1}, x_n)). \tag{3.2.17}
\end{aligned}
$$

ψ 的性质和不等式(3.2.17)表明

$$d(x_n, x_{n+1}) \leqslant N(x_{n-1}, x_n). \tag{3.2.18}$$

借助于式(3.2.16)和式(3.2.18)可得

$$N(x_{n-1}, x_n) = d(x_n, x_{n+1}). \tag{3.2.19}$$

再根据式(3.2.17)和式(3.2.19),得到

$$
\begin{aligned}
\psi(d(x_n, x_{n+1})) &\leqslant \psi(qs^p d(x_n, x_{n+1})) = \psi(qs^p d(fx_{n-1}, fx_n)) \\
&\leqslant \psi(\alpha(x_{n-1}, x_n) d(fx_{n-1}, fx_n)) \\
&\leqslant \phi(N(x_{n-1}, x_n)) = \phi(d(x_n, x_{n+1})) \\
&< \psi(d(x_n, x_{n+1})). \tag{3.2.20}
\end{aligned}
$$

这是矛盾的. 因此,对于所有的 $n \in \mathbf{N}, d(x_n, x_{n+1}) \leqslant d(x_{n-1}, x_n)$,即序列 $\{d(x_n, x_{n+1})\}$ 是递减有下界的. 于是存在 $l \geqslant 0$,使得 $d(x_n, x_{n+1}) \to l(n \to \infty)$. 同时,

$$\lim_{n \to \infty} d(x_n, x_{n+1}) = \lim_{n \to \infty} N(x_{n-1}, x_n) = l.$$

考虑

$$
\begin{aligned}
\psi(d(x_n, x_{n+1})) &\leqslant \psi(qs^p d(x_n, x_{n+1})) = \psi(qs^p d(fx_{n-1}, fx_n)) \\
&\leqslant \psi(\alpha(x_{n-1}, x_n) d(fx_{n-1}, fx_n)) \\
&\leqslant \phi(N(x_{n-1}, x_n)) = \phi(d(x_n, x_{n+1})). \tag{3.2.21}
\end{aligned}
$$

如果 $l > 0$,在式(3.2.21)中取极限,那么有

$$\psi(l) \leqslant \varphi(l),$$

这与 $\forall t > 0, \psi(t) > \phi(t)$ 矛盾. 因此 $l = 0$,并且

$$\lim_{n \to \infty} d(x_n, x_{n+1}) = \lim_{n \to \infty} N(x_{n-1}, x_n) = 0. \tag{3.2.22}$$

接下来证明序列 $\{x_n\}$ 是 X 中的一个柯西列. 相反地,假设 $\{x_n\}$ 不是一个柯西列. 那么由引理3.1.3可知,存在 $\varepsilon > 0$ 和 $\{x_n\}$ 的两个子列 $\{x_{m_k}\}$ 和 $\{x_{n_k}\}$,使得 $n_k > m_k > k$,

$$d(x_{m_k}, x_{n_k}) \geqslant \varepsilon, d(x_{m_k}, x_{n_{k-1}}) < \varepsilon,$$

$$\frac{\varepsilon}{s^2} \leqslant \limsup_{k \to \infty} d(x_{m_{k-1}}, x_{n_{k-1}}) \leqslant \varepsilon s,$$

$$\frac{\varepsilon}{s} \leqslant \limsup_{k \to \infty} d(x_{n_{k-1}}, x_{m_k}) \leqslant \varepsilon s^2,$$

$$\frac{\varepsilon}{s} \leqslant \limsup_{k \to \infty} d(x_{m_{k-1}}, x_{n_k}) \leqslant \varepsilon s^2. \tag{3.2.23}$$

由 $N(x, y)$ 的定义，有

$$N(x_{m_{k-1}}, x_{n_{k-1}}) = \max \left\{ d(x_{m_{k-1}}, x_{n_{k-1}}), d(x_{m_{k-1}}, fx_{m_{k-1}}), d(x_{n_{k-1}}, fx_{n_{k-1}}), \right.$$

$$\left. \frac{d(x_{m_{k-1}}, fx_{n_{k-1}}) + d(x_{n_{k-1}}, fx_{m_{k-1}})}{4s} \right\}$$

$$= \max \left\{ d(x_{m_{k-1}}, x_{n_{k-1}}), d(x_{m_{k-1}}, x_{m_k}), d(x_{n_{k-1}}, x_{n_k}), \right.$$

$$\left. \frac{d(x_{m_{k-1}}, x_{n_k}) + d(x_{n_{k-1}}, x_{m_k})}{4s} \right\}. \tag{3.2.24}$$

在式(3.2.24)中取 $k \to \infty$ 的上极限，结合式(3.2.22)和式(3.2.23)，得到

$$\limsup_{k \to \infty} N(x_{m_{k-1}}, x_{n_{k-1}}) = \limsup_{k \to \infty} \max d(x_{m_{k-1}}, x_{n_{k-1}}), d(x_{m_{k-1}}, x_{m_k}), d(x_{n_{k-1}}, x_{n_k}),$$

$$\frac{d(x_{m_{k-1}}, x_{n_k}) + d(x_{n_{k-1}}, x_{m_k})}{4s}$$

$$\leqslant \max \left\{ \varepsilon s, 0, 0, \frac{\varepsilon s}{2} \right\} \leqslant \varepsilon s. \tag{3.2.25}$$

由 α_{qs^p}-弱压缩条件，有

$$\psi(qs^p d(x_{m_k}, x_{n_k})) \leqslant \psi(qs^p d(fx_{m_{k-1}}, fx_{n_{k-1}}))$$

$$\leqslant \psi(\alpha(x_{m_{k-1}}, x_{n_{k-1}}) d(fx_{m_{k-1}}, fx_{n_{k-1}}))$$

$$\leqslant \phi(N(x_{m_{k-1}}, x_{n_{k-1}})). \tag{3.2.26}$$

在式(3.2.26)中取上极限，并利用式(3.2.23)和式(3.2.25)，可以推出

$$\psi(\varepsilon s) \leqslant \psi(q\varepsilon s^{p-1}) = \psi\left(qs^p \frac{\varepsilon}{s}\right) \leqslant (\limsup_{k \to \infty} d(x_{m_k}, x_{n_k}))$$

$$\leqslant \phi(\limsup_{k \to \infty}(N(x_{m_{k-1}}, x_{n_{k-1}})))$$

$$\leqslant \phi(\varepsilon s) < \psi(\varepsilon s),$$

这与 $\varepsilon > 0$ 矛盾. 因此, $\{x_n\}$ 是完备 b-似度量空间 (X, d) 中的一个柯西列. 于是存在 $u \in X$, 使得 $\{x_n\}$ 收敛到 u.

如果 f 是连续映射, 那么

$$f(u) = f(\lim_{n \to \infty} x_n) = \lim_{n \to \infty} f(x_n) = \lim_{n \to \infty} x_{n+1} = u.$$

因此 u 是 f 的一个不动点.

如果 f 不是一个连续函数, 由式(3.2.13)和性质 (H_{qs^p}) 可知, 存在 $\{x_n\}$ 的子列 $\{x_{n_k}\}$ 使得 $\alpha(x_{n_k}, u) \geqslant qs^p$, $k \in \mathbf{N}$. 因为 $\alpha(x_{n_k}, u) \geqslant qs^p$, 在条件(3.2.11)中取 $x = x_{n_k}$, $y = u$, 得到

$$\begin{aligned} \psi(qs^p d(x_{n_k+1}, fu)) &= \psi(qs^p d(fx_{n_k}, fu)) \\ &\leqslant \psi(\alpha(x_{n_k}, u) d(fx_{n_k}, fu)) \\ &\leqslant \phi(N(x_{n_k}, u)), \end{aligned} \tag{3.2.27}$$

其中

$$\begin{aligned} N(x_{n_k}, u) &= \max\left\{ d(x_{n_k}, u), d(x_{n_k}, fx_{n_k}), d(u, fu), \right. \\ &\qquad \left. \frac{d(x_{n_k}, fu) + d(u, fx_{n_k})}{4s} \right\} \\ &= \max\left\{ d(x_{n_k}, u), d(x_{n_k}, x_{n_k+1}), d(u, fu), \right. \\ &\qquad \left. \frac{d(x_{n_k}, fu) + d(u, x_{n_k+1})}{4s} \right\}. \end{aligned} \tag{3.2.28}$$

在式(3.2.28)中取上极限并应用引理 3.1.2 和式(3.2.22)的结果, 有

$$\limsup_{k \to \infty} N(x_{n_k}, u) \leqslant \max\left\{ 0, 0, d(u, fu), \frac{sd(u, fu)}{4s} \right\} = d(u, fu). \tag{3.2.29}$$

在式(3.2.27)中取上极限并用引理 3.1.2 和式(3.2.29), 得到

$$\begin{aligned} \psi(qs^{p-1} d(u, fu)) &= \psi\left(qs^p \frac{1}{s} d(u, fu)\right) \leqslant \psi\left(qs^p \limsup_{k \to \infty} d(x_{n_k}, fu)\right) \\ &\leqslant \phi(\limsup_{k \to \infty} N(x_{n_k}, u)) < \psi(\limsup_{k \to \infty} N(x_{n_k}, u)) \\ &\leqslant \psi(d(u, fu)). \end{aligned} \tag{3.2.30}$$

通过式(3.2.30)得到 $d(u, fu) = 0$, 这意味着 $fu = u$. 因此 u 是 f 的一个不动点.

假设 u 和 v 是 f 的两个不动点,其中 $fu=u$,$fv=v$,$u\neq v$. 因为性质 (U_{qs^p}) 成立,所以 $\alpha(u,v)\geqslant qs^p$. 因此,由式(3.2.11)得出

$$\psi(qs^p d(u,u)) = \psi(qs^p d(fu,fu)) \leqslant \psi(\alpha(u,u)d(fu,fu))$$
$$\leqslant \phi(N(u,u)) \leqslant \phi(d(u,u)), \qquad (3.2.31)$$

其中

$$N(u,u) = \max\left\{d(u,u),d(u,u),d(u,u),\frac{d(u,u)+d(u,u)}{4s}\right\} = d(u,u).$$

由不等式(3.2.31),可以推出 $d(u,u)=0$ $(d(v,v)=0)$.

注意到

$$\psi(qs^p d(u,v)) = \psi(qs^p d(fu,fv)) \leqslant \psi(\alpha(u,v)d(fu,fv))$$
$$\leqslant \phi(N(u,v)) \leqslant \phi(d(u,v)), \qquad (3.2.32)$$

其中 $N(u,v)=d(u,v)$. 不等式(3.2.32)意味着 $d(u,v)=0$. 因此 $u=v$,即不动点是唯一的.

在定理 3.2.3 中令 $\phi(t)=\psi(t)-\varphi(t)$,其中 $\varphi\in\Psi$,我们得到下面的结果.

推论 3.2.2 设 (X,d) 是一个系数 $s\geqslant 1$ 的完备 *b*-似度量空间,$f:X\rightarrow X$,$\alpha:X\times X\rightarrow[0,+\infty)$ 是两个给定映射. 假设下面的条件成立:

(1) f 是一个 α_{qs^p}-可容许映射;

(2) 存在函数 $\psi,\varphi\in\Psi$,使得

$$\psi(\alpha(x,y)d(fx,fy)) \leqslant \psi(N(x,y)) - \varphi(N(x,y));$$

(3) 存在 $x_0\in X$,使得 $\alpha(x_0,fx_0)\geqslant qs^p$ 成立;

(4) 或者 f 是连续的,或者性质 (H_{qs^p}) 成立,

那么 f 有一个不动点. 进一步地,如果性质 (U_{qs^p}) 成立,那么 f 有唯一的不动点.

在定理 3.2.3 中令 $\psi(t)=t$,$\phi(t)=\beta(t)t$,其中 $\beta\in S$,我们得到下面的结果.

推论 3.2.3 设 (X,d) 是一个系数 $s\geqslant 1$ 的完备 *b*-似度量空间,$f:X\rightarrow X$,$\alpha:X\times X\rightarrow[0,+\infty)$ 是两个给定映射. 假设下面的条件成立:

(1) f 是一个 α_{qs^p}-可容许映射;

(2) 存在连续函数 $\beta\in S$,使得

$$\alpha(x,y)d(fx,fy) \leqslant \beta(N(x,y))N(x,y);$$

(3) 存在 $x_0\in X$,使得 $\alpha(x_0,fx_0)\geqslant qs^p$ 成立;

(4) 或者 f 是连续的,或者性质 (H_{qs^p}) 成立,

那么 f 有一个不动点. 进一步地,如果性质 (U_{qs^p}) 是成立的,那么 f 有唯一的不动点.

如果在定理 3.2.3 中令 $\psi(t)=t$,可得到下面的结果.

推论 3.2.4 设 (X,d) 是一个系数 $s\geqslant 1$ 的完备 b-似度量空间,$f:X\to X$, $\alpha:X\times X\to[0,+\infty)$ 是两个给定映射. 假设下面的条件成立:

(1)f 是一个 α_{qs^p}-可容许映射;

(2)存在函数 $\varphi\in\Phi$,使得

$$\alpha(x,y)d(fx,fy)\leqslant\varphi(N(x,y));$$

(3)存在 $x_0\in X$,使得 $\alpha(x_0,fx_0)\geqslant qs^p$ 成立;

(4)或者 f 是连续的,或者性质 (H_{qs^p}) 成立,

那么 f 有一个不动点. 进一步地,如果性质 (U_{qs^p}) 成立,那么 f 有唯一的不动点.

3.3 广义 (ψ,φ)-弱相容型压缩映射对的公共不动点定理

本节将主要研究 b-似度量空间上广义 (ψ,φ)-弱相容型压缩映射对存在公共不动点的条件,并给出相应的例子以及在求解积分方程问题中的应用,主要结果来自参考文献[59].

定义 Ψ,Φ 两个集合如下:

$$\Psi=\{\psi:[0,+\infty)\to[0,+\infty)\text{ 是单调递增的连续函数}\},$$

$$\Phi=\{\varphi:[0,+\infty)\to[0,+\infty)\text{ 是单调递增的连续函数并满足 }\varphi(t)=0\Leftrightarrow t=0\}.$$

定理 3.3.1 设 (X,d) 是一个系数 $s\geqslant 1$ 的完备 b-似度量空间. 设 $f,g:X\to X$ 是两个映射并满足 $f(X)\subset g(X)$,其中 $g(X)$ 是 X 的闭子集. 如果存在 $\psi\in\Psi,\varphi\in\Phi$ 满足以下条件:

$$\psi(s^2[d(fx,fy)]^2)\leqslant\psi(N_1(x,y))-\varphi(M_1(x,y)), \qquad (3.3.1)$$

其中

$$N_1(x,y)=\max\{[d(fx,gx)]^2,[d(gx,gy)]^2,[d(fy,gy)]^2,d(fx,gx)d(fx,fy),$$
$$d(fx,gx)d(gx,gy)\},$$

$$M_1(x,y)=\max\left\{[d(fy,gy)]^2,[d(fx,gy)]^2,[d(gx,gy)]^2,\right.$$

$$\left.\frac{[d(fx,gx)]^2[1+[d(gx,gy)]^2]}{1+[d(fx,gy)]^2}\right\},$$

那么在 X 中 f,g 有唯一的重合值. 此外,若 f,g 是弱相容的,则 f,g 有唯一的公

共不动点.

证明： 取 $x_0 \in X$. 由于 $f(X) \subset g(X)$，因此存在 $x_1 \in X$ 满足 $fx_0 = gx_1$. 现在定义 X 中的序列 $\{x_n\}$ 和 $\{y_n\}$：$y_n = fx_n = gx_{n+1}$，对所有的 $n \in \mathbf{N}_0$. 若对于某个 $n \in \mathbf{N}_0$，有 $y_n = y_{n+1}$，则 $y_n = y_{n+1} = fx_{n+1} = gx_{n+1}$，即 f,g 有重合点. 不失一般性，设 $y_n \neq y_{n+1}$. 在式(3.3.1)中取 $x = x_n, y = x_{n+1}$，得到

$$\psi\left(s^2\left[d(y_n, y_{n+1})\right]^2\right) = \psi\left(s^2\left[d(fx_n, fx_{n+1})\right]^2\right)$$
$$\leqslant \psi\left(N_1(x_x, x_{n+1})\right) - \varphi\left(M_1(x_x, x_{n+1})\right), \quad (3.3.2)$$

其中

$$N_1(x_n, x_{n+1}) = \max\left\{\left[d(y_n, y_{n-1})\right]^2, \left[d(y_{n-1}, y_n)\right]^2, \left[d(y_{n+1}, y_n)\right]^2,\right.$$
$$\left. d(y_n, y_{n-1})d(y_n, y_{n+1}), \left[d(y_n, y_{n-1})\right]^2\right\}, \quad (3.3.3)$$

$$M_1(x_n, x_{n+1}) = \max\left\{\left[d(y_{n+1}, y_n)\right]^2, \left[d(y_n, y_n)\right]^2, \left[d(y_{n-1}, y_n)\right]^2,\right.$$

$$\left.\frac{\left[d(y_n, y_{n-1})\right]^2\left[1 + \left[d(y_{n-1}, y_n)\right]^2\right]}{1 + \left[d(y_n, y_n)\right]^2}\right\}. \quad (3.3.4)$$

如果存在 $n \in \mathbf{N}_0$，使得 $d(y_n, y_{n+1}) > d(y_n, y_{n-1}) > 0$，那么利用式(3.3.3)和式(3.3.4)可知

$$N_1(x_n, x_{n+1}) = \left[d(y_n, y_{n+1})\right]^2,$$
$$M_1(x_n, x_{n+1}) \geqslant \left[d(y_n, y_{n+1})\right]^2.$$

由上述不等式和式(3.3.2)，可得

$$\psi\left(\left[d(y_n, y_{n+1})\right]^2\right) \leqslant \psi\left(s^2\left[d(y_n, y_{n+1})\right]^2\right)$$
$$\leqslant \psi\left(N_1(x_x, x_{n+1})\right) - \varphi\left(M_1(x_x, x_{n+1})\right)$$
$$\leqslant \psi\left(\left[d(y_n, y_{n+1})\right]^2\right) - \varphi\left(\left[d(y_n, y_{n+1})\right]^2\right).$$

由此可知 $\varphi\left(\left[d(y_n, y_{n+1})\right]^2\right) = 0$，也就是 $y_n = y_{n+1}$，与 $d(y_n, y_{n+1}) > 0$ 矛盾. 因此，$d(y_n, y_{n+1}) < d(y_n, y_{n-1})$，且 $\{d(y_n, y_{n+1})\}$ 是一个递减序列，所以存在 $r \geqslant 0$，满足 $\lim\limits_{n \to \infty} d(y_n, y_{n+1}) = r$. 通过式(3.3.3)和式(3.3.4)可得

$$N_1(x_n, x_{n+1}) = \left[d(y_n, y_{n-1})\right]^2,$$
$$M_1(x_n, x_{n+1}) = \left[d(y_n, y_{n-1})\right]^2.$$

进一步地有

$$\psi\left(\left[d(y_n, y_{n+1})\right]^2\right) \leqslant \psi\left(N_1(x_x, x_{n+1})\right) - \varphi\left(M_1(x_x, x_{n+1})\right)$$
$$\leqslant \psi\left(\left[d(y_n, y_{n-1})\right]^2\right) - \varphi\left(\left[d(y_n, y_{n-1})\right]^2\right).$$

现在假设 $r>0$. 在上式中令 $n \to \infty$,可得 $\psi(r^2) \leqslant \psi(r^2) - \varphi(r^2)$,矛盾. 进而可推出

$$\lim_{n \to \infty} d(y_n, y_{n+1}) = r = 0. \tag{3.3.5}$$

接下来证明 $\lim_{n,m \to \infty} d(y_n, y_m) = 0$. 若不然,即 $\lim_{n,m \to \infty} d(y_n, y_m) \neq 0$. 于是存在 $\varepsilon > 0$ 及 $\{y_n\}$ 的子列 $\{y_{n_k}\}$ 和 $\{y_{m_k}\}$,满足 $n_k > m_k > k$, $d(y_{m_k}, y_{n_k}) \geqslant \varepsilon$ 以及 n_k 是符合上述条件的最小正整数,即 $d(y_{m_k}, y_{n_k-1}) < \varepsilon$. 利用 b-似度量空间中的三角不等式可得,

$$\varepsilon^2 \leqslant \left[d(y_{m_k}, y_{n_k}) \right]^2$$
$$\leqslant \left[sd(y_{m_k}, y_{n_k-1}) + sd(y_{n_k-1}, y_{n_k}) \right]^2$$
$$= s^2 \left[d(y_{m_k}, y_{n_k-1}) \right]^2 + s^2 \left[d(y_{n_k-1}, y_{n_k}) \right]^2 + 2s^2 d(y_{m_k}, y_{n_k-1}) d(y_{n_k-1}, y_{n_k})$$
$$\leqslant s^2 \varepsilon^2 + s^2 \left[d(y_{n_k-1}, y_{n_k}) \right]^2 + 2s^2 d(y_{m_k}, y_{n_k-1}) d(y_{n_k-1}, y_{n_k}).$$

结合等式(3.3.5),并在上述不等式左右两端取 $k \to \infty$ 的上极限,得到

$$\varepsilon^2 \leqslant \limsup_{k \to \infty} \left[d(y_{m_k}, y_{n_k}) \right]^2 \leqslant s^2 \varepsilon^2.$$

通过类似的方法,可以推出以下结论:

$$\varepsilon^2 \leqslant \left[d(y_{m_k}, y_{n_k}) \right]^2$$
$$\leqslant \left[sd(y_{m_k}, y_{n_k-1}) + sd(y_{n_k-1}, y_{n_k}) \right]^2$$
$$= s^2 \left[d(y_{m_k}, y_{n_k-1}) \right]^2 + s^2 \left[d(y_{n_k-1}, y_{n_k}) \right]^2 + 2s^2 d(y_{m_k}, y_{n_k-1}) d(y_{n_k-1}, y_{n_k}), \tag{3.3.6}$$

$$\left[d(y_{m_k}, y_{n_k}) \right]^2 \leqslant \left[sd(y_{m_k}, y_{m_k-1}) + sd(y_{m_k-1}, y_{n_k}) \right]^2$$
$$= s^2 \left[d(y_{m_k}, y_{m_k-1}) \right]^2 + s^2 \left[d(y_{m_k-1}, y_{n_k}) \right]^2 +$$
$$2s^2 d(y_{m_k}, y_{m_k-1}) d(y_{m_k-1}, y_{n_k}), \tag{3.3.7}$$

$$\left[d(y_{m_k-1}, y_{n_k}) \right]^2 \leqslant \left[sd(y_{m_k-1}, y_{m_k}) + sd(y_{m_k}, y_{n_k}) \right]^2$$
$$= s^2 \left[d(y_{m_k-1}, y_{m_k}) \right]^2 + s^2 \left[d(y_{m_k}, y_{n_k}) \right]^2 +$$
$$2s^2 d(y_{m_k-1}, y_{m_k}) d(y_{m_k}, y_{n_k}). \tag{3.3.8}$$

根据式(3.3.6)可推出

$$\frac{\varepsilon^2}{s^2} \leqslant \limsup_{k \to \infty} \left[d(y_{m_k}, y_{n_k-1}) \right]^2 \leqslant \varepsilon^2.$$

利用式(3.3.7)和式(3.3.8)得到

$$\frac{\varepsilon^2}{s^2} \leqslant \limsup_{k \to \infty} \left[d(y_{m_k-1}, y_{n_k}) \right]^2 \leqslant s^4 \varepsilon^2.$$

同样地,通过计算有

$$
\left[d(y_{m_k-1},y_{n_k-1})\right]^2 \leqslant \left[sd(y_{m_k-1},y_{m_k}) + sd(y_{m_k},y_{n_k-1})\right]^2
$$

$$
= s^2\left[d(y_{m_k-1},y_{m_k})\right]^2 + s^2\left[d(y_{m_k},y_{n_k-1})\right]^2 +
$$

$$
2s^2 d(y_{m_k-1},y_{m_k})d(y_{m_k},y_{n_k-1}),
$$

$$
\left[d(y_{m_k},y_{n_k})\right]^2 \leqslant \left[sd(y_{m_k},y_{m_k-1}) + sd(y_{m_k-1},y_{n_k})\right]^2
$$

$$
= s^2\left[d(y_{m_k},y_{m_k-1})\right]^2 + s^2\left[d(y_{m_k-1},y_{n_k})\right]^2 +
$$

$$
2s^2 d(y_{m_k},y_{m_k-1})d(y_{m_k-1},y_{n_k})
$$

$$
\leqslant s^2\left[d(y_{m_k},y_{m_k-1})\right]^2 + s^2\left[sd(y_{m_k-1},y_{n_k-1}) + sd(y_{n_k-1},y_{n_k})\right]^2 +
$$

$$
2s^2 d(y_{m_k},y_{m_k-1})\left[sd(y_{m_k-1},y_{n_k-1}) + sd(y_{n_k-1},y_{n_k})\right].
$$

因此有

$$
\frac{\varepsilon^2}{s^4} \leqslant \lim_{k\to\infty}\sup\left[d(y_{m_k-1},y_{n_k-1})\right]^2 \leqslant s^2\varepsilon^2.
$$

由 $N_1(x,y)$ 的定义可知

$$
N_1(x_{m_k},x_{n_k}) = \max\left\{\left[d(y_{m_k},y_{m_k-1})\right]^2, \left[d(y_{m_k-1},y_{n_k-1})x\right]^2, \left[d(y_{n_k},y_{n_k-1})\right]^2,\right.
$$

$$
\left. d(y_{m_k},y_{m_k-1})d(y_{m_k},y_{n_k}), d(y_{m_k},y_{m_k-1})d(y_{m_k-1},y_{n_k-1})\right\}.
$$

进而有

$$
\lim_{k\to\infty}\sup N_1(x_{m_k},x_{n_k}) \leqslant \max\{0,s^2\varepsilon^2,0,0,0\} = s^2\varepsilon^2. \tag{3.3.9}
$$

同时,

$$
M_1(x_{m_k},x_{n_k}) = \max\left\{\left[d(y_{n_k},y_{n_k-1})\right]^2, \left[d(y_{m_k},y_{n_k-1})\right]^2, \left[d(y_{m_k-1},y_{n_k-1})\right]^2,\right.
$$

$$
\left. \frac{\left[d(y_{m_k},y_{m_k-1})\right]^2\left[1+\left[d(y_{m_k-1},y_{n_k-1})\right]^2\right]}{1+\left[d(y_{m_k},y_{n_k-1})\right]^2}\right\}.
$$

容易证明,

$$
\lim_{k\to\infty}\inf M_1(x_{m_k},x_{n_k}) \geqslant \max\left\{0,\frac{\varepsilon^2}{s^2},\frac{\varepsilon^2}{s^4},0\right\} \geqslant \frac{\varepsilon^2}{s^4}. \tag{3.3.10}
$$

在式(3.3.1)中取 $x=x_{m_k},y=x_{n_k}$,有

$$
\psi\left(\left[d(y_{m_k},y_{n_k})\right]^2\right) \leqslant \psi\left(s^2\left[d(y_{m_k},y_{n_k})\right]^2\right)
$$

$$
\leqslant \psi(N_1(x_{m_k},x_{n_k})) - \varphi(M_1(x_{m_k},x_{n_k})).
$$

利用式(3.3.9)可知,

$$\psi(s^2\varepsilon^2) \leqslant \psi(s^2 \limsup_{k\to\infty}[d(fx_{m_k},fx_{n_k})]^2)$$

$$\leqslant \psi(\limsup_{k\to\infty} N_1(x_{m_k},x_{n_k})) - \varphi(\liminf_{k\to\infty} M_1(x_{m_k},x_{n_k}))$$

$$\leqslant \psi(s^2\varepsilon^2) - \varphi(\liminf_{k\to\infty} M_1(x_{m_k},x_{n_k})).$$

因此,$\liminf\limits_{k\to\infty} M_1(x_{m_k},x_{n_k})=0$,与式(3.3.10)矛盾. 于是,$\{y_n\}$ 是 X 中的柯西列,并且 $\lim\limits_{n,m\to\infty} d(y_n,y_m)=0$. 由于 X 是完备的 b-似度量空间,故存在 $u\in X$,使得

$$\lim_{n\to\infty} d(y_n,u) = \lim_{n\to\infty} d(fx_n,u) = \lim_{n\to\infty} d(gx_{n+1},u) = \lim_{n,m\to\infty} d(y_n,y_m) = d(u,u) = 0.$$

此外,因为 $g(X)$ 是闭集,所以 $u\in g(X)$. 进而存在 $z\in X$,使得 $u=gz$. 于是上式可以改写为

$$\lim_{n\to\infty} d(y_n,gz) = \lim_{n\to\infty} d(fx_n,gz) = \lim_{n\to\infty} d(gx_{n+1},gz) = 0.$$

如果 $fz\neq gz$,在压缩条件(3.3.1)中取 $x=x_{n_k}, y=z$,可得

$$\psi(s^2[d(y_{n_k},fz)]^2) = \psi(s^2[d(fx_{n_k},fz)]^2)$$

$$\leqslant \psi(N_1(x_{n_k},z)) - \varphi(M_1(x_{n_k},z)), \quad (3.3.11)$$

其中

$$N_1(x_{n_k},z) = \max\{[d(y_{n_k},y_{n_k-1})]^2, [d(y_{n_k-1},gz)]^2, [d(fz,gz)]^2,$$

$$d(y_{n_k},y_{n_k-1})d(y_{n_k},fz), d(y_{n_k},y_{n_k-1})d(y_{n_k},gz)\},$$

$$M_1(x_{n_k},z) = \max\left\{[d(fz,gz)]^2, [d(y_{n_k},gz)]^2, [d(y_{n_k-1},gz)]^2,\right.$$

$$\left.\frac{[d(y_{n_k},y_{n_k-1})]^2[1+[d(y_{n_k-1},gz)]^2]}{1+[d(y_{n_k},gz)]^2}\right\}.$$

所以

$$\limsup_{k\to\infty} N_1(x_{n_k},z) \leqslant \max\{0,0,[d(gz,fz)]^2,0,0\} = [d(gz,fz)]^2,$$

$$\liminf_{k\to\infty} M_1(x_{n_k},z) \leqslant \max\{[d(gz,fz)]^2,0,0,0\} = [d(gz,fz)]^2.$$

在式(3.3.11)两端取 $k\to\infty$ 的上极限,得到

$$\psi([d(gz,fz)]^2) = \psi\left(s^2 \cdot \frac{1}{s^2}[d(gz,fz)]^2\right)$$

$$\leqslant \psi(s^2 \limsup_{k\to\infty}[d(fx_{n_k},fz)]^2)$$

$$\leqslant \psi(\limsup_{k\to\infty} N_1(x_{n_k},z)) - \varphi(\liminf_{k\to\infty} M_1(x_{n_k},z))$$

$$\leqslant \psi([d(gz,fz)]^2) - \varphi([d(gz,fz)]^2).$$

于是，$\varphi([d(gz,fz)]^2)=0$，也就是 $fz=gz$. 所以 $u=fz=gz$ 是 f,g 的重合值. 可以断言，重合值是唯一的. 若不然，存在 $z,z'\in C(f,g)$ 且 $z\neq z'$. 在条件（3.3.1）中令 $x=z,y=z'$，则有

$$\begin{aligned}\psi([d(fz,fz')]^2)&=\psi(s^2[d(fz,fz')]^2)\\&\leqslant\psi(N_1(z,z'))-\varphi(M_1(z,z'))\\&\leqslant\psi([d(fz,fz')]^2)-\varphi([d(fz,fz')]^2),\end{aligned}$$

即有 $fz=fz'$，因此重合值是唯一的. 利用 f,g 弱相容的性质，可知 u 是唯一的公共不动点.

例 3.3.1　设 $X=[0,1]$. 对于任意的 $x,y\in X$，定义系数 $s=2$ 的 b-似度量 $d(x,y)=(x+y)^2$. 设 $f,g:X\to X$，$fx=\dfrac{x}{64},gx=\dfrac{x}{2}$. 当 $t\in[0,+\infty)$ 时，定义控制函数 $\psi,\varphi:[0,+\infty)\to[0,+\infty)$，$\psi(t)=\dfrac{5t}{4},\varphi(t)=\dfrac{48\,545t}{87\,846}$. 显然，$f(X)\subset g(X)$，并且 $g(X)$ 是闭集. 对于任意的 $x,y\in X$，

$$\psi(s^2[d(fx,fy)]^2)=\psi\left(4\cdot\left(\frac{x}{64}+\frac{y}{64}\right)^4\right)=\frac{5}{4}\cdot4\left(\frac{x}{64}+\frac{y}{64}\right)^4=\frac{5}{64^4}(x+y)^4,$$

$$\psi(N_1(x,y))\geqslant\psi([d(gx,gy)]^2)=\frac{5}{4}\left(\frac{x}{2}+\frac{y}{2}\right)^4=\frac{5}{64}(x+y)^4,$$

$$\varphi(M_1(x,y))=\max\left\{\left(\frac{y}{64}+\frac{y}{2}\right)^4,\left(\frac{x}{64}+\frac{y}{2}\right)^4,\left(\frac{x}{2}+\frac{y}{2}\right)^4,\right.$$

$$\left.\frac{\left(\frac{x}{64}+\frac{x}{2}\right)^4\left[1+\left(\frac{x}{2}+\frac{y}{2}\right)^4\right]}{1+\left(\frac{x}{64}+\frac{y}{2}\right)^4}\right\}.$$

进而可知

$$\begin{aligned}\varphi(M_1(x,y))&\leqslant\varphi\left(2\cdot\left(\frac{33x}{64}+\frac{33y}{64}\right)^4\right)=\frac{5\cdot64^3-5}{2\cdot33^4}\cdot\left(\frac{33}{64}\right)^4(x+y)^4\\&=\frac{1\,310\,715}{64^4}(x+y)^4.\end{aligned}$$

易证

$$\begin{aligned}\psi(s^2[d(fx,fy)]^2)&=\psi([d(gx,gy)]^2)-\varphi\left(2\cdot\left(\frac{33}{64}\right)^4(x+y)^4\right)\\&\leqslant\psi(N_1(x,y))-\varphi(M_1(x,y)).\end{aligned}$$

综上,定理 3.3.1 的条件全部满足,故 f,g 有唯一的公共不动点.显然 0 是 f,g 的公共不动点.

推论 3.3.1 设 (X,d) 是一个系数 $s \geq 1$ 的完备 b-似度量空间,$f:X \to X$ 是一个给定映射.如果以下条件成立:

$$s^2 [d(fx,fy)]^2 \leq (1-L)M^*(x,y),$$

其中

$$M^*(x,y) = \max\{[d(x,y)]^2, [d(fx,x)]^2, [d(fy,y)]^2, [d(fx,y)]^2\}, L \in (0,1),$$

那么在 X 中 f 有唯一的不动点.

定理 3.3.2 设 (X,d) 是一个系数 $s \geq 1$ 的完备 b-似度量空间.设 $f,g:X \to X$ 是两个映射,并满足 $f(X) \subset g(X)$,其中 $g(X)$ 是 X 的闭子集.如果存在 $\psi \in \Psi, \varphi \in \Phi$ 满足以下条件:

$$\psi(s^2[d(fx,fy)]^2) \leq \psi(N_2(x,y)) - \varphi(M_2(x,y)), \quad (3.3.12)$$

其中

$$N_2(x,y) = \max\left\{ d(fx,fy)d(gx,gy), [d(gx,gy)]^2, \frac{[d(fy,gy)]^2 + [d(fx,gy)]^2}{1+4s^2} \right\},$$

$$M_2(x,y) = \max\left\{ [d(fy,gy)]^2, [d(fx,gy)]^2, [d(gx,gy)]^2, \right.$$

$$\left. \frac{[d(fx,gx)]^2[1 + [d(gx,gy)]^2]}{1 + [d(fx,gy)]^2}, \frac{[d(gx,gy)]^2[1 + [d(gx,gy)]^2]}{1 + [d(fx,gx)]^2} \right\},$$

那么 f,g 在 X 中有唯一的重合值.此外,若 f,g 是弱相容的,则 f,g 有唯一的公共不动点.

证明:与上一个定理证明相似,对于所有的 $n \in \mathbf{N}_0$,定义 X 中的序列 $\{x_n\}$ 和 $\{y_n\}$:$y_n = fx_n = gx_{n+1}$.依然设 $y_n \neq y_{n+1}$.利用不等式(3.3.12)可知

$$\psi(s^2[d(y_n,y_{n+1})]^2) = \psi(s^2[d(fx_n,fx_{n+1})]^2)$$

$$\leq \psi(N_2(x_x,x_{n+1})) - \varphi(M_2(x_x,x_{n+1})), \quad (3.3.13)$$

其中

$$N_2(x_n,x_{n+1}) = \max\left\{ d(y_{n+1},y_n)d(y_{n-1},y_n), [d(y_{n-1},y_n)]^2, \right.$$

$$\left. \frac{[d(y_{n+1},y_n)]^2 + [d(y_n,y_n)]^2}{1+4s^2} \right\}, \quad (3.3.14)$$

$$M_2(x_n,x_{n+1}) = \max\left\{ [d(y_{n+1},y_n)]^2, [d(y_n,y_n)]^2, [d(y_{n-1},y_n)]^2, \right.$$

$$\frac{[d(y_n,y_{n-1})]^2[1+[d(y_{n-1},y_n)]^2]}{1+[d(y_n,y_n)]^2},$$

$$\left. \frac{[d(y_{n-1},y_n)]^2[1+[d(y_{n-1},y_n)]^2]}{1+[d(y_n,y_{n-1})]^2}\right\}. \tag{3.3.15}$$

如果存在某个 $n\in\mathbf{N}_0$，使得

$$d(y_n,y_{n+1}) > d(y_n,y_{n-1}) > 0,$$

利用式(3.3.14)和式(3.3.15)，可知

$$N_2(x_n,x_{n+1}) \leqslant [d(y_n,y_{n+1})]^2,$$
$$M_2(x_n,x_{n+1}) \geqslant [d(y_n,y_{n+1})]^2.$$

根据式(3.3.13)得到不等式：

$$\psi([d(y_n,y_{n+1})]^2) \leqslant \psi(s^2[d(y_n,y_{n+1})]^2)$$
$$\leqslant \psi(N_2(x_x,x_{n+1})) - \varphi(M_2(x_x,x_{n+1}))$$
$$\leqslant \psi([d(y_n,y_{n+1})]^2) - \varphi([d(y_n,y_{n+1})]^2).$$

所以，$\varphi([d(y_n,y_{n+1})]^2)=0$，也就是 $y_n=y_{n+1}$，与 $d(y_n,y_{n+1})>0$ 矛盾. 因此，$d(y_n,y_{n+1})<d(y_n,y_{n-1})$，且 $\{d(y_n,y_{n+1})\}$ 是一个递减序列. 于是，存在 $r\geqslant 0$，使得 $\lim\limits_{n\to\infty} d(y_n,y_{n+1})=r$. 利用式(3.3.14)和式(3.3.15)可得

$$N_2(x_n,x_{n+1}) \leqslant [d(y_n,y_{n-1})]^2,$$
$$M_2(x_n,x_{n+1}) \geqslant [d(y_n,y_{n-1})]^2.$$

进而有

$$\psi([d(y_n,y_{n+1})]^2) \leqslant \psi(N_2(x_x,x_{n+1})) - \varphi(M_2(x_x,x_{n+1}))$$
$$\leqslant \psi([d(y_n,y_{n-1})]^2) - \varphi([d(y_n,y_{n-1})]^2).$$

如果 $r>0$，在上式中令 $n\to\infty$，那么可得 $\psi(r^2)\leqslant\psi(r^2)-\varphi(r^2)$，矛盾. 于是

$$\lim_{n\to\infty} d(y_n,y_{n+1}) = r = 0.$$

接下来证明 $\lim\limits_{n,m\to\infty} d(y_n,y_m)=0$. 若不然，即 $\lim\limits_{n,m\to\infty} d(y_n,y_m)\neq 0$. 与上个定理证明相似，存在 $\varepsilon>0$ 及 $\{y_n\}$ 的子列 $\{y_{n_k}\}$ 和 $\{y_{m_k}\}$，使得 $n_k>m_k>k$，$d(y_{m_k},y_{n_k})\geqslant\varepsilon$，且 n_k 是符合上述条件的最小正整数，即 $d(y_{m_k},y_{n_k-1})<\varepsilon$. 通过三角不等式可推出：

$$
\begin{cases}
\varepsilon \leqslant \limsup\limits_{k\to\infty} d(y_{m_k}, y_{n_k}) \leqslant s\varepsilon, \\[2mm]
\dfrac{\varepsilon}{s} \leqslant \limsup\limits_{k\to\infty} d(y_{m_k}, y_{n_{k-1}}) \leqslant \varepsilon, \\[2mm]
\dfrac{\varepsilon}{s} \leqslant \limsup\limits_{k\to\infty} d(y_{m_{k-1}}, y_n) \leqslant s^2\varepsilon, \\[2mm]
\dfrac{\varepsilon}{s^2} \leqslant \limsup\limits_{k\to\infty} d(y_{m_{k-1}}, y_{n_{k-1}}) \leqslant s\varepsilon.
\end{cases}
\tag{3.3.16}
$$

由 $N_2(x,y)$ 和 $M_2(x,y)$ 的定义可知

$$
N_2(x_{m_k}, x_{n_k}) = \max\Big\{ d(y_{m_k}, y_{n_k}) d(y_{m_{k-1}}, y_{n_{k-1}}), [d(y_{m_{k-1}}, y_{n_{k-1}})]^2,
$$
$$
\frac{[d(y_{n_k}, y_{n_{k-1}})]^2 + [d(y_{m_k}, y_{m_{k-1}})]^2}{1 + 4s^2} \Big\},
$$

$$
M_2(x_{m_k}, x_{n_k}) = \max\Big\{ [d(y_{n_k}, y_{n_{k-1}})]^2, [d(y_{m_k}, y_{n_{k-1}})]^2, [d(y_{m_{k-1}}, y_{n_{k-1}})]^2,
$$
$$
\frac{[d(y_{m_k}, y_{m_{k-1}})]^2 [1 + [d(y_{m_{k-1}}, y_{n_{k-1}})]^2]}{1 + [d(y_{m_k}, y_{n_{k-1}})]^2},
$$
$$
\frac{[d(y_{m_{k-1}}, y_{n_{k-1}})]^2 [1 + [d(y_{m_{k-1}}, y_{n_{k-1}})]^2]}{1 + [d(y_{m_k}, y_{m_{k-1}})]^2} \Big\}.
$$

借助于式(3.3.16)可得

$$
\begin{cases}
\limsup\limits_{k\to\infty} N_2(x_{m_k}, x_{n_k}) \leqslant \max\Big\{ s^2\varepsilon^2, s^2\varepsilon^2, \dfrac{\varepsilon^2}{1+4s^2} \Big\} = s^2\varepsilon^2, \\[3mm]
\liminf\limits_{k\to\infty} M_2(x_{m_k}, x_{n_k}) \leqslant \max\Big\{ 0, \dfrac{\varepsilon^2}{s^2}, \dfrac{\varepsilon^2}{s^4}, 0, \dfrac{\varepsilon^2}{s^4}\Big(1 + \dfrac{\varepsilon^2}{s^4}\Big) \Big\} \geqslant \dfrac{\varepsilon^2}{s^4}.
\end{cases}
$$
$$
\tag{3.3.17}
$$

在式(3.3.12)中取 $x=x_{m_k}, y=x_{n_k}$,则有

$$
\psi([d(y_{m_k}, y_{n_k})]^2) \leqslant \psi(s^2[d(y_{m_k}, y_{n_k})]^2)
$$
$$
\leqslant \psi(N_2(x_{m_k}, x_{n_k})) - \varphi(M_2(x_{m_k}, x_{n_k})).
$$

进一步地,

$$
\psi(s^2\varepsilon^2) \leqslant \psi(s^2 \limsup\limits_{k\to\infty}[d(fx_{m_k}, fx_{n_k})]^2)
$$
$$
\leqslant \psi(\limsup\limits_{k\to\infty} N_2(x_{m_k}, x_{n_k})) - \varphi(\liminf\limits_{k\to\infty} M_2(x_{m_k}, x_{n_k}))
$$

$$\leqslant \psi(s^2 \varepsilon^2) - \varphi(\liminf_{k \to \infty} M_2(x_{m_k}, x_{n_k})).$$

因此,可以推出 $\liminf\limits_{k \to \infty} M_2(x_{m_k}, x_{n_k}) = 0$,与不等式(3.3.17)矛盾. 于是, $\lim\limits_{n,m \to \infty} d(y_n, y_m) = 0$. 由于 X 是完备的 *b*-似度量空间,故存在 $u \in X$ 使得

$$\lim_{n \to \infty} d(y_n, u) = \lim_{n \to \infty} d(fx_n, u) = \lim_{n \to \infty} d(gx_{n+1}, u) = \lim_{n,m \to \infty} d(y_n, y_m) = d(u, u) = 0.$$

又因为 $g(X)$ 是闭集,所以 $u \in g(X)$. 于是存在 $z \in X$ 使得 $u = gz$,上述等式可以改写为

$$\lim_{n \to \infty} d(y_n, gz) = \lim_{n \to \infty} d(fx_n, gz) = \lim_{n \to \infty} d(gx_{n+1}, gz) = 0.$$

如果 $fz \neq gz$,在压缩条件(3.3.12)中令 $x = x_{n_k}, y = z$,可得

$$\psi(s^2[d(fx_{n_k}, fz)]^2) \leqslant \psi(N_2(x_{n_k}, z)) - \varphi(M_2(x_{n_k}, z)), \quad (3.3.18)$$

其中

$$N_2(x_{n_k}, z) = \max\left\{ d(y_{n_k}, fz)d(y_{n_k-1}, gz), [d(y_{n_k-1}, gz)]^2, \frac{[d(fz, gz)]^2 + [d(y_{n_k}, gz)]^2}{1 + 4s^2} \right\},$$

$$M_2(x_{n_k}, z) = \max\left\{ [d(fz, gz)]^2, [d(y_{n_k}, gz)]^2, [d(y_{n_k-1}, gz)]^2, \right.$$

$$\frac{[d(y_{n_k}, y_{n_k-1})]^2[1 + [d(y_{n_k-1}, gz)]^2]}{1 + [d(y_{n_k}, gz)]^2},$$

$$\left. \frac{[d(y_{n_k-1}, gz)]^2[1 + [d(y_{n_k-1}, gz)]^2]}{1 + [d(y_{n_k}, y_{n_k-1})]^2} \right\}.$$

所以

$$\limsup_{k \to \infty} N_2(x_{n_k}, z) = \max\left\{0, 0, \frac{[d(gz, fz)]^2}{1 + 4s^2}\right\} \leqslant [d(gz, fz)]^2,$$

$$\liminf_{k \to \infty} M_2(x_{n_k}, z) = \max\{[d(gz, fz)]^2, 0, 0, 0, 0\} = [d(gz, fz)]^2.$$

在式(3.3.18)两端取 $k \to \infty$ 的上极限,有

$$\psi([d(gz, fz)]^2) = \psi\left(s^2 \cdot \frac{1}{s^2}[d(gz, fz)]^2\right) \leqslant \psi\left(s^2 \limsup_{k \to \infty}[d(fx_{n_k}, fz)]^2\right)$$

$$\leqslant \psi\left(\limsup_{k \to \infty} N_2(x_{n_k}, z)\right) - \varphi\left(\liminf_{k \to \infty} M_2(x_{n_k}, z)\right)$$

$$\leqslant \psi([d(gz, fz)]^2) - \varphi([d(gz, fz)]^2).$$

因此,$d(gz, fz) = 0$,即 $fz = gz$. 所以 $u = fz = gz$ 是 f, g 的重合值. 与上个定理的证明相似,可以证明当 f, g 弱相容时,u 是唯一的公共不动点.

例 3.3.2 设 $X = [-1, 1]$. 对于任意的 $x, y \in X$,定义 $d(x, y) = (x+y)^2$. 显然,(X, d) 是一个系数 $s = 2$ 的 *b*-似度量空间. 定义映射 $f, g: X \to X$ 为

$$fx = \begin{cases} 0, x \in [-1,1), \\ \dfrac{1}{8}, x = 1, \end{cases} \qquad gx = \dfrac{x^2}{2}.$$

定义控制函数 $\psi, \varphi : [0, +\infty) \to [0, +\infty)$, $\psi(t) = bt$, $\varphi(t) = (b-1)t$, 其中, $1 < b < \dfrac{2\,048}{2\,045}$. 现在考虑以下 4 种情形.

情形 1: $x \neq 1, y \neq 1$. 显然有

$$\psi(s^2[d(fx, fy)]^2) = \psi(0) = 0,$$

$$\psi(N_2(x, y)) = bN_2(x, y) \geqslant b[d(gx, gy)]^2 = b\left(\dfrac{x^2}{2} + \dfrac{y^2}{2}\right)^4,$$

$$\varphi(M_2(x, y)) = (b-1)M_2(x, y) \leqslant (b-1) \cdot 2\left(\dfrac{x^2}{2} + \dfrac{y^2}{2}\right)^4.$$

进而可知

$$\psi(s^2[d(fx, fy)]^2) = 0 \leqslant b\left(\dfrac{x^2}{2} + \dfrac{y^2}{2}\right)^4 - 2(b-1)\left(\dfrac{x^2}{2} + \dfrac{y^2}{2}\right)^4$$

$$\leqslant \psi(N_2(x, y)) - \varphi(M_2(x, y)).$$

情形 2: $x = 1, y \neq 1$. 通过计算可得

$$\psi(s^2[d(fx, fy)]^2) = 4b\left(\dfrac{1}{8}\right)^4 = \dfrac{b}{1\,024},$$

$$\psi(N_2(x, y)) = bN_2(x, y) \geqslant bd(fx, fy)d(gx, gy)$$

$$= \dfrac{b}{64}\left(\dfrac{1}{2} + \dfrac{y^2}{2}\right)^2 \geqslant \dfrac{1}{64} \cdot \dfrac{b}{4} = \dfrac{b}{256},$$

$$\varphi(M_2(x, y)) = (b-1)M_2(x, y) \leqslant 2(b-1).$$

所以

$$\psi(s^2[d(fx, fy)]^2) = \dfrac{b}{1\,024} \leqslant \dfrac{b}{256} - 2(b-1) \leqslant \psi(N_2(x, y)) - \varphi(M_2(x, y)).$$

情形 3: $x \neq 1, y = 1$. 经过简单的计算有

$$\psi(s^2[d(fx, fy)]^2) = 4b\left(\dfrac{1}{8}\right)^4 = \dfrac{b}{1\,024},$$

$$\psi(N_2(x, y)) = bN_2(x, y) \geqslant bd(fx, fy)d(gx, gy)$$

$$= \dfrac{b}{64}\left(\dfrac{1}{2} + \dfrac{x^2}{2}\right)^2 \geqslant \dfrac{1}{64} \cdot \dfrac{b}{4} = \dfrac{b}{256},$$

$$\varphi(M_2(x, y)) = (b-1)M_2(x, y) \leqslant 2(b-1).$$

因此

$$\psi(s^2[d(fx,fy)]^2) = \frac{b}{1\,024} \leqslant \frac{b}{256} - 2(b-1) \leqslant \psi(N_2(x,y)) - \varphi(M_2(x,y)).$$

情形 4：$x=1, y=1$. 易知

$$\psi(s^2[d(fx,fy)]^2) = 4b\left(\frac{1}{8} + \frac{1}{8}\right)^4 = \frac{b}{64},$$

$$\psi(N_2(x,y)) = bN_2(x,y) \geqslant bd(fx,fy)d(gx,gy)$$

$$= b\left(\frac{1}{8} + \frac{1}{8}\right)^2 \left(\frac{1}{2} + \frac{1}{2}\right)^2 = \frac{b}{16},$$

$$\varphi(M_2(x,y)) = (b-1)M_2(x,y) \leqslant 2(b-1).$$

综上，对于任意的 $x,y \in [-1,1]$，有

$$\psi(s^2[d(fx,fy)]^2) = \frac{b}{64} \leqslant \frac{b}{16} - 2(b-1) \leqslant \psi(N_2(x,y)) - \varphi(M_2(x,y)).$$

因此定理 3.3.2 的条件全部满足，所以 f,g 有唯一的公共不动点. 显然 0 是 f,g 的公共不动点.

推论 3.3.2 设 (X,d) 是一个系数 $s \geqslant 1$ 的完备 *b*-似度量空间. 设 $f,g: X \to X$ 是两个映射，且满足 $f(X) \subset g(X)$，其中 $g(X)$ 是 X 的闭子集. 如果以下条件成立：

$$s^2[d(fx,fy)]^2 \leqslant N_2(x,y) - M_2(x,y),$$

那么在 X 中 f,g 有唯一的重合值. 此外，若 f,g 是弱相容的，则 f,g 有唯一的公共不动点.

本节最后，我们利用推论 3.3.1 来证明下列积分方程

$$x(t) = \int_0^t K(r,x(r))\,\mathrm{d}r \tag{3.3.19}$$

有解.

设 $T>0, X=C[0,T]$ 表示定义在 $[0,T]$ 上的所有实连续函数集合. 定义 $d: X \times X \to [0,+\infty)$ 为：对于任意的 $x,y \in X$，

$$d(x,y) = \max_{t \in [0,T]}(|x(t)| + |y(t)|)^{\frac{m}{2}},$$

其中 $m>2$. 显然 (X,d) 是一个系数 $s = 2^{m/2-1}$ 的完备 *b*-似度量空间. 定义映射 $f: X \to X$ 为

$$fx(t) = \int_0^t K(r,x(r))\,\mathrm{d}r.$$

定理 3.3.3 考虑积分方程 (3.3.19) 并且假设下列条件成立：

(1) $K:[0,T] \times \mathbf{R} \to \mathbf{R}^+$ 是连续的；

（2）对于任意的 $r \in [0,T]$ 以及 $x,y \in X$，存在一个连续函数 $\gamma:[0,T] \to [0,1]$ 满足 $|K(r,x(r))| \leqslant \gamma(r)|x(r)|$；

（3）对任意 $r \in [0,T]$，存在常数 L 满足

$$\sup_{t \in [0,T]} \int_0^t \gamma(r)\mathrm{d}r \leqslant \left(\frac{1-L}{s^2}\right)^{\frac{1}{m}},$$

则积分方程（3.3.19）在 X 中有唯一解.

证明：设 $x,y \in X$. 对 $t \in [0,T]$，由条件（1），（2）和（3）可得

$$s^2(|fx(t)| + |fy(t)|)^m = s^2\left(\left|\int_0^t K(r,x(r))\mathrm{d}r\right| + \left|\int_0^t K(r,y(r))\mathrm{d}r\right|\right)^m$$

$$\leqslant s^2\left(\int_0^t (|K(r,x(r))| + |K(r,y(r))|)\mathrm{d}r\right)^m$$

$$\leqslant s^2\left(\int_0^t \gamma(r)(|x(r)| + |y(r)|)\mathrm{d}r\right)^m$$

$$\leqslant s^2\left(\sup_{t \in [0,T]}\int_0^t \gamma(r)\mathrm{d}r\right)^m \cdot [d(x(t),y(t))]^2$$

$$\leqslant (1-L)M^*(x,y).$$

因此推论 3.3.1 的条件全部满足，则 f 在 X 中有唯一的不动点，也就是积分方程（3.3.19）在 X 中有唯一解.

第4章　矩形 b-度量空间中的不动点理论

　　2000 年,Branciari[61]引入了矩形度量空间的概念,其主要思想是通过插入两个不同点的方式得到三项表达式的和来替换距离函数定义中的三角不等式右侧的和. 在此类空间中,Branciari 证明了 Banach 压缩映像原理的对应结果. 在矩形度量空间和 b-度量空间概念的基础上,2015 年,George 等人[62]提出了矩形 b-度量空间的概念,并得到此类空间上一些重要的不动点结论. 随后,一些学者对矩形 b-度量空间中的不动点问题展开了研究,主要结果见参考文献[63]—[70]. 本章主要介绍近两年来在矩形 b-度量空间中关于 Sehgal-Guseman 型压缩映射和广义弱压缩型映射的不动点及公共不动点的一些结果.

4.1　矩形 b-度量空间的基本概念

　　本节主要给出矩形 b-度量空间的相关概念和例子.
　　定义 4.1.1　设 X 是一个非空集合. 映射 $d:X\times X\to[0,+\infty)$ 被称为矩形度量,当且仅当对于所有的 $x,y\in X$,有下面的条件成立:
　　(1) $d(x,y)=0$ 当且仅当 $x=y$;
　　(2) $d(x,y)=d(y,x)$;
　　(3) $d(x,y)\leqslant d(x,u)+d(u,v)+d(v,y)$,$\forall u,v\in X,u\neq v$ 且不同于 x,y.
　　一般地,我们称 (X,d) 为一个矩形度量空间.
　　定义 4.1.2　设 X 是一个非空集合,$s\geqslant 1$ 是一个给定实数. 映射 $d:X\times X\to[0,+\infty)$ 被称为矩形 b-度量,当且仅当对于所有的 $x,y\in X$,有下面的条件成立:
　　(1) $d(x,y)=0$ 当且仅当 $x=y$;
　　(2) $d(x,y)=d(y,x)$;
　　(3) $d(x,y)\leqslant s[d(x,u)+d(u,v)+d(v,y)]$,$\forall u,v\in X,u\neq v$ 且不同于 x,y.
此时,称 (X,d) 为系数 $s\geqslant 1$ 的矩形 b-度量空间.
　　注 4.1.1　显然,每一个矩形度量空间或每一个 b-度量空间都是一个矩形

b-度量空间,然而反过来不一定成立.

例 4.1.1 设 $X = A \cup B$,其中 $A = \left\{0, \dfrac{2}{41}, \dfrac{3}{61}, \dfrac{4}{81}\right\}$,$B = \left\{\dfrac{1}{2}, \dfrac{1}{3}, \cdots, \dfrac{1}{i}, \cdots\right\}$. 映射 $d: X \times X \to [0, +\infty)$ 定义为:对于所有的 $x, y \in X, d(x,y) = d(y,x)$,

$$
\begin{cases}
d\left(0, \dfrac{2}{41}\right) = d\left(\dfrac{2}{41}, \dfrac{3}{61}\right) = d\left(\dfrac{3}{61}, \dfrac{4}{81}\right) = 0.05, \\[2mm]
d\left(0, \dfrac{3}{61}\right) = d\left(\dfrac{2}{41}, \dfrac{4}{81}\right) = 0.08, \\[2mm]
d\left(0, \dfrac{4}{81}\right) = 0.3, \\[2mm]
d(x,y) = \max\{x, y\}, \text{其他.}
\end{cases}
$$

通过计算,可以得出 (X, d) 是一个系数 $s = 2$ 的矩形 b-度量空间. 此外,还得出下面的结果:

(1) (X, d) 不是一个度量空间,因为

$$
d\left(0, \frac{4}{81}\right) = 0.3 > 0.13 = d\left(0, \frac{2}{41}\right) + d\left(\frac{2}{41}, \frac{4}{81}\right).
$$

(2) (X, d) 不是一个矩形度量空间,因为

$$
d\left(0, \frac{4}{81}\right) = 0.3 > 0.15 = d\left(0, \frac{2}{41}\right) + d\left(\frac{2}{41}, \frac{3}{61}\right) + d\left(\frac{3}{61}, \frac{4}{81}\right).
$$

(3) (X, d) 不是一个系数 $s = 2$ 的 b-度量空间,因为

$$
d\left(0, \frac{4}{81}\right) = 0.3 > 0.26 = 2 \times 0.13 = 2 \times \left[d\left(0, \frac{2}{41}\right) + d\left(\frac{2}{41}, \frac{4}{81}\right)\right].
$$

例 4.1.2 设 (X, d^*) 是一个度量空间,$p \geqslant 2$ 是一个常数. 定义 $d(\xi, \eta) = (d^*(\xi, \eta))^p$. 那么,$(X, d)$ 是一个系数 $s = 3^{p-1}$ 的矩形 b-度量空间.

证明: 由 (X, d) 的定义,容易证得定义 4.1.2 的条件(1)和(2)成立. 借助于函数 $f(x) = x^p (p \geqslant 2)$ 的凸性,可以得到不等式

$$
(m + n + l)^p \leqslant 3^{p-1}(m^p + n^p + l^p), \ \forall m, n, l \geqslant 0, p \geqslant 2.
$$

因此,对于 $\xi, \eta \in X$ 和所有互不相同的点 $\tau, \upsilon \in X - \{\xi, \eta\}$,有

$$
\begin{aligned}
d(\xi, \eta) &= (d^*(\xi, \eta))^p \leqslant (d^*(\xi, \tau) + d^*(\tau, \upsilon) + d^*(\upsilon, \eta))^p \\
&\leqslant 3^{p-1}(d(\xi, \tau) + d(\tau, \upsilon) + d(\upsilon, \eta)).
\end{aligned}
$$

于是,(X, d) 是一个系数 $s = 3^{p-1}$ 的矩形 b-度量空间.

定义 4.1.3 设 (X, d) 是一个系数 $s \geqslant 1$ 的矩形 b-度量空间.

(1) X 中的一个序列 $\{x_n\}$ 称为是收敛到 x 的,如果对于每一个 $\varepsilon > 0$,都存在 $n_0 \in \mathbf{N}$,使得对于所有的 $n > n_0$,有 $d(x_n, x) < \varepsilon$. 记为 $\lim\limits_{n \to \infty} x_n = x$,亦或当 $n \to \infty$

时,$x_n \to x$.

（2）X 中的一个序列 $\{x_n\}$ 称为是一个柯西列,如果对于每一个 $\varepsilon > 0$,都存在 $n_0 \in \mathbf{N}$,使得对于所有的 $n > n_0, p > 0$,有 $d(x_n, x_{n+p}) < \varepsilon$,或者是对于所有的 $p > 0$,$\lim\limits_{n \to \infty} d(x_n, x_{n+p}) = 0$.

通常情况下,如果 X 中的每个柯西序列都收敛到 X 中的某一点,则称 (X, d) 是完备的矩形 b-度量空间.

注 4.1.2　矩形 b-度量空间的收敛列不一定是唯一的,而且矩形 b-度量空间中的每个收敛列也不一定是柯西列. 然而,容易得到柯西列的收敛点是唯一的.

例 4.1.3　设 $X = A \cup B$,其中 $A = \left\{ \dfrac{1}{n} : n \in \mathbf{N} \right\}$,$B$ 是所有正整数的集合. 定义映射 $d : X \times X \to [0, +\infty)$ 满足:对于所有的 $x, y \in X$,$d(x, y) = d(y, x)$,并且

$$d(x, y) = \begin{cases} 0, & x = y, \\ 2\alpha, & x, y \in A, \\ \dfrac{\alpha}{2n}, & x \in A \text{ 且 } y \in \{2, 3\}, \\ \alpha, & \text{其他}. \end{cases}$$

其中 $\alpha > 0$ 是一个常数. 那么 (X, d) 是一个系数 $s = 2 > 1$ 的矩形 b-度量空间,而序列 $\left\{ \dfrac{1}{n} \right\}$ 在矩形 b-度量空间中收敛到 2 和 3,即极限不唯一. 又当 $n \to \infty$ 时,$d\left(\dfrac{1}{n}, \dfrac{1}{n+p} \right) = 2\alpha$ 不收敛到 0,因此 $\left\{ \dfrac{1}{n} \right\}$ 不是该矩形 b-度量空间中的柯西列.

4.2　Sehgal-Guseman 型压缩映射的公共不动点定理及应用

受到 α-可容许映射定义的启发,我们给出如下的定义.

定义 4.2.1　设 X 是一个非空集合,$s \geqslant 1, p > 0$ 是两个常数,$\alpha : X \times X \to [0, +\infty)$ 是一个给定函数. 如果对于所有的 $x \in X$,都有 $\alpha(x, Tx) \geqslant s^p \Rightarrow \alpha(Tx, T^2 x) \geqslant s^p$,那么称 $T : X \to X$ 是一个 α_{s^p} 轨道可容许映射.

定义 4.2.2　设 X 是一个非空集合,$s \geqslant 1, p > 0$ 是两个常数,$\alpha : X \times X \to [0, +\infty)$ 是一个给定函数. 若 $T : X \to X$ 满足:

（1）T 是一个 α_{s^p} 轨道可容许映射;

(2) $\forall x,y \in X, \alpha(x,y) \geqslant s^p, \alpha(y,Ty) \geqslant s^p \Rightarrow \alpha(x,Ty) \geqslant s^p$,

则称 T 是一个三角 α_{sp} 轨道可容许映射.

引理 4.2.1 设 X 是一个非空集合, $\alpha: X \times X \to [0, +\infty)$ 是一个给定函数. 设 $T: X \to X$ 是一个三角 α_{sp} 轨道可容许映射, $s \geqslant 1, p > 0$ 是两个常数. 设存在 $x_0 \in X$, 使得 $\alpha(x_0, Tx_0) \geqslant s^p$. 定义 X 中序列 $\{x_n\}$ 为 $x_1 = T^{n(x_0)} x_0, \cdots, x_{n+1} = T^{n(x_n)} x_n, \cdots$. 那么对于所有的 $m \in \mathbf{N}_0$, 都有 $\alpha(x_m, T^k x_m) \geqslant s^p, k = 0, 1, 2, \cdots$.

证明: 因为 $\alpha(x_0, Tx_0) \geqslant s^p$, 并且 T 是三角 α_{sp} 轨道可容许的, 所以

$$\alpha(x_0, Tx_0) \geqslant s^p \Rightarrow \alpha(Tx_0, T^2 x_0) \geqslant s^p.$$

进一步地

$$\alpha(x_0, T^2 x_0) \geqslant s^p.$$

相似地, 因为 $\alpha(Tx_0, T^2 x_0) \geqslant s^p$, 可以得到

$$\alpha(T^2 x_0, T^3 x_0) \geqslant s^p \text{ 和 } \alpha(x_0, T^3 x_0) \geqslant s^p.$$

不断地重复上述过程, 对于所有的 $k \in \mathbf{N}_0$, 有

$$\alpha(x_0, T^k x_0) \geqslant s^p.$$

因为

$$\alpha(x_0, Tx_0) \geqslant s^p \Rightarrow \alpha(Tx_0, T^2 x_0) \geqslant s^p \text{ 和 } \alpha(Tx_0, T^2 x_0) \geqslant s^p \Rightarrow \alpha(T^2 x_0, T^3 x_0) \geqslant s^p, \cdots,$$

可以得出 $\alpha(T^{n(x_0)} x_0, T^{n(x_0)+1} x_0) = \alpha(x_1, Tx_1) \geqslant s^p$. 基于以上结果, 通过归纳得出 $\alpha(x_1, T^k x_1) \geqslant s^p, k = 0, 1, 2, \cdots$. 重复上述过程, 对于所有的 $m \in \mathbf{N}_0$, 有 $\alpha(x_m, T^k x_m) \geqslant s^p, k = 0, 1, 2, \cdots$.

定理 4.2.1 设 (X,d) 是一个系数 $s \geqslant 1$ 的完备矩形 b-度量空间, 映射 $T: X \to X$ 是一个连续的单射, $\alpha: X \times X \to [0, +\infty)$ 是一个给定映射, 并且 $p > 0$ 是一个常数. 设对于所有的 $x \in X$, 可以找到一个正整数 $n(x)$, 使得对于任意的 $y \in X$ 有

$$\alpha(x,y) \geqslant s^p \Rightarrow \alpha(x,y) d(T^{n(x)} x, T^{n(x)} y) \leqslant \phi(d(x,y), d(x, T^{n(x)} x), d(x, T^{n(x)} y)),$$

$$(4.2.1)$$

其中 $\phi: [0, +\infty)^3 \to [0, +\infty)$ 满足:

(1) ϕ 是连续的, 且对每一个变量都是不减的;

(2) $\lim\limits_{t \to \infty}(t - s\varphi(t)) = \infty, \varphi(t) = \phi(t,t,t)$;

(3) $\forall t > 0, \lim\limits_{n \to \infty} \varphi^n(t) = 0$.

设映射 T 满足:

(4) T 是一个三角 α_{sp} 轨道可容许映射;

(5) 存在 $x_0 \in X$, 使得 $\alpha(x_0, Tx_0) \geqslant s^p$ 成立;

(6) 如果 X 中的序列 $\{x_n\}$ 满足: 对于所有的 $n \in \mathbf{N}_0$, 有 $\alpha(x_n, x_{n+1}) \geqslant s^p$, 并且

当 $n\to\infty$ 时，$x_n\to x$，那么就存在一个 $\{x_n\}$ 的子列 $\{x_{n_k}\}$，使得对于所有的 $k\in\mathbf{N}$，都有 $\alpha(x_{n_k},x)\geqslant s^p$ 成立；

（7）对于所有满足条件 $T^{n(x)}x=x$ 的 $x\in X$，有对于任意的 $y\in X$，$\alpha(x,y)\geqslant s^p$ 成立，

那么 T 有唯一的不动点 $x^*\in X$，且对任意的 $x\in X$，迭代序列 $\{T^n x\}$ 收敛到这个不动点.

证明：根据条件（5）可知，存在 $x_0\in X$，使得 $\alpha(x_0,Tx_0)\geqslant s^p$. 如果 x_0 是 T 的一个不动点，y_0 是 T 的另一个不动点，那么有 $x_0=Tx_0=\cdots=T^{n(x_0)}x_0=\cdots$，$y_0=Ty_0=\cdots=T^{n(y_0)}y_0=\cdots$. 由条件（7）可得 $\alpha(x_0,y_0)\geqslant s^p$，结合压缩条件（4.2.1）有

$$d(x_0,y_0)\leqslant \alpha(x_0,y_0)d(T^{n(x_0)}x_0,T^{n(x_0)}y_0)$$
$$\leqslant \phi(d(x_0,y_0),d(x_0,T^{n(x_0)}x_0),d(x_0,T^{n(x_0)}y_0))$$
$$\leqslant \varphi(d(x_0,y_0)).$$

由引理 1.6.1 可知，$\varphi(d(x_0,y_0))<d(x_0,y_0)$. 于是
$$d(x_0,y_0)\leqslant \varphi(d(x_0,y_0))<d(x_0,y_0).$$

这是一个矛盾. 由此可知，x_0 是 T 的唯一不动点. 因此在后续的证明中，假设 x_0 不是 T 的不动点. 定义 X 中的序列 $\{x_n\}$ 为 $x_1=T^{n(x_0)}x_0,\cdots,x_{n+1}=T^{n(x_n)}x_n$.

首先证明轨道 $\{T^i x_0\}_{i=0}^{\infty}$ 是有界的. 为此，先固定一个常数 ℓ，$0\leqslant\ell<n(x_0)$. 设
$$u_j=d(x_0,T^{jn(x_0)+\ell}x_0),j=0,1,2,\cdots,\qquad(4.2.2)$$
$$h=\max\{u_0,d(x_0,T^{n(x_0)}x_0),d(x_0,T^{2n(x_0)}x_0),d(T^{n(x_0)}x_0,T^{2n(x_0)}x_0)\}.$$

因为 $\lim\limits_{t\to\infty}(t-s\varphi(t))=\infty$，所以存在 $c>h$，使得 $t-s\varphi(t)>2sh,t\geqslant c$. 显然，$u_0\leqslant h<c$. 假设存在一个正整数 j_0，使得 $u_{j_0}\geqslant c$，且 $\forall i<j_0,u_i<c$. 一般地，我们可以假设 $x_0,T^{n(x_0)}x_0,T^{2n(x_0)}x_0,T^{jn(x_0)+\ell}x_0$ 是互不相同的，否则考虑下面的 6 种情形：

情形 1：$x_0=T^{n(x_0)}x_0$. 此时，有
$$x_0=T^{n(x_0)}x_0=T^{2n(x_0)}x_0=T^{3n(x_0)}x_0=\cdots.$$

据此可知，$u_j=d(x_0,T^\ell x_0)$ 是一个常数，故 $\{T^i x_0\}_{i=0}^{\infty}$ 有界.

情形 2：$x_0=T^{2n(x_0)}x_0$. 经过计算有
$$x_0=T^{2n(x_0)}x_0=T^{4n(x_0)}x_0=T^{6n(x_0)}x_0=\cdots,$$
$$T^{n(x_0)}x_0=T^{3n(x_0)}x_0=T^{5n(x_0)}x_0=\cdots.$$

于是
$$u_j=\begin{cases}d(x_0,T^{n(x_0)+\ell}x_0),&j\text{ 为奇数},\\ d(x_0,T^\ell x_0),&j\text{ 为偶数}.\end{cases}$$

从而 $\{T^i x_0\}_{i=0}^{\infty}$ 有界.

情形 $3: T^{n(x_0)} x_0 = T^{2n(x_0)} x_0$. 在此种情况下
$$T^{n(x_0)} x_0 = T^{2n(x_0)} x_0 = T^{3n(x_0)} x_0 = \cdots.$$
与情形 1 的讨论相同,可以得到 $\{T^i x_0\}_{i=0}^{\infty}$ 有界.

情形 $4: x_0 = T^{jn(x_0)+\ell} x_0$. 不难得到, $u_{j_0} = 0$, 矛盾.

情形 $5: T^{n(x_0)} x_0 = T^{jn(x_0)+\ell} x_0$. 容易得到
$$u_{j_0} = d(x_0, T^{j_0 n(x_0)+\ell} x_0) = d(x_0, T^{n(x_0)} x_0) \leqslant h < c.$$
这是矛盾的.

情形 $6: T^{2n(x_0)} x_0 = T^{jn(x_0)+\ell} x_0$. 显然此时有
$$u_{j_0} = d(x_0, T^{j_0 n(x_0)+\ell} x_0) = d(x_0, T^{2n(x_0)} x_0) \leqslant h < c,$$
这是不可能的.

由引理 4.2.1, 容易得到 $\alpha(x_0, T^k x_0) \geqslant s^p, \forall k \in \mathbf{N}$. 利用三角不等式和式(4.2.2), 有

$d(x_0, T^{j_0 n(x_0)+\ell} x_0) \leqslant s[d(x_0, T^{2n(x_0)} x_0) + d(T^{2n(x_0)} x_0, T^{n(x_0)} x_0) + d(T^{n(x_0)} x_0, T^{j_0 n(x_0)+\ell} x_0)]$

$$\leqslant 2sh + s\alpha(x_0, T^{(j_0-1)n(x_0)+\ell} x_0) d(T^{n(x_0)} x_0, T^{j_0 n(x_0)+\ell} x_0)$$

$$\leqslant 2sh + s\phi(d(x_0, T^{(j_0-1)n(x_0)+\ell} x_0), d(x_0, T^{n(x_0)} x_0), d(x_0, T^{j_0 n(x_0)+\ell} x_0))$$

$$\leqslant 2sh + s\varphi(u_{j_0}).$$

于是得到 $u_{j_0} - s\varphi(u_{j_0}) \leqslant 2sh$, 矛盾. 所以 $u_j < c, j = 0, 1, 2, \cdots$. 进一步地, 可以得出轨道 $\{T^i x_0\}_{i=0}^{\infty}$ 是有界的.

如果存在 $n_0 \in \mathbf{N}$, 使得 $x_{n_0} = x_{n_0+1} = T^{n(x_{n_0})} x_{n_0}$, 那么 x_{n_0} 是 $T^{n(x_{n_0})}$ 的一个不动点. 假设存在 $y \in X$, 使得 $y = T^{n(x_{n_0})} y$, 并且 $y \neq x_{n_0}$, 由条件(7), 有 $\alpha(x_{n_0}, y) \geqslant s^p$. 于是可以推出

$$d(x_{n_0}, y) \leqslant \alpha(x_{n_0}, y) d(T^{n(x_{n_0})} x_{n_0}, T^{n(x_{n_0})} y)$$

$$\leqslant \phi(d(x_{n_0}, y), d(x_{n_0}, T^{n(x_{n_0})} x_{n_0}), d(x_{n_0}, T^{n(x_{n_0})} y))$$

$$\leqslant \varphi(d(x_{n_0}, y)) < d(x_{n_0}, y).$$

这是矛盾的. 由此得出, x_{n_0} 是 $T^{n(x_{n_0})}$ 的唯一不动点. 因为 $Tx_{n_0} = TT^{n(x_{n_0})} x_{n_0} = T^{n(x_{n_0})} Tx_{n_0}$, 所以由 $T^{n(x_{n_0})}$ 的不动点的唯一性知 $Tx_{n_0} = x_{n_0}$. 今后, 假设对于所有的 $n \in \mathbf{N}_0, x_n \neq x_{n+1}$.

接下来证明 $\{x_n\}$ 是 X 中的一个柯西列. 设 n 和 i 是任意的正整数. 显然 $\alpha(x_{n-1}, T^k x_{n-1}) \geqslant s^p, \forall k \in \mathbf{N}$. 那么,

$d(x_n, x_{n+i}) = \alpha(x_{n-1}, T^{n(x_{n+i-1})+n(x_{n+i-2})+\cdots+n(x_n)} x_{n-1}) d(T^{n(x_{n-1})} x_{n-1}, T^{n(x_{n+i-1})+\cdots+n(x_{n-1})} x_{n-1})$

$$\leqslant \phi(d(x_{n-1},T^{n(x_{n+i-1})+n(x_{n+i-2})+\cdots+n(x_n)}x_{n-1}),d(x_{n-1},T^{n(x_{n-1})}x_{n-1}),$$

$$d(x_{n-1},T^{n(x_{n+i-1})+\cdots+n(x_{n-1})}x_{n-1}))$$

$$\leqslant \varphi(\sup\{d(x_{n-1},q)\mid q\in\{T^m x_{n-1}\}_{m=0}^{\infty}\}). \qquad (4.2.3)$$

对于每一个 $q\in\{T^m x_{n-1}\}_{m=0}^{\infty}$,有

$$d(x_{n-1},q)=d(x_{n-1},T^m x_{n-1})$$

$$\leqslant \alpha(x_{n-2},T^m x_{n-2})d(T^{n(x_{n-2})}x_{n-2},T^{m+n(x_{n-2})}x_{n-2})$$

$$\leqslant \phi(d(x_{n-2},T^m x_{n-2}),d(x_{n-2},T^{n(x_{n-2})}x_{n-2}),d(x_{n-2},T^{n(x_{n-2})+m}x_{n-2}))$$

$$\leqslant \varphi(\sup\{d(x_{n-2},q)\mid q\in\{T^m x_{n-2}\}_{m=0}^{\infty}\}). \qquad (4.2.4)$$

因此,根据式(4.2.3)和式(4.2.4),可以得到

$$d(x_n,x_{n+i})\leqslant \varphi(\sup\{d(x_{n-1},q)\mid q\in\{T^m x_{n-2}\}_{m=0}^{\infty}\})$$

$$\leqslant \cdots \leqslant \varphi^n(\sup\{d(x_0,q)\mid q\in\{T^m x_0\}_{m=0}^{\infty}\})\to 0(n\to\infty).$$

也就是说,$\{x_n\}$ 是 X 中的一个柯西列. 因为 X 是完备的,所以存在一点 $x^*\in X$,使得 $\lim\limits_{n\to\infty}x_n=x^*$. 设 $x_n\neq x^*$,并且 $x_n\neq T^{n(x^*)}x_n$. 否则,根据 T 的连续性可知 $x^*=T^{n(x^*)}x^*$,即 x^* 是 $T^{n(x^*)}$ 的不动点. 由三角不等式,有

$$d(x^*,T^{n(x^*)}x^*)\leqslant s[d(x^*,x_n)+d(x_n,T^{n(x^*)}x_n)+d(T^{n(x^*)}x_n,T^{n(x^*)}x^*)].$$
$$(4.2.5)$$

另一方面,

$$d(x_n,T^{n(x^*)}x_n)\leqslant \alpha(x_{n-1},T^{n(x^*)}x_{n-1})d(T^{n(x_{n-1})}x_{n-1},T^{n(x^*)+n(x_{n-1})}x_{n-1})$$

$$\leqslant \phi(d(x_{n-1},T^{n(x^*)}x_{n-1}),d(x_{n-1},T^{n(x_{n-1})}x_{n-1}),d(x_{n-1},T^{n(x^*)+n(x_{n-1})}x_{n-1}))$$

$$\leqslant \varphi(\sup\{d(x_{n-1},q)\mid q\in\{T^m x_{n-1}\}_{m=0}^{\infty}\})$$

$$\leqslant \cdots \leqslant \varphi^n(\sup\{d(x_0,q)\mid q\in\{T^m x_0\}_{m=0}^{\infty}\})\to 0(n\to\infty).$$
$$(4.2.6)$$

因为 T 是连续的,所以 $\lim\limits_{n\to\infty}d(T^{n(x^*)}x_n,T^{n(x^*)}x^*)=0$. 根据式(4.2.5)和式(4.2.6),当 $n\to\infty$ 时,$d(x^*,T^{n(x^*)}x^*)=0$. 假设存在另一个 $y^*\neq x^*$,使得 $y^*=T^{n(x^*)}y^*$. 由条件(7)有 $\alpha(x^*,y^*)\geqslant s^p$. 于是

$$d(x^*,y^*)\leqslant \alpha(x^*,y^*)d(T^{n(x^*)}x^*,T^{n(x^*)}y^*)$$

$$\leqslant \phi(d(x^*,y^*),d(x^*,T^{n(x^*)}x^*),d(x^*,T^{n(x^*)}y^*))$$

$$\leqslant \varphi(d(x^*,y^*))$$

$$< d(x^*,y^*),$$

矛盾. 因此 x^* 是 $T^{n(x^*)}$ 的唯一不动点. 因为 $Tx^*=TT^{n(x^*)}x^*=T^{n(x^*)}Tx^*$,所以

$Tx^* = x^*$. 类似于 $T^{n(x^*)}$ 不动点的唯一性证明可知,x^* 是 T 的唯一不动点.

最后来证明序列的收敛性. 为了证明这一结论,固定一个常数 ℓ,$0 \leqslant \ell < n(x_0)$, 并且对于任意的 $x \in X$,令 $d_k = d(x^*, T^{kn(x^*)+\ell}x)$,$k = 0,1,2,\cdots$. 如果存在 $k \in \mathbf{N}_0$, 使得 $d_k = 0$,此时若 $d_{k+1} > 0$,则有

$$
\begin{aligned}
d_{k+1} &= d(x^*, T^{(k+1)n(x^*)+\ell}x) \\
&= d(T^{n(x^*)}x^*, T^{n(x^*)}T^{kn(x^*)+\ell}x) \\
&\leqslant \alpha(x^*, T^{kn(x^*)+\ell}x)d(T^{n(x^*)}x^*, T^{n(x^*)}T^{kn(x^*)+\ell}x) \\
&\leqslant \phi(d(x^*, T^{kn(x^*)+\ell}x), d(x^*, T^{n(x^*)}x^*), d(x^*, T^{n(x^*)}T^{kn(x^*)+\ell}x)) \\
&\leqslant \varphi(d_{k+1}) < d_{k+1},
\end{aligned}
$$

矛盾. 于是有 $d_{k+1} = 0$. 进一步地,$d_{k+2} = d_{k+3} = \cdots = 0$.

下面设 $\forall k \in \mathbf{N}_0$,有 $d_k \neq 0$. 于是

$$
\begin{aligned}
d_k &= d(x^*, T^{kn(x^*)+\ell}x) \\
&\leqslant \alpha(x^*, T^{(k-1)n(x^*)+\ell}x)d(T^{n(x^*)}x^*, T^{kn(x^*)+\ell}x) \\
&\leqslant \phi(d(x^*, T^{(k-1)n(x^*)+\ell}x), d(x^*, T^{n(x^*)}x^*), d(x^*, T^{kn(x^*)+\ell}x)) \\
&= \phi(d_{k-1}, 0, d_k).
\end{aligned}
$$

如果对于某一 $k \in \mathbf{N}_0$,有 $d_k \geqslant d_{k-1}$,则

$$
d_k \leqslant \phi(d_k, d_k, d_k) = \varphi(d_k) < d_k.
$$

这是一个矛盾. 据此可得

$$
d_k \leqslant \phi(d_{k-1}, d_{k-1}, d_{k-1}) = \varphi(d_{k-1}) \leqslant \cdots \leqslant \varphi^k(d_0) \to 0(k \to \infty).
$$

于是,对常数 ℓ,序列 $\{T^{kn(x^*)+\ell}x\}$ 收敛到点 x^*. 进一步有,$\{T^{kn(x^*)+1}x\}$,$\{T^{kn(x^*)+2}x\}$, $\cdots$,$\{T^{kn(x^*)+n(x^*)-1}x\}$ 都收敛于 x^*. 所以,对于任意的 $x \in X$,迭代序列 $\{T^n x\}$ 收敛到不动点 x^*.

例 4.2.1 设 (X,d) 的定义与例 4.1.1 相同. 定义映射 $T:X \to X$ 为

$$
T(0) = 0, T\left(\frac{1}{2}\right) = \frac{2}{41}, T\left(\frac{1}{3}\right) = \frac{3}{61}, T\left(\frac{1}{4}\right) = \frac{4}{81},
$$

$$
T\left(\frac{2}{41}\right) = \frac{1}{2^2 \cdot 2}, T\left(\frac{3}{61}\right) = \frac{1}{2^2 \cdot 3}, T\left(\frac{4}{81}\right) = \frac{1}{2^2 \cdot 4}, T\left(\frac{1}{i}\right) = \frac{1}{2^2 \cdot i}(i \geqslant 5),
$$

定义映射 $\alpha:X \times X \to [0, +\infty)$ 为

$$
\alpha(x,y) = \begin{cases} s^p, x,y \in \{0\} \cup \left\{\frac{1}{i}, i \geqslant 5\right\}, \\ 0, \text{其他.} \end{cases}
$$

对于所有的 $t_i \in [0, +\infty)(i = 1, 2, 3)$，定义 $\phi(t_1, t_2, t_3) = \dfrac{1}{12}(t_1 + t_2 + t_3)$. 于是

有 $\varphi(t) = \dfrac{1}{4} t$. 设对于所有的 $x \in X, n(x) = 3, p = s = 2$. 对于使得 $\alpha(x, y) \geqslant s^p$ 成立

的 $x, y \in X$，有 $x, y \in \{0\} \cup \left\{ \dfrac{1}{i}, i \geqslant 5 \right\}$. 下面分以下两种情况进行讨论：

（1）$x = 0, y \in \left\{ \dfrac{1}{i}, i \geqslant 5 \right\}$. 此时有

$$\alpha(x, y) d(T^{n(x)} x, T^{n(x)} y) = 4 \cdot d\left(T^3(0), T^3\left(\frac{1}{i}\right)\right) = \frac{1}{16i},$$

$$\phi(d(x, y), d(x, T^{n(x)} x), d(x, T^{n(x)} y))$$

$$= \frac{1}{12} \cdot \left[d\left(0, \frac{1}{i}\right) + d(0, T^3(0)) + d\left(0, T^3\left(\frac{1}{i}\right)\right) \right]$$

$$= \frac{1}{12} \cdot \left(\frac{1}{i} + \frac{1}{64i} \right)$$

$$> \frac{1}{12i},$$

即 $\alpha(x, y) d(T^{n(x)} x, T^{n(x)} y) \leqslant \phi(d(x, y), d(x, T^{n(x)} x), d(x, T^{n(x)} y))$.

（2）$x, y \in \left\{ \dfrac{1}{i}, i \geqslant 5 \right\}$. 设 $x = \dfrac{1}{i}, y = \dfrac{1}{j}, j \geqslant i$，则

$$\alpha(x, y) d(T^{n(x)} x, T^{n(x)} y) = 4 \cdot d\left(T^3\left(\frac{1}{i}\right), T^3\left(\frac{1}{j}\right)\right) = \frac{1}{16i},$$

$$\phi(d(x, y), d(x, T^{n(x)} x), d(x, T^{n(x)} y))$$

$$= \frac{1}{12} \cdot \left[d\left(\frac{1}{i}, \frac{1}{j}\right) + d\left(\frac{1}{i}, T^3\left(\frac{1}{i}\right)\right) + d\left(\frac{1}{i}, T^3\left(\frac{1}{j}\right)\right) \right]$$

$$= \frac{1}{4i},$$

即 $\alpha(x, y) d(T^{n(x)} x, T^{n(x)} y) \leqslant \phi(d(x, y), d(x, T^{n(x)} x), d(x, T^{n(x)} y))$.

综上，定理 4.2.1 的所有条件都成立. 那么 T 有唯一的不动点 0. 同时，对于任意的 $x \in X$，迭代序列 $\{T^n x\}$ 收敛到 0.

推论 4.2.1　设 (X, d) 是一个系数 $s \geqslant 1$ 的完备矩形 b-度量空间，映射 $T : X \to X$ 是一个连续的单射，$\alpha : X \times X \to [0, +\infty)$ 是一个给定映射，并且 $p > 0$ 是一个常数. 假设对于所有的 $x \in X$，可以找到一个正整数 q，使得对于任意的 $y \in X$ 有

$$\alpha(x, y) \geqslant s^p \Rightarrow \alpha(x, y) d(T^q x, T^q y) \leqslant \phi(d(x, y), d(x, T^q x), d(x, T^q y)),$$

其中 $\phi : [0, +\infty)^3 \to [0, +\infty)$ 满足：

(1)ϕ 是连续的,且对每一个变量都是不减的;

(2)$\lim\limits_{t\to\infty}(t-s\varphi(t))=\infty$,$\varphi(t)=\phi(t,t,t)$;

(3)$\lim\limits_{n\to\infty}\varphi^n(t)=0$,$\forall t>0$.

设映射 T 满足:

(4)T 是一个三角 α_{s^p} 轨道可容许映射;

(5)存在 $x_0\in X$,使得 $\alpha(x_0,Tx_0)\geqslant s^p$ 成立;

(6)如果 X 中的序列 $\{x_n\}$ 满足:对于所有的 $n\in\mathbf{N}_0$,有 $\alpha(x_n,x_{n+1})\geqslant s^p$,并且当 $n\to\infty$ 时 $x_n\to x$,那么就存在一个 $\{x_n\}$ 的子列 $\{x_{n_k}\}$,使得对于所有的 $k\in\mathbf{N}$,都有 $\alpha(x_{n_k},x)\geqslant s^p$;

(7)对于所有的满足条件 $T^q x=x$ 的 $x\in X$,有对于任意的 $y\in X$,$\alpha(x,y)\geqslant s^p$ 成立,

那么 T 有唯一的不动点 $x^*\in X$,且对于任意的 $x\in X$,迭代序列 $\{T^n x\}$ 收敛到这个不动点.

推论 4.2.2 设 (X,d) 是一个完备的矩形度量空间,映射 $T:X\to X$ 是一个连续的单射,$\alpha:X\times X\to[0,+\infty)$ 是一个给定映射. 假设对于所有的 $x\in X$,可以找到一个正整数 $n(x)$,使得对于任意的 $y\in X$ 有

$\alpha(x,y)\geqslant 1\Rightarrow\alpha(x,y)d(T^{n(x)}x,T^{n(x)}y)\leqslant\phi(d(x,y),d(x,T^{n(x)}x),d(x,T^{n(x)}y))$,

其中 $\phi:[0,+\infty)^3\to[0,+\infty)$ 满足:

(1)ϕ 是连续的,且对每一个变量都是不减的;

(2)$\lim\limits_{t\to\infty}(t-\varphi(t))=\infty$,$\varphi(t)=\phi(t,t,t)$;

(3)$\lim\limits_{n\to\infty}\varphi^n(t)=0$,$\forall t>0$.

假设 T 满足:

(4)T 是一个三角 α-轨道可容许映射;

(5)存在 $x_0\in X$,使得 $\alpha(x_0,Tx_0)\geqslant 1$ 成立;

(6)如果 X 中的序列 $\{x_n\}$ 满足:对于所有的 $n\in\mathbf{N}$,有 $\alpha(x_n,x_{n+1})\geqslant 1$,并且当 $n\to\infty$ 时,$x_n\to x$,那么就存在一个 $\{x_n\}$ 的子列 $\{x_{n_k}\}$,使得对于所有的 $k\in\mathbf{N}$,都有 $\alpha(x_{n_k},x)\geqslant 1$ 成立;

(7)对于所有的 $T^{n(x)}$ 的不动点 x,有对于任意的 $y\in X$,$\alpha(x,y)\geqslant 1$ 成立,

那么 T 有唯一的不动点 $x^*\in X$,且对于任意的 $x\in X$,迭代序列 $\{T^n x\}$ 收敛到这个不动点 x^*.

推论 4.2.3 设 (X,d) 是一个完备的矩形度量空间,映射 $T:X\to X$ 是一个连续的单射,$\alpha:X\times X\to[0,+\infty)$ 是一个给定映射. 假设对于所有的 $x\in X$,可以找到

一个正整数 q,使得对于任意的 $y \in X$ 有

$$\alpha(x,y) \geqslant 1 \Rightarrow \alpha(x,y)d(T^q x, T^q y) \leqslant \phi(d(x,y), d(x, T^q x), d(x, T^q y)),$$

其中 $\phi:[0, +\infty)^3 \rightarrow [0, +\infty)$ 满足:

(1) ϕ 是连续的,且对每一个变量都是不减的;

(2) $\lim\limits_{t \to \infty}(t - \varphi(t)) = \infty$, $\varphi(t) = \phi(t,t,t)$;

(3) $\lim\limits_{n \to \infty} \varphi^n(t) = 0$, $\forall t > 0$.

假设 T 满足:

(4) T 是一个三角 α-轨道可容许映射;

(5) 存在 $x_0 \in X$,使得 $\alpha(x_0, Tx_0) \geqslant 1$ 成立;

(6) 如果 X 中的序列 $\{x_n\}$ 满足:对于所有的 $n \in \mathbf{N}$,有 $\alpha(x_n, x_{n+1}) \geqslant 1$,并且当 $n \to \infty$ 时,$x_n \to x$,那么就存在一个 $\{x_n\}$ 的子列 $\{x_{n_k}\}$,使得对于所有的 $k \in \mathbf{N}$,都有 $\alpha(x_{n_k}, x) \geqslant 1$ 成立;

(7) 对于所有的 T^q 的不动点的 x,有对于任意的 $y \in X$, $\alpha(x,y) \geqslant 1$ 成立,那么 T 有唯一的不动点 $x^* \in X$,并且对于任意的 $x \in X$,迭代序列 $\{T^n x\}$ 收敛到这个不动点 x^*.

定理 4.2.2 设 (X, d) 是一个系数 $s \geqslant 1$ 的完备矩形 b-度量空间,映射 $T: X \rightarrow X$ 是一个连续的单射,满足条件:存在一个函数 $\varphi:[0, +\infty) \rightarrow \left[0, \dfrac{1}{2s}\right)$,对于所有的 $x \in X$,可以找到一个正整数 $n(x)$,使得对于任意的 $y \in X$ 有

$$d(T^{n(x)} x, T^{n(x)} y) \leqslant \varphi(M(x,y))M(x,y), \tag{4.2.7}$$

其中

$$M(x,y) = \max\{d(x,y), d(x, T^{n(x)} x), d(x, T^{n(x)} y)\},$$

那么 T 有唯一的不动点 $x^* \in X$,且对于任意的 $x \in X$,迭代序列 $\{T^n x\}$ 收敛到这个不动点 x^*.

证明: 设 x_0 是 X 中的任意一点,定义 X 中的序列 $\{x_n\}$ 为 $x_1 = T^{n(x_0)} x_0, \cdots, x_{n+1} = T^{n(x_n)} x_n$, $\forall n \in \mathbf{N}_0$. 如果存在 $n_0 \in \mathbf{N}_0$,使得 $x_{n_0} = x_{n_0+1} = T^{n(x_{n_0})} x_{n_0}$,那么 x_{n_0} 是 $T^{n(x_{n_0})}$ 的一个不动点. 假设存在 $y \in X$,使得 $y = T^{n(x_{n_0})} y$,并且 $y \neq x_{n_0}$,那么有

$$d(x_{n_0}, y) = d(T^{n(x_{n_0})} x_{n_0}, T^{n(x_{n_0})} y) \leqslant \varphi(M(x_{n_0}, y))M(x_{n_0}, y),$$

其中

$$M(x_{n_0}, y) = \max\{d(x_{n_0}, y), d(x_{n_0}, T^{n(x_{n_0})} x_{n_0}), d(x_{n_0}, T^{n(x_{n_0})} y)\} = d(x_{n_0}, y) > 0.$$

于是得到 $d(x_{n_0}, y) < \dfrac{1}{2s} d(x_{n_0}, y)$,矛盾. 因此 x_{n_0} 是 $T^{n(x_{n_0})}$ 的唯一不动点. 因为

$Tx_{n_0} = TT^{n(x_{n_0})}x_{n_0} = T^{n(x_{n_0})}Tx_{n_0}$，所以由 $T^{n(x_{n_0})}$ 的不动点的唯一性知 $Tx_{n_0} = x_{n_0}$. 此后，假设对于所有的 $n \in \mathbf{N}_0, x_n \neq x_{n+1}$.

对每个 $x \in X$，记 $z(x) = \max\{d(x, T^k x), k = 0, 1, 2, \cdots, n(x), n(x)+1, \cdots, 2n(x)\}$. 首先证明对于所有的 $n \in \mathbf{N}, r(x) = \sup d(x, T^n x)$ 是有限的. 假设 $n > n(x)$ 是一个正整数，则有 $n = rn(x) + \ell, r \geq 1, 0 \leq \ell < n(x)$ 成立. 记 $\delta_r(x) = d(x, T^{rn(x)+\ell}x)$，$r = 0, 1, 2, \cdots$. 不妨设 $x, T^{n(x)}x, T^{2n(x)}x, T^{(r-1)n(x)+\ell}x$ 是互不相同的. 否则结论显然成立. 由三角不等式有

$$
\begin{aligned}
d(x, T^n x) = d(x, T^{rn(x)+\ell}x) &\leq s[d(x, T^{2n(x)}x) + \\
&\quad d(T^{2n(x)}x, T^{n(x)}x) + d(T^{n(x)}x, T^{rn(x)+\ell}x)] \\
&\leq s[z(x) + \varphi(M(x, T^{n(x)}x))M(x, T^{n(x)}x) + \\
&\quad \varphi(M(x, T^{(r-1)n(x)+\ell}x))M(x, T^{(r-1)n(x)+\ell}x)], \quad (4.2.8)
\end{aligned}
$$

其中

$$
M(x, T^{n(x)}x) = \max\{d(x, T^{n(x)}x), d(x, T^{n(x)}x), d(x, T^{2n(x)}x)\} = z(x), \tag{4.2.9}
$$

$$
\begin{aligned}
M(x, T^{(r-1)n(x)+\ell}x) &= \max\{d(x, T^{(r-1)n(x)+\ell}x), d(x, T^{n(x)}x), d(x, T^{rn(x)+\ell}x)\} \\
&\leq \max\{\delta_{r-1}(x), z(x), \delta_r(x)\}. \tag{4.2.10}
\end{aligned}
$$

根据式(4.2.8)、式(4.2.9)和式(4.2.10)，有

$$
\delta_r(x) \leq s\left[z(x) + \frac{1}{2s}z(x) + \frac{1}{2s}\max\{\delta_{r-1}(x), z(x), \delta_r(x)\}\right].
$$

由归纳法可以得出 $\frac{1}{2s+1}\delta_r(x) \leq z(x)$. 事实上，当 $r = 1$ 时，可以推出

$$
\delta_1(x) \leq \frac{1+2s}{2}z(x) + \frac{1}{2}\max\{z(x), \delta_1(x)\}.
$$

如果 $\delta_1(x) \geq z(x)$，则有

$$
\delta_1(x) \leq (1+2s)z(x).
$$

如果 $\delta_1(x) < z(x)$，则有

$$
\delta_1(x) \leq (1+s)z(x) < (1+2s)z(x).
$$

设

$$
\delta_r(x) \leq (1+2s)z(x).
$$

那么

$$
\delta_{r+1}(x) \leq \frac{1+2s}{2}z(x) + \frac{1}{2}\max\{(1+2s)z(x), z(x), \delta_{r+1}(x)\} \leq (1+2s)z(x).
$$

因此，$r(x) = \sup d(x, T^n x)$ 是有限的.

接下来证明 $\lim\limits_{n\to\infty} d(x_n, x_{n+1}) = 0$. 由压缩条件$(4.2.7)$可知

$$d(x_n, x_{n+1}) = d(T^{n(x_{n-1})} x_{n-1}, T^{n(x_n)+n(x_{n-1})} x_{n-1})$$
$$\leqslant \varphi(M(x_{n-1}, T^{n(x_n)} x_{n-1})) M(x_{n-1}, T^{n(x_n)} x_{n-1}),$$

其中

$$M(x_{n-1}, T^{n(x_n)} x_{n-1}) = \max\{ d(x_{n-1}, T^{n(x_n)} x_{n-1}), d(x_{n-1}, T^{n(x_{n-1})} x_{n-1}),$$
$$d(x_{n-1}, T^{n(x_n)+n(x_{n-1})} x_{n-1}) \}$$
$$\leqslant \sup\{ d(x_{n-1}, q) \mid q \in \{ T^m x_{n-1} \}_{m=1}^{\infty} \}.$$

显然 $M(x_{n-1}, T^{n(x_n)} x_{n-1}) > 0$, 于是 $d(x_n, x_{n+1}) < \dfrac{1}{2s} \sup\{ d(x_{n-1}, q) \mid q \in$ $\{ T^m x_{n-1} \}_{m=1}^{\infty} \}$. 对于每一个 $q \in \{ T^m x_{n-1} \}_{m=1}^{\infty}$, 有

$$d(x_{n-1}, q) = d(x_{n-1}, T^m x_{n-1})$$
$$= d(T^{n(x_{n-2})} x_{n-2}, T^{m+n(x_{n-2})} x_{n-2})$$
$$\leqslant \varphi(M(x_{n-2}, T^m x_{n-2})) M(x_{n-2}, T^m x_{n-2}),$$

其中

$$M(x_{n-2}, T^m x_{n-2}) = \max\{ d(x_{n-2}, T^m x_{n-2}), d(x_{n-2}, T^{n(x_{n-2})} x_{n-2}), d(x_{n-2}, T^{m+n(x_{n-2})} x_{n-2}) \}$$
$$\leqslant \sup\{ d(x_{n-2}, q) \mid q \in \{ T^m x_{n-2} \}_{m=1}^{\infty} \} > 0.$$

这意味着 $d(x_{n-1}, q) < \dfrac{1}{2s} \sup\{ d(x_{n-2}, q) \mid q \in \{ T^m x_{n-2} \}_{m=1}^{\infty} \}$. 因此可以推出

$$d(x_n, x_{n+1}) < \frac{1}{2s} \sup\{ d(x_{n-1}, q) \mid q \in \{ T^m x_{n-1} \}_{m=1}^{\infty} \}$$
$$< \cdots < \frac{1}{(2s)^n} \sup\{ d(x_0, q) \mid q \in \{ T^m x_0 \}_{m=1}^{\infty} \} \to 0, (n \to \infty).$$

即 $\lim\limits_{n\to\infty} d(x_n, x_{n+1}) = 0$.

为了方便起见, 用 r_0 表示 $\sup\{ d(x_0, q) \mid q \in \{ T^m x_0 \}_{m=1}^{\infty} \}$. 对于序列 $\{x_n\}$, 考虑以下两种情况,

（1）如果 p 是一个奇数, 记为 $2m+1$, 那么

$$d(x_n, x_{n+2m+1}) \leqslant s[d(x_n, x_{n+1}) + d(x_{n+1}, x_{n+2}) + d(x_{n+2}, x_{n+2m+1})]$$
$$< s\left[\frac{1}{(2s)^n} r_0 + \frac{1}{(2s)^{n+1}} r_0 \right] + s^2 [d(x_{n+2}, x_{n+3}) +$$
$$d(x_{n+3}, x_{n+4}) + d(x_{n+4}, x_{n+2m+1})]$$
$$\cdots$$

$$< s\,\frac{1}{(2s)^n}r_0 + s\,\frac{1}{(2s)^{n+1}}r_0 + s^2\,\frac{1}{(2s)^{n+2}}r_0 + s^2\,\frac{1}{(2s)^{n+3}}r_0 +$$

$$\cdots + s^m\,\frac{1}{(2s)^{n+2m}}r_0$$

$$\leqslant s\,\frac{1}{(2s)^n}\Big[1 + s\,\frac{1}{(2s)^2} + \cdots\Big]r_0 + s\,\frac{1}{(2s)^{n+1}}\Big[1 + s\,\frac{1}{(2s)^2} + \cdots\Big]r_0$$

$$\leqslant s\,\frac{1}{(2s)^n}\cdot\frac{1 + \frac{1}{2s}}{1 - \frac{1}{4s}}r_0 \to 0\,(n \to \infty). \qquad (4.2.11)$$

(2)如果 p 是一个偶数,记为 $2m$,那么

$$d(x_n, x_{n+2m}) \leqslant s[d(x_n, x_{n+1}) + d(x_{n+1}, x_{n+2}) + d(x_{n+2}, x_{n+2m})]$$

$$< s\Big[\frac{1}{(2s)^n}r_0 + \frac{1}{(2s)^{n+1}}r_0\Big] + s^2\Big[\frac{1}{(2s)^{n+2}}r_0 + s^2\,\frac{1}{(2s)^{n+3}}r_0\Big] +$$

$$\cdots + s^{m-1}\Big[\frac{1}{(2s)^{n+2m-4}}r_0 + \frac{1}{(2s)^{n+2m-3}}r_0\Big] + s^{m-1}d(x_{n+2m-2}, x_{n+2m})$$

$$\leqslant s\,\frac{1}{(2s)^n}\Big[1 + s\,\frac{1}{(2s)^2} + \cdots\Big]r_0 + s\,\frac{1}{(2s)^{n+1}}\Big[1 + s\,\frac{1}{(2s)^2} + \cdots\Big]r_0 +$$

$$s^{m-1}\,\frac{1}{(2s)^{n+2m-2}}r_0$$

$$\leqslant s\,\frac{1}{(2s)^n}\cdot\frac{1}{2m}\,\frac{1}{(2s)^{n-2}}r_0 \to 0\,(n \to \infty). \qquad (4.2.12)$$

由式(4.2.11)和式(4.2.12)可知,$\{x_n\}$ 是 X 中的一个柯西列. 因为 X 是完备的,所以存在一点 $x^* \in X$,使得 $\lim\limits_{n\to\infty} x_n = x^*$. 不妨设 $x_n \neq x^*$,并且 $x_n \neq T^{n(x^*)}x_n$. 否则,根据 T 的连续性,有 $x^* = T^{n(x^*)}x^*$,即 x^* 是 $T^{n(x^*)}$ 的不动点. 于是

$$d(x_n, T^{n(x^*)}x_n) = d(T^{n(x_{n-1})}x_{n-1}, T^{n(x^*)+n(x_{n-1})}x_{n-1})$$

$$\leqslant \varphi(M(x_{n-1}, T^{n(x^*)}x_{n-1}))M(x_{n-1}, T^{n(x^*)}x_{n-1}),$$

其中

$$M(x_{n-1}, T^{n(x^*)}x_{n-1}) = \max\{d(x_{n-1}, T^{n(x^*)}x_{n-1}), d(x_{n-1}, T^{n(x_{n-1})}x_{n-1}), d(x_{n-1}, T^{n(x^*)}x_n)\} > 0.$$

由此可知

$$d(x_n, T^{n(x^*)}x_n) < \frac{1}{2s}\sup\{d(x_{n-1}, q) \mid q \in \{T^m x_{n-1}\}_{m=1}^\infty\}$$

$$< \cdots < \frac{1}{(2s)^n}\sup\{d(x_0, q) \mid q \in \{T^m x_0\}_{m=1}^\infty\} \to 0\,(n \to \infty).$$

因为 T 是一个连续映射，所以 $\lim\limits_{n\to\infty} d(T^{n(x^*)}x^*, T^{n(x^*)}x_n) = 0$. 因此，

$$d(x^*, T^{n(x^*)}x^*) \leqslant s[d(x^*, x_n) + d(x_n, T^{n(x^*)}x^*) +$$
$$d(T^{n(x^*)}x^*, T^{n(x^*)}x_n)] \to 0(n\to\infty).$$

这意味着 $x^* = T^{n(x^*)}x^*$. 注意到

$$d(x^*, Tx^*) = d(T^{n(x^*)}x^*, TT^{n(x^*)}x^*) \leqslant \varphi(M(x^*, Tx^*))M(x^*, Tx^*),$$

其中

$$M(x^*, Tx^*) = \max\{d(x^*, Tx^*), d(x^*, T^{n(x^*)}x^*), d(x^*, T^{n(x^*)}Tx^*)\} = d(x^*, Tx^*).$$

因此，$d(x^*, Tx^*) \leqslant \dfrac{1}{2s}d(x^*, Tx^*)$，即 $x^* = Tx^*$. 假设存在 $y^* \in X(y^* \neq x^*)$，使

得 $y^* = Ty^*$，那么 $y^* = Ty^* = \cdots = T^{n(x^*)}y^*$，由此得出

$$d(x^*, y^*) = d(T^{n(x^*)}x^*, T^{n(x^*)}y^*) \leqslant \varphi(M(x^*, y^*))M(x^*, y^*) < \frac{1}{2s}d(x^*, y^*).$$

这是矛盾的. 因此 x^* 是 T 的唯一不动点.

下面证明定理的最后一部分. 为了证明这一结论，固定一个常数 $\ell, 0 \leqslant \ell <$ $n(x^*)$，并且对于任意的 $n > n(x^*)$，令 $n = in(x^*) + \ell, i \geqslant 1$. 那么，$\forall x \in X$，有

$$d(x^*, T^n x) = d(T^{n(x^*)}x^*, T^{in(x^*)+\ell}x) \leqslant \varphi(M(x^*, T^{(i-1)n(x^*)+\ell}x))M(x^*, T^{(i-1)n(x^*)+\ell}x).$$
$$(4.2.13)$$

其中

$$M(x^*, T^{(i-1)n(x^*)+\ell}x) = \max\{d(x^*, T^{(i-1)n(x^*)+\ell}x), d(x^*, T^{n(x^*)}x^*), d(x^*, T^n x)\}.$$

若 $d(x^*, T^n x) \geqslant d(x^*, T^{(i-1)n(x^*)+\ell}x)$，则 $M(x^*, T^{(i-1)n(x^*)+\ell}x) = d(x^*, T^n x)$，由式(4.2.13)可知

$$d(x^*, T^n x) \leqslant \frac{1}{2s}d(x^*, T^n x),$$

即 $x^* = T^n x$. 此时 $T^n x \to x^*(n\to\infty)$. 问题得证.

若 $d(x^*, T^n x) < d(x^*, T^{(i-1)n(x^*)+\ell}x)$，可以得出

$$d(x^*, T^n x) \leqslant \frac{1}{2s}d(x^*, T^{(i-1)n(x^*)+\ell}x).$$

相似地，

$$d(x^*, T^{(i-1)n(x^*)+\ell}x) = d(T^{n(x^*)}x^*, T^{(i-1)n(x^*)+\ell}x)$$
$$\leqslant \varphi(M(x^*, T^{(i-2)n(x^*)+\ell}x))M(x^*, T^{(i-2)n(x^*)+\ell}x),$$

其中

$$M(x^*, T^{(i-2)n(x^*)+\ell}x) = \max\{d(x^*, T^{(i-2)n(x^*)+\ell}x),$$
$$d(x^*, T^{n(x^*)}x^*), d(x^*, T^{(i-1)n(x^*)+\ell}x)\}.$$

此时,如果 $d(x^*,T^{(i-1)n(x^*)+\ell}x) \geqslant d(x^*,T^{(i-2)n(x^*)+\ell}x)$,那么

$$M(x^*,T^{(i-2)n(x^*)+\ell}x) = d(x^*,T^{(i-1)n(x^*)+\ell}x).$$

据此有

$$d(x^*,T^{(i-1)n(x^*)+\ell}x) \leqslant \frac{1}{2s}d(x^*,T^{(i-1)n(x^*)+\ell}x),$$

即 $x^* = T^{(i-1)n(x^*)+\ell}x$. 利用 x^* 是 T 的唯一不动点知,$T^{n(x^*)}x^* = T^{n(x^*)}T^{(i-1)n(x^*)+\ell}x = T^n x$,故仍有 $T^n x \to x^* (n \to \infty)$. 问题得证.

如果 $d(x^*,T^{(i-1)n(x^*)+\ell}x) < d(x^*,T^{(i-2)n(x^*)+\ell}x)$,可以推出

$$d(x^*,T^{(i-1)n(x^*)+\ell}x) \leqslant \frac{1}{2s}d(x^*,T^{(i-2)n(x^*)+\ell}x).$$

重复上述过程,若存在某个 $i_0 \leqslant i$,使得 $x^* = T^{(i-i_0)n(x^*)+\ell}x$,则问题得证. 否则,可以得出

$$d(x^*,T^n x) \leqslant \cdots \leqslant \frac{1}{(2s)^i}d(x^*,T^\ell x) \to 0 (i \to \infty).$$

因此,对于任意的 $x \in X$,迭代序列 $\{T^n x\}$ 收敛到不动点 x^*.

例 4.2.2 设 $X = [0,+\infty)$,定义 $d(x,y) = (x-y)^2$. 容易验证 (X,d) 是一个系数 $s = 3$ 的完备矩形 b-度量空间. 定义映射 $T, \varphi: X \to X$ 为 $Tx = \frac{x}{2}$,$\varphi x = \frac{1}{3s}$,$\forall x \in [0,+\infty)$. 对于任意的 $x \in X$,令 $n(x) = 3$. 于是可以得出

$$d(T^{n(x)}x,T^{n(x)}y) = d(T^3 x,T^3 y) = \frac{1}{64}(x-y)^2,$$

并且

$$\varphi(M(x,y))M(x,y) = \frac{1}{9}\max\{d(x,y),d(x,T^3 x),d(x,T^3 y)\}$$

$$\geqslant \frac{1}{9}d(x,y) = \frac{1}{9}(x-y)^2,$$

即

$$d(T^{n(x)}x,T^{n(x)}y) \leqslant \varphi(M(x,y))M(x,y).$$

因此,定理 4.2.2 的所有条件都满足. 显然 T 有唯一的不动点 0. 另外,对于任意的 $x \in X$,迭代序列 $\{T^n x\}$ 收敛到 0.

推论 4.2.4 设 (X,d) 是一个系数 $s \geqslant 1$ 的完备的矩形 b-度量空间,映射 $T: X \to X$ 是一个连续的单射,满足条件:存在一个函数 $\varphi: [0,+\infty) \to \left[0,\frac{1}{2s}\right)$,对于

所有的 $x \in X$，可以找到一个正整数 p，使得对于任意的 $y \in X$ 有
$$d(T^p x, T^p y) \leqslant \varphi(M(x,y)) M(x,y),$$
其中
$$M(x,y) = \max\{d(x,y), d(x, T^p x), d(x, T^p y)\},$$
那么 T 有唯一的不动点 x^*，且对于任意的 $x \in X$，迭代序列 $\{T^n x\}$ 收敛到这个不动点 x^*.

推论 4.2.5　设 (X,d) 是一个系数 $s \geqslant 1$ 的完备矩形 b-度量空间，映射 $T: X \to X$ 是一个连续的单射，满足条件：对于所有的 $x \in X$，可以找到一个正整数 $n(x)$，使得对于任意的 $y \in X$ 有
$$d(T^{n(x)} x, T^{n(x)} y) \leqslant \lambda \max\{d(x,y), d(x, T^{n(x)} x), d(x, T^{n(x)} y)\},$$
其中 $\lambda \in \left(0, \dfrac{1}{2s}\right)$ 是任意的常数，那么 T 有唯一的不动点 x^*，且对于任意的 $x \in X$，迭代序列 $\{T^n x\}$ 收敛到这个不动点 x^*.

推论 4.2.6　设 (X,d) 是一个完备的矩形度量空间，映射 $T: X \to X$ 是一个连续的单射，满足条件：存在一个函数 $\varphi: [0, +\infty) \to \left[0, \dfrac{1}{2}\right)$，对于所有的 $x \in X$，可以找到一个正整数 $n(x)$，使得对于任意的 $y \in X$ 有
$$d(T^{n(x)} x, T^{n(x)} y) \leqslant \varphi(M(x,y)) M(x,y),$$
其中
$$M(x,y) = \max\{d(x,y), d(x, T^{n(x)} x), d(x, T^{n(x)} y)\},$$
那么 T 有唯一的不动点 x^*，并且对于任意的 $x \in X$，迭代序列 $\{T^n x\}$ 收敛到这个不动点 x^*.

本节最后，我们给出上述矩形 b-度量空间中不动点定理的一个应用.

众所周知，在工程问题中，汽车悬架系统是弹簧质量系统的一个实际应用，使其运转的外力可能是重力、张力、地面振动、地震等. 例如，当汽车沿着崎岖的道路行驶时，考虑到弹簧的运动，其中阻力来自崎岖不平的道路摩擦和减震器产生的阻尼. 设 m 为弹簧的质量，F 是作用在其上的外力，这个临界阻尼运动系统可由以下初值问题给出：
$$\begin{cases} m\dfrac{\mathrm{d}^2 x}{\mathrm{d}t^2} + c\dfrac{\mathrm{d}x}{\mathrm{d}t} - mF(t, x(t)) = 0, \\ x(0) = 0, \\ x'(0) = 0, \end{cases} \qquad (4.2.14)$$
其中 m 是质量，$c > 0$ 是阻尼常数，并且 $F: [0, H] \times \mathbf{R}^+ \to \mathbf{R}$ 是一个连续的函数.

容易证明,问题(4.2.14)等价于积分方程:

$$x(t) = \int_0^H \gamma(t,r) F(r,x(r)) \mathrm{d}r, t \in [0,H],$$

其中 $\gamma(t,r)$ 是格林函数,定义为

$$\gamma(t,r) = \begin{cases} \dfrac{1-\mathrm{e}^{u(t-r)}}{\mu}, 0 \leqslant r \leqslant t \leqslant H, \\ 0, 0 \leqslant t < r \leqslant H, \end{cases}$$

其中 $\mu = \dfrac{c}{m}$ 是一个常数.

在这一部分,我们将利用定理4.2.1来证明下面这个更一般形式的积分方程问题解的存在性:

$$x(t) = \int_0^H G(t,r,x(r)) \mathrm{d}r. \tag{4.2.15}$$

设 $X = C[0,H]$ 表示 $[0,H]$ 上所有连续映射的集合. 对于 $p \geqslant 2$,定义

$$d(x,y) = \sup_{t \in [0,H]} |x(t) - y(t)|^p, \forall x,y \in X.$$

不难证明,(X,d) 是一个系数 $s = 3^{p-1}$ 的完备矩形 b-度量空间. 考虑映射 $T:X \to X$,

$$Tx(t) = \int_0^H G(t,r,x(r)) \mathrm{d}r$$

以及 $\xi: \mathbf{R} \times \mathbf{R} \to \mathbf{R}$ 为一给定映射满足:

$$\xi(x(t),y(t)) \geqslant 0, \xi(y(t),Ty(t)) \geqslant 0 \Rightarrow \xi(x(t),Ty(t)) \geqslant 0.$$

定理4.2.3 考虑积分方程(4.2.15)并假设

(1) $G:[0,H] \times [0,H] \times \mathbf{R} \to \mathbf{R}^+$ 是连续的;

(2) 存在点 $x_0 \in X$,使得 $\forall t \in [0,H], \xi(x_0(t),Tx_0(t)) \geqslant 0$ 成立;

(3) $\forall t \in [0,H], \forall x,y \in X, \xi(x(t),y(t)) \geqslant 0 \Rightarrow \xi(Tx(t),Ty(t)) \geqslant 0$;

(4) 如果 X 中的序列 $\{x_n\}$ 满足: $\forall n \in \mathbf{N}, \xi(x_n(t),x_{n+1}(t)) \geqslant 0$ 及 $x_n \to x \in X(n \to \infty)$,那么存在 $\{x_n\}$ 的子列 $\{x_{n_k}\}$,使得 $\forall y \in X, \xi(x_{n_k}(t),y(t)) \geqslant 0$;

(5) 对于满足条件 $T^{n(x)}x = x$ 的点 x,有 $\forall y \in X, \xi(x(t),y(t)) \geqslant 0$;

(6) 存在一个连续的函数 $\gamma:[0,H] \times [0,H] \to \mathbf{R}^+$ 使得

$$|G(t,r,x(r)) - G(t,r,y(r))| \leqslant \gamma(t,r) |x(r) - y(r)|,$$

并且

$$\sup_{t \in [0,H]} \int_0^H \gamma(t,r) \mathrm{d}r \leqslant \left(\frac{1}{3^{p^2+1}}\right)^{\frac{1}{p}},$$

那么积分方程(4.2.15)有唯一解 $x \in X$.

证明:定义映射 $\alpha: X \times X \to [0, +\infty)$ 如下:

$$\alpha(x, y) = \begin{cases} s^p, \xi(x(t), y(t)) \geqslant 0, \\ 0, \text{其他}. \end{cases}$$

不难证明 T 是三角 α_{sp} 轨道可容许的. 对于 $x, y \in X$, 利用条件(1)—(6)得到

$$s^p d(Tx(t), Ty(t)) = s^p \sup_{t \in [0, H]} |Tx(t) - Ty(t)|^p$$

$$= s^p \sup_{t \in [0, H]} \left| \int_0^H G(t, r, x(r)) - \int_0^H G(t, r, y(r)) \, \mathrm{d}r \right|^p$$

$$\leqslant s^p \sup_{t \in [0, H]} \left(\int_0^H |G(t, r, x(r)) - G(t, r, y(r))| \, \mathrm{d}r \right)^p$$

$$\leqslant s^p \sup_{t \in [0, H]} \left(\int_0^H \gamma(t, r) |x(r) - y(r)| \, \mathrm{d}r \right)^p$$

$$\leqslant s^p \sup_{t \in [0, H]} \left(\int_0^H \gamma(t, r) \, \mathrm{d}r \right)^p \cdot \sup_{t \in [0, H]} |x(t) - y(t)|^p$$

$$\leqslant \frac{d(x(t), y(t))}{3^{p+1}}.$$

设 $\varphi(x_1, x_2, x_3) = \dfrac{x_1 + x_2 + x_3}{3^{p+1}}, s = 3^{p-1}, n(x) = 1$. 由上述表达式可推出

$$\alpha(x, y) d(T^{n(x)} x, T^{n(x)} y) \leqslant \phi(d(x, y), d(x, T^{n(x)} x), d(x, T^{n(x)} y)).$$

因此, 定理 4.2.1 的所有条件都满足. 所以, 映射 T 具有唯一的不动点 $x \in X$, 也就是积分方程(4.2.15)有解.

注 4.2.1 如果令

$$G(t, r, x(r)) = \gamma(t, r) F(r, x(r)), |F(r, x(r)) - F(r, y(r))| \leqslant |x(r) - y(r)|,$$

那么定理 4.2.3 的所有条件都成立, 也就意味着问题(4.2.14)有唯一解.

4.3 广义弱压缩映射的公共不动点定理

在本节中将给出完备矩形 b-度量空间中一些新的广义弱压缩映射的公共不动点结果. 此外, 我们将提供例子来说明结论的有效性.

设 (X, d) 是一个矩形 b-度量空间. 对于 $\xi \in X$, 如果 $\{\xi_n\}$ 收敛到 ξ, 可以得到

$$O(\xi) \leqslant \liminf_{n \to \infty} O(\xi_n),$$

那么称映射 $O: X \to [0, +\infty)$ 是下半连续映射.

设 Ω 表示所有函数 $\beta: \mathbf{R}^+ \to \left[0, \dfrac{1}{s}\right)$ 的集合. 定义函数族 Θ:

$\Theta = \{\theta : [0, +\infty) \to [0, +\infty)$ 是连续单调递增函数,满足:对于所有的 $k > 0$,$\theta(k) < k$,并且 $\theta(k) = 0$ 当且仅当 $k = 0\}$.

定义 4.3.1 设 (X, d) 是一个系数 $s \geqslant 1$ 的矩形 b-度量空间. 设 $\alpha : X \times X \to [0, +\infty)$,$O, R : X \to X$ 是三个给定映射,并且 $p \geqslant 2$ 是一个实数. 如果对于所有的 $\xi, \eta \in X, \alpha(R\xi, R\eta) \geqslant s^p$ 蕴含着 $\alpha(O\xi, O\eta) \geqslant s^p$,则称 O 是一个 $R-\alpha_{s^p}$-可容许函数.

定义 4.3.2 设 (X, d) 是一个系数 $s \geqslant 1$ 的矩形 b-度量空间. 设 $\alpha : X \times X \to [0, +\infty)$ 和 $O, R : X \to X$ 是给定映射. 假设 $p \geqslant 2$ 是一个实数,$\varphi : X \to [0, +\infty)$ 是一个下半连续函数. 如果映射 O 满足:对于所有使得 $\alpha(R\xi, R\eta) \geqslant s^p, d(O\xi, O\eta) + \varphi(O\xi) + \varphi(O\eta) \neq 0$ 成立的 $\xi, \eta \in X$,存在 $\theta \in \Theta, \beta \in \Omega, L \geqslant 0$ 和 $\frac{1}{s} + L < 1$ 使得

$$\theta(\alpha(R\xi, R\eta)[d(O\xi, O\eta) + \varphi(O\xi) + \varphi(O\eta)])$$
$$\leqslant \beta(\theta(h(\xi, \eta, d, O, R, \varphi)))\theta(h(\xi, \eta, d, O, R, \varphi)) + L\theta(q(\xi, \eta, d, O, R, \varphi)),$$

$$(4.3.1)$$

其中

$$h(\xi, \eta, d, O, R, \varphi)$$
$$= \max\{d(O\xi, O\eta) + \varphi(O\xi) + \varphi(O\eta),$$
$$\frac{d(O\eta, O\eta) + \varphi(O\eta) + \varphi(R\eta)}{1 + d(O\xi, R\xi) + \varphi(O\xi) + \varphi(R\xi)} \cdot [d(R\xi, R\eta) + \varphi(R\xi) + \varphi(R\eta)],$$
$$\frac{1}{2}[d(O\xi, O\eta) + \varphi(O\xi) + \varphi(O\eta) + d(R\xi, R\eta) + \varphi(R\xi) + \varphi(R\eta)]\},$$

$$q(\xi, \eta, d, O, R, \varphi) = \frac{1}{2}\min\{d(O\xi, O\eta) + \varphi(O\xi) + \varphi(O\eta),$$
$$d(R\xi, R\eta) + \varphi(R\xi) + \varphi(R\eta)\},$$

则称 O 是一个广义 $(R-\alpha_{s^p}, \theta, \varphi)$ 压缩映射.

设 $\alpha : X \times X \to [0, +\infty)$ 是一个映射. 性质 (A_{s^p}) 和 (B_{s^p}) 分别表示:

(A_{s^p}) 如果 $\{\xi_n\}$ 是 X 中的一个序列,满足当 $n \to \infty$ 时,$R\xi_n \to R\xi$,那么存在 $\{R\xi_n\}$ 的子序列 $\{R\xi_{n_k}\}$,使得 $\forall k \in \mathbf{N}, \alpha(R\xi_{n_k}, R\xi) \geqslant s^p$ 成立.

(B_{s^p}) 对于任意的 $x, y \in C(O, R)$,可以得到 $\alpha(Rx, Ry) \geqslant s^p$ 和 $\alpha(Ry, Rx) \geqslant s^p$.

定理 4.3.1 设 (X, d) 是一个系数 $s \geqslant 1$ 的完备矩形 b-度量空间. 设 $O, R : X \to X$ 是两个给定映射,满足 $O(X) \subset R(X)$,并且 $R(X)$ 是闭的. 假设 $\varphi : X \to [0, +\infty)$ 是一个下半连续映射,且 $\alpha : X \times X \to [0, +\infty)$ 是一个已知函数. 如果

（1）O 是一个 R-α_{s^p}-可容许映射；

（2）O 是一个广义 $(R$-$\alpha_{s^p},\theta,\varphi)$ 压缩映射；

（3）存在 $\xi_0 \in X$，使得 $\alpha(R\xi_0,O\xi_0) \geqslant s^p$ 成立；

（4）性质 (A_{s^p}) 和 (B_{s^p}) 成立；

（5）α 满足传递性，即对于任意的 $\xi,\eta,\zeta \in X$ 有

$$\alpha(\xi,\eta) \geqslant s^p,\alpha(\eta,\zeta) \geqslant s^p \Rightarrow \alpha(\xi,\zeta) \geqslant s^p,$$

那么 O 和 R 有唯一的重合值. 进一步地，如果 O 和 R 是弱相容的，那么 O 和 R 在 X 中有唯一的公共不动点.

证明： 由条件（3）可知，存在 $\xi_0 \in X$，使得 $\alpha(R\xi_0,O\xi_0) \geqslant s^p$. 定义 X 中的序列 $\{\xi_n\},\{\eta_n\}$ 为 $\eta_n = O\xi_n = R\xi_{n+1},n \in \mathbf{N}_0$. 如果存在某一自然数 n_0 有 $\eta_{n_0} = \eta_{n_0+1}$，那么可以推出 $\eta_{n_0} = \eta_{n_0+1} = O\xi_{n_0+1} = R\xi_{n_0+1}$，于是 O 和 R 有一个重合点. 此后，假设对于所有的 $n \in \mathbf{N}_0,\eta_n \neq \eta_{n+1}$. 根据条件（1），得到

$$\alpha(R\xi_0,R\xi_1) = \alpha(R\xi_0,O\xi_0) \geqslant s^p,$$
$$\alpha(R\xi_1,R\xi_2) = \alpha(O\xi_0,O\xi_1) \geqslant s^p,$$
$$\alpha(R\xi_2,R\xi_3) = \alpha(O\xi_1,O\xi_2) \geqslant s^p.$$

因此，对于所有的 $n \in \mathbf{N}_0$，可以推出 $\alpha(R\xi_n,R\xi_{n+1}) = \alpha(\eta_{n-1},\eta_n) \geqslant s^p$. 在式（4.3.1）中令 $\xi = \xi_n,\eta = \xi_{n+1}$，有

$$\theta(d(\eta_n,\eta_{n+1}) + \varphi(\eta_n) + \varphi(\eta_{n+1}))$$
$$\leqslant \theta(s^p[d(\eta_n,\eta_{n+1}) + \varphi(\eta_n) + \varphi(\eta_{n+1})])$$
$$\leqslant \theta(\alpha(R\xi_n,R\xi_{n+1})[d(O\xi_n,O\xi_{n+1}) + \varphi(O\xi_n) + \varphi(O\xi_{n+1})])$$
$$\leqslant \beta(\theta(h(\xi_n,\xi_{n+1},d,O,R,\varphi)))\theta(h(\xi_n,\xi_{n+1},d,O,R,\varphi)) +$$
$$L\theta(q(\xi_n,\xi_{n+1},d,O,R,\varphi)), \tag{4.3.2}$$

其中

$$h(\xi_n,\xi_{n+1},d,O,R,\varphi)$$
$$= \max\{d(O\xi_n,O\xi_{n+1}) + \varphi(O\xi_n) + \varphi(O\xi_{n+1}),$$
$$\frac{d(O\xi_{n+1},R\xi_{n+1}) + \varphi(O\xi_{n+1}) + \varphi(R\xi_{n+1})}{1 + d(O\xi_{n+1},R\xi_n) + \varphi(O\xi_n) + \varphi(R\xi_n)} \cdot [d(R\xi_n,R\xi_{n+1}) + \varphi(R\xi_n) + \varphi(R\xi_{n+1})],$$
$$\frac{1}{2}[d(O\xi_n,O\xi_{n+1}) + \varphi(O\xi_n) + \varphi(O\xi_{n+1}) + d(R\xi_n,R\xi_{n+1}) + \varphi(R\xi_n) + \varphi(R\xi_{n+1})]\}$$
$$= \max\{d(\eta_n,\eta_{n+1}) + \varphi(\eta_n) + \varphi(\eta_{n+1}),$$
$$\frac{d(\eta_{n+1},\eta_n) + \varphi(\eta_{n+1}) + \varphi(\eta_n)}{1 + d(\eta_n,\eta_{n-1}) + \varphi(\eta_n) + \varphi(\eta_{n-1})} \cdot [d(\eta_{n-1},\eta_n) + \varphi(\eta_{n-1}) + \varphi(\eta_n)],$$

$$\frac{1}{2}[d(\eta_n,\eta_{n+1}) + \varphi(\eta_n) + \varphi(\eta_{n+1}) + d(\eta_{n-1},\eta_n) + \varphi(\eta_{n-1}) + \varphi(\eta_n)]\}$$

$$\leqslant \max\{d(\eta_{n-1},\eta_n) + \varphi(\eta_{n-1}) + \varphi(\eta_n), d(\eta_{n+1},\eta_n) + \varphi(\eta_{n+1}) + \varphi(\eta_n)\},$$

$$(4.3.3)$$

$$q(\xi_n,\xi_{n+1},d,O,R,\varphi)$$

$$= \frac{1}{2}\min\{d(O\xi_n,O\xi_{n+1}) + \varphi(O\xi_n) + \varphi(O\xi_{n+1}), d(R\xi_n,R\xi_{n+1}) + \varphi(R\xi_n) + \varphi(R\xi_{n+1})\}$$

$$= \frac{1}{2}\min\{d(\eta_n,\eta_{n+1}) + \varphi(\eta_n) + \varphi(\eta_{n+1}), d(\eta_{n-1},\eta_n) + \varphi(\eta_{n-1}) + \varphi(\eta_n)\}.$$

$$(4.3.4)$$

如果对于某一 $n \in \mathbf{N}_0$,有 $d(\eta_n,\eta_{n+1}) + \varphi(\eta_n) + \varphi(\eta_{n+1}) > d(\eta_n,\eta_{n-1}) + \varphi(\eta_{n-1}) + \varphi(\eta_n)$,根据式(4.3.2)、式(4.3.3)和式(4.3.4),可以推出

$$\theta(d(\eta_n,\eta_{n+1}) + \varphi(\eta_n) + \varphi(\eta_{n+1})) \leqslant \frac{1}{s}\theta(h(\xi_n,\xi_{n+1},d,O,R,\varphi)) +$$

$$L\theta(q(\xi_n,\xi_{n+1},d,O,R,\varphi))$$

$$\leqslant \frac{1}{s}\theta(d(\eta_n,\eta_{n+1}) + \varphi(\eta_n) + \varphi(\eta_{n+1})) +$$

$$L\theta(d(\eta_n,\eta_{n+1}) + \varphi(\eta_n) + \varphi(\eta_{n+1}))$$

$$< \theta(d(\eta_n,\eta_{n+1}) + \varphi(\eta_n) + \varphi(\eta_{n+1})).$$

这是不可能的. 因此

$$d(\eta_n,\eta_{n+1}) + \varphi(\eta_n) + \varphi(\eta_{n+1}) \leqslant d(\eta_n,\eta_{n-1}) + \varphi(\eta_{n-1}) + \varphi(\eta_n),$$

$$(4.3.5)$$

$$h(\xi_n,\xi_{n+1},d,O,R,\varphi) \leqslant d(\eta_n,\eta_{n-1}) + \varphi(\eta_{n-1}) + \varphi(\eta_n), \quad (4.3.6)$$

$$q(\xi_n,\xi_{n+1},d,O,R,\varphi) < d(\eta_n,\eta_{n-1}) + \varphi(\eta_{n-1}) + \varphi(\eta_n). \quad (4.3.7)$$

从式(4.3.5)知$\{d(\eta_n,\eta_{n+1}) + \varphi(\eta_n) + \varphi(\eta_{n+1})\}$是递减的. 于是存在一个实数 $\gamma \geqslant 0$,使得

$$\lim_{n\to\infty}(d(\eta_n,\eta_{n+1}) + \varphi(\eta_n) + \varphi(\eta_{n+1})) = \gamma.$$

根据式(4.3.2)、式(4.3.6)和式(4.3.7),有

$$\theta(d(\eta_n,\eta_{n+1}) + \varphi(\eta_n) + \varphi(\eta_{n+1}))$$

$$\leqslant \beta(\theta(h(\xi_n,\xi_{n+1},d,O,R,\varphi)))\theta(h(\xi_n,\xi_{n+1},d,O,R,\varphi)) + L\theta(q(\xi_n,\xi_{n+1},d,O,R,\varphi))$$

$$< \theta(d(\eta_n,\eta_{n-1}) + \varphi(\eta_n) + \varphi(\eta_{n-1})). \quad (4.3.8)$$

如果 $\gamma > 0$,在式(4.3.8)中令 $n \to \infty$,得到

$$\theta(\gamma) = \lim_{n\to\infty}(d(\eta_n,\eta_{n+1}) + \varphi(\eta_n) + \varphi(\eta_{n+1}))$$

$$\leqslant \lim_{n \to \infty} \beta(\theta(h(\xi_n, \xi_{n+1}, d, O, R, \varphi)))\theta(h(\xi_n, \xi_{n+1}, d, O, R, \varphi)) +$$

$$L \lim_{n \to \infty} \theta(q(\xi_n, \xi_{n+1}, d, O, R, \varphi))$$

$$< \lim_{n \to \infty} \theta(d(\eta_{n-1}, \eta_n) + \varphi(\eta_{n-1}) + \varphi(\eta_n))$$

$$= \theta(\gamma),$$

矛盾. 因此

$$\lim_{n \to \infty} d(\eta_n, \eta_{n+1}) + \varphi(\eta_n) + \varphi(\eta_{n+1})) = \gamma = 0.$$

这意味着 $\lim_{n \to \infty} d(\eta_n, \eta_{n+1}) = 0$, 并且 $\lim_{n \to \infty} \varphi(\eta_n) = 0$. 由条件(5)可知 $\alpha(\eta_{n-2}, \eta_n) \geqslant s^p$.

在式(4.3.1)中令 $\xi = \xi_{n-1}, \eta = \xi_{n+1}$, 得到

$$\theta(d(\eta_{n-1}, \eta_{n+1}) + \varphi(\eta_{n-1}) + \varphi(\eta_{n+1}))$$

$$\leqslant \theta(\alpha(\eta_{n-2}, \eta_n)[d(\eta_{n-1}, \eta_{n+1}) + \varphi(\eta_{n-1}) + \varphi(\eta_{n+1})]$$

$$\leqslant \theta(\alpha(R\xi_n, R\xi_{n+1})[d(O\xi_n, O\xi_{n+1}) + \varphi(O\xi_n) + \varphi(O\xi_{n+1})]$$

$$\leqslant \beta(\theta(h(\xi_{n-1}, \xi_{n+1}, d, O, R, \varphi)))\theta(h(\xi_{n-1}, \xi_{n+1}, d, O, R, \varphi)) +$$

$$L\theta(q(\xi_{n-1}, \xi_{n+1}, d, O, R, \varphi)), \tag{4.3.9}$$

其中

$$h(\xi_{n-1}, \xi_{n+1}, d, O, R, \varphi)$$

$$= \max \Big\{ d(O\xi_{n-1}, O\xi_{n+1}) + \varphi(O\xi_{n-1}) + \varphi(O\xi_{n+1}),$$

$$\frac{d(O\xi_{n+1}, R\xi_{n+1}) + \varphi(O\xi_{n+1}) + \varphi(R\xi_{n+1})}{1 + d(O\xi_{n-1}, R\xi_{n-1}) + \varphi(O\xi_{n-1}) + \varphi(R\xi_{n-1})} \cdot$$

$$[d(R\xi_{n-1}, R\xi_{n+1}) + \varphi(R\xi_{n-1}) + \varphi(R\xi_{n+1})],$$

$$\frac{1}{2}[d(O\xi_{n-1}, O\xi_{n+1}) + \varphi(O\xi_{n-1}) + \varphi(O\xi_{n+1}) +$$

$$d(R\xi_{n-1}, R\xi_{n+1}) + \varphi(R\xi_{n-1}) + \varphi(R\xi_{n+1})]\Big\}$$

$$\leqslant \max\{d(\eta_{n-1}, \eta_{n+1}) + \varphi(\eta_{n-1}) +$$

$$\varphi(\eta_{n+1}), d(\eta_{n-2}, \eta_n) + \varphi(\eta_{n-2}) + \varphi(\eta_n)\}, \tag{4.3.10}$$

$$q(\xi_{n-1}, \xi_{n+1}, d, O, R, \varphi)$$

$$= \frac{1}{2}\min\{d(O\xi_{n-1}, O\xi_{n+1}) + \varphi(O\xi_{n-1}) + \varphi(O\xi_{n+1}),$$

$$d(R\xi_{n-1}, R\xi_{n+1}) + \varphi(R\xi_{n-1}) + \varphi(R\xi_{n+1})\}$$

$$= \frac{1}{2}\min\{d(\eta_{n-1}, \eta_{n+1}) + \varphi(\eta_{n-1}) + \varphi(\eta_{n+1}),$$

$$d(\eta_{n-2},\eta_n) + \varphi(\eta_{n-2}) + \varphi(\eta_n)\}. \qquad (4.3.11)$$

如果假设对于某一 $n \in \mathbf{N}_0$,有

$$d(\eta_{n-1},\eta_{n+1}) + \varphi(\eta_{n-1}) + \varphi(\eta_{n+1}) > d(\eta_{n-2},\eta_n) + \varphi(\eta_{n-2}) + \varphi(\eta_n),$$

根据式(4.3.9)、式(4.3.10)和式(4.3.11),得到

$$\theta(d(\eta_{n-1},\eta_{n+1}) + \varphi(\eta_{n-1}) + \varphi(\eta_{n+1}))$$

$$< \frac{1}{s}\theta(h(\xi_{-1},\xi_{n+1},d,O,R,\varphi)) + L\theta(q(\xi_{n-1},\xi_{n+1},d,O,R,\varphi))$$

$$< \theta(d(\eta_{n-1},\eta_{n+1}) + \varphi(\eta_{n-1}) + \varphi(\eta_{n+1})). \qquad (4.3.12)$$

于是

$$d(\eta_{n-1},\eta_{n+1}) + \varphi(\eta_{n-1}) + \varphi(\eta_{n+1}) \leqslant d(\eta_{n-2},\eta_n) + \varphi(\eta_{n-2}) + \varphi(\eta_n),$$
$$(4.3.13)$$

$$h(\xi_{n-1},\xi_{n+1},d,O,R,\varphi) \leqslant d(\eta_{n-2},\eta_n) + \varphi(\eta_{n-2}) + \varphi(\eta_n), \quad (4.3.14)$$

$$q(\xi_{n-1},\xi_{n+1},d,O,R,\varphi) < d(\eta_{n-2},\eta_n) + \varphi(\eta_{n-2}) + \varphi(\eta_n). \quad (4.3.15)$$

不等式(4.3.13)意味着$\{d(\eta_{n-2},\eta_n)+\varphi(\eta_{n-2})+\varphi(\eta_n)\}$是递减的. 于是存在一个实数 $\varepsilon \geqslant 0$ 使得

$$\lim_{n\to\infty}(d(\eta_{n-2},\eta_n) + \varphi(\eta_{n-2}) + \varphi(\eta_n)) = \varepsilon.$$

由式(4.3.12)、式(4.3.14)和式(4.3.15),可得

$$\theta(d(\eta_{n-1},\eta_{n+1}) + \varphi(\eta_{n-1}) + \varphi(\eta_{n+1})) \leqslant \beta(\theta(h(\xi_{n-1},\xi_{n+1},d,O,R,\varphi)))$$

$$\theta(h(\xi_{n-1},\xi_{n+1},d,O,R,\varphi)) +$$

$$L\theta(q(\xi_{n-1},\xi_{n+1},d,O,R,\varphi))$$

$$< \theta(d(\eta_{n-2},\eta_n) + \varphi(\eta_{n-2}) + \varphi(\eta_n)).$$
$$(4.3.16)$$

如果 $\varepsilon > 0$,在式(4.3.16)中取 $n\to\infty$ 的极限,有

$$\theta(\varepsilon) = \lim_{n\to\infty}(d(\eta_{n-1},\eta_{n+1}) + \varphi(\eta_{n-1}) + \varphi(\eta_{n+1}))$$

$$\leqslant \lim_{n\to\infty}\beta(\theta(h(\xi_{n-1},\xi_{n+1},d,O,R,\varphi)))\theta(h(\xi_{n-1},\xi_{n+1},d,O,R,\varphi)) +$$

$$L\lim_{n\to\infty}\theta(q(\xi_{n-1},\xi_{n+1},d,O,R,\varphi))$$

$$< \lim_{n\to\infty}\theta(d(\eta_{n-2},\eta_n) + \varphi(\eta_{n-2}) + \varphi(\eta_n))$$

$$= \theta(\varepsilon).$$

这是不可能的. 因此

$$\lim_{n\to\infty}(d(\eta_{n-2},\eta_n) + \varphi(\eta_{n-2}) + \varphi(\eta_n)) = \varepsilon = 0.$$

这蕴含着 $\lim\limits_{n\to\infty} d(\eta_{n-2}, \eta_n) = 0$.

下面来证明 $\{\eta_n\}$ 是一个柯西列. 假设不然, $\{\eta_n\}$ 不是一个柯西列. 那么存在 $\varepsilon > 0$, $\{\eta_n\}$ 的子列 $\{\eta_{m_k}\}$ 和 $\{\eta_{n_k}\}$, 使得 $n_k > m_k > k$,

$$\varepsilon \leqslant d(\eta_{m_k}, \eta_{n_k}), \tag{4.3.17}$$

并且 n_k 是满足上式的最小正整数, 即

$$d(\eta_{m_k}, \eta_{n_k-1}) < \varepsilon. \tag{4.3.18}$$

根据矩形三角不等式, 式(4.3.17)和式(4.3.18)得出

$$\varepsilon \leqslant d(\eta_{m_k}, \eta_{n_k})$$
$$\leqslant s[d(\eta_{m_k}, \eta_{n_k-1}) + d(\eta_{n_k-1}, \eta_{n_k+1}) + d(\eta_{n_k+1}, \eta_{n_k})]$$
$$< s\varepsilon + s d(\eta_{n_k-1}, \eta_{n_k+1}) + s d(\eta_{n_k+1}, \eta_{n_k}). \tag{4.3.19}$$

在上式中取 $k \to \infty$ 的上极限, 有

$$\varepsilon \leqslant \limsup_{k\to\infty} d(\eta_{m_k}, \eta_{n_k}) \leqslant s\varepsilon.$$

相似地,

$$d(\eta_{m_k}, \eta_{n_k}) \leqslant s[d(\eta_{m_k}, \eta_{m_k+1}) + d(\eta_{m_k+1}, \eta_{m_k-1}) + d(\eta_{m_k-1}, \eta_{n_k})],$$
$$\tag{4.3.20}$$

$$d(\eta_{m_k}, \eta_{n_k}) \leqslant s[d(\eta_{m_k}, \eta_{m_k-1}) + d(\eta_{m_k-1}, \eta_{n_k-1}) + d(\eta_{n_k-1}, \eta_{n_k})],$$
$$d(\eta_{m_k-1}, \eta_{n_k}) \leqslant s[d(\eta_{m_k-1}, \eta_{m_k}) + d(\eta_{m_k}, \eta_{n_k-1}) + d(\eta_{n_k-1}, \eta_{n_k})].$$
$$\tag{4.3.21}$$

借助于不等式(4.3.17)、式(4.3.18)和式(4.3.19), 可以得出

$$\frac{\varepsilon}{s} \leqslant \limsup_{k\to\infty} d(\eta_{m_k}, \eta_{n_k-1}) \leqslant \varepsilon.$$

由式(4.3.17)、式(4.3.18)、式(4.3.20)和式(4.3.21), 得到

$$\frac{\varepsilon}{s} \leqslant \limsup_{k\to\infty} d(\eta_{m_k-1}, \eta_{n_k}) \leqslant s\varepsilon.$$

用相似的方法, 有

$$d(\eta_{m_k-1}, \eta_{n_k-1}) \leqslant s[d(\eta_{m_k-1}, \eta_{m_k}) + d(\eta_{m_k}, \eta_{n_k}) + d(\eta_{n_k}, \eta_{n_k-1})].$$

因此

$$\frac{\varepsilon}{s} \leqslant \limsup_{k\to\infty} d(\eta_{m_k-1}, \eta_{n_k-1}) \leqslant s^2 \varepsilon.$$

利用 $h(\xi, \eta, d, O, R, \varphi)$ 的定义, 可以推出

$$h(\xi_{m_k}, \xi_{n_k}, d, O, R, \varphi)$$

$$= \max\left\{ d(O\xi_{m_k}, O\xi_{n_k}) + \varphi(O\xi_{m_k}) + \varphi(O\xi_{n_k}), \right.$$

$$\frac{d(O\xi_{n_k},R\xi_{n_k})+\varphi(O\xi_{n_k})+\varphi(R\xi_{n_k})}{1+d(O\xi_{m_k},R\xi_{m_k})+\varphi(O\xi_{m_k})+\varphi(R\xi_{m_k})}\cdot[d(R\xi_{m_k},R\xi_{n_k})+\varphi(R\xi_{m_k})+\varphi(R\xi_{n_k})],$$

$$\frac{1}{2}[d(O\xi_{m_k},O\xi_{n_k})+\varphi(O\xi_{m_k})+\varphi(O\xi_{n_k})+d(R\xi_{m_k},R\xi_{n_k})+\varphi(R\xi_{m_k})+\varphi(R\xi_{n_k})]\Big\}$$

$$=\max\Big\{d(\eta_{m_k},\eta_{n_k})+\varphi(\eta_{m_k})+\varphi(\eta_{n_k}),$$

$$\frac{d(\eta_{n_k},\eta_{n_k-1})+\varphi(\eta_{n_k})+\varphi(\eta_{n_k-1})}{1+d(\eta_{m_k},\eta_{m_k-1})+\varphi(\eta_{m_k})+\varphi(\eta_{m_k-1})}\cdot[d(\eta_{m_k-1},\eta_{n_k-1})+\varphi(\eta_{m_k-1})+\varphi(\eta_{n_k-1})],$$

$$\frac{1}{2}[d(\eta_{m_k},\eta_{n_k})+\varphi(\eta_{m_k})+\varphi(\eta_{n_k})+d(\eta_{m_k-1},\eta_{n_k-1})+\varphi(\eta_{m_k-1})+\varphi(\eta_{n_k-1})]\Big\}.$$

$$(4.3.22)$$

在式(4.3.22)两端取 $k\to\infty$ 的上极限,有

$$\limsup_{k\to\infty} h(\xi_{m_k},\xi_{n_k},d,O,R,\varphi)\leqslant\max\Big\{s\varepsilon,0,\frac{s\varepsilon+s^2\varepsilon}{2}\Big\}<s^2\varepsilon.$$

同时

$$q(\xi_{m_k},\xi_{n_k},d,O,R,\varphi)$$

$$=\frac{1}{2}\min\{d(O\xi_{m_k},\xi_{n_k})+\varphi(O\xi_{m_k})+\varphi(O\xi_{n_k}),d(R\xi_{m_k},R\xi_{n_k})+\varphi(R\xi_{m_k})+\varphi(R\xi_{n_k})\}$$

$$=\frac{1}{2}\min\{d(\eta_{m_k},\eta_{n_k})+\varphi(\eta_{m_k})+\varphi(\eta_{n_k}),d(\eta_{m_k-1},\eta_{n_k-1})+\varphi(\eta_{m_k-1})+\varphi(\eta_{n_k-1})\}.$$

于是

$$\limsup_{k\to\infty} q(\xi_{m_k},\xi_{n_k},d,O,R,\varphi)<s^2\varepsilon.$$

由 α 的传递性得出 $\alpha(R\xi_{m_k},R\xi_{n_k})\geqslant s^p$. 在压缩条件(4.3.1)中取 $\xi=\xi_{m_k}$, $\eta=\xi_{n_k}$, 得到

$$\theta(s^2\varepsilon)\leqslant\theta(s^p\varepsilon)\leqslant\theta(\alpha(R\xi_{m_k},R\xi_{n_k})\limsup_{n\to\infty}[d(\eta_{m_k},\eta_{n_k})+\varphi(\eta_{m_k})+\varphi(\eta_{n_k})])$$

$$\leqslant\limsup_{n\to\infty}\beta(\theta(h(\xi_{m_k},\xi_{n_k},d,O,R,\varphi)))\theta(h(\xi_{m_k},\xi_{n_k},d,O,R,\varphi))+$$

$$\limsup_{n\to\infty} L\theta(q(\xi_{m_k},\xi_{n_k},d,O,R,\varphi))$$

$$\leqslant\frac{1}{s}\theta(s^2\varepsilon)+L\theta(s^2\varepsilon)<\theta(s^2\varepsilon),$$

矛盾. 因此 $\{\eta_n\}$ 是一个柯西列. 因为 (X,d) 是完备的, 所以存在一个 $\varpi\in X$, 使得

$$\lim_{n\to\infty} d(\eta_n,\varpi)=\lim_{n\to\infty} d(O\xi_n,\varpi)=\lim_{n\to\infty} d(R\xi_{n+1},\varpi)=\lim_{n,m\to\infty} d(\eta_n,\eta_m)=0.$$

$$(4.3.23)$$

因为 $R(X)$ 是闭的, 所以有 $\varpi \in R(X)$. 因此存在 $z \in X$, 使得 $\varpi = Rz$. 将式 (4.3.23) 改写为

$$\lim_{n \to \infty} d(\eta_n, Rz) = \lim_{n \to \infty} d(O\xi_n, Rz) = \lim_{n \to \infty} d(R\xi_{n+1}, Rz) = 0.$$

由 φ 的定义可知

$$\varphi(Rz) = \varphi(\varpi) \leqslant \liminf_{n \to \infty} \varphi(\eta_n) = 0,$$

这表明 $\varphi(Rz) = \varphi(\varpi) = 0$.

性质 (A_{s^p}) 保证了存在 $\{\eta_n\}$ 的子列 $\{\eta_{n_k}\}$ 满足 $\alpha(\eta_{n_{k-1}}, Rz) \geqslant s^p$, $k \in \mathbf{N}$. 如果 $d(Oz, Rz) + \varphi(Oz) \neq 0$, 在式 (4.3.1) 中取 $\xi = \xi_{n_k}$, $\eta = z$, 可以推出

$$\theta(d(O\xi_{n_k}, Oz) + \varphi(O\xi_{n_k}) + \varphi(Oz))$$
$$\leqslant \theta(s^p[d(O\xi_{n_k}, Oz) + \varphi(O\xi_{n_k}) + \varphi(Oz)])$$
$$\leqslant \theta(\alpha(\eta_{n_{k-1}}, Rz)[d(O\xi_{n_k}, Oz) + \varphi(O\xi_{n_k}) + \varphi(Oz)])$$
$$\leqslant \beta(\theta(h(\xi_{n_k}, z, d, O, R, \varphi)))\theta(h(\xi_{n_k}, z, d, O, R, \varphi)) +$$
$$\quad L\theta(q(\xi_{n_k}, z, d, O, R, \varphi)), \tag{4.3.24}$$

其中

$$h(\xi_{n_k}, z, d, O, R, \varphi)$$

$$= \max\bigg\{ d(O\xi_{n_k}, Oz) + \varphi(O\xi_{n_k}) + \varphi(Oz),$$
$$\frac{d(Oz, Rz) + \varphi(Oz) + \varphi(Rz)}{1 + d(O\xi_{n_k}, R\xi_{n_k}) + \varphi(O\xi_{n_k}) + \varphi(R\xi_{n_k})} \cdot [d(R\xi_{n_k}, Rz) + \varphi(R\xi_{n_k}) + \varphi(Rz)],$$
$$\frac{1}{2}[d(O\xi_{n_k}, Oz) + \varphi(O\xi_{n_k}) + \varphi(Oz) + d(Rz, R\xi_{n_k}) + \varphi(Rz) + \varphi(R\xi_{n_k})] \bigg\}$$

$$= \max\bigg\{ d(\eta_{n_k}, Oz) + \varphi(\eta_{n_k}) + \varphi(Oz),$$
$$\frac{d(Oz, Rz) + \varphi(Oz) + \varphi(Rz)}{1 + d(\eta_{n_k}, \eta_{n_{k-1}}) + \varphi(\eta_{n_k}) + \varphi(\eta_{n_{k-1}})} \cdot [d(\eta_{n_{k-1}}, Rz) + \varphi(\eta_{n_{k-1}}) + \varphi(Rz)],$$
$$\frac{1}{2}[d(\eta_{n_k}, Oz) + \varphi(\eta_{n_k}) + \varphi(Oz) + d(\eta_{n_{k-1}}, Rz) + \varphi(\eta_{n_{k-1}}) + \varphi(Rz)] \bigg\},$$

$$q(\xi_{n_k}, z, d, O, R, \varphi)$$

$$= \frac{1}{2}\min\{ d(O\xi_{n_k}, Oz) + \varphi(O\xi_{n_k}) + \varphi(Oz), d(R\xi_{n_k}, Rz) + \varphi(R\xi_{n_k}) + \varphi(Rz) \}$$

$$= \frac{1}{2}\min\{ d(\eta_{n_k}, Oz) + \varphi(\eta_{n_k}) + \varphi(Oz), d(\eta_{n_{k-1}}, Rz) + \varphi(\eta_{n_{k-1}}) + \varphi(Rz) \}.$$

经过简单的计算可得

$$\limsup_{k \to \infty} h(\xi_{n_k}, z, d, O, R, \varphi) \leqslant s(d(Oz, Rz) + \varphi(Oz)), \quad (4.3.25)$$

$$\limsup_{k \to \infty} q(\xi_{n_k}, z, d, O, R, \varphi) < s(d(Oz, Rz) + \varphi(Oz)). \quad (4.3.26)$$

在式(4.3.24)中取 $k \to \infty$ 的上极限,由式(4.3.25)和式(4.3.26),可以得到

$$\theta(s(d(Oz, Rz) + \varphi(Oz)))$$

$$\leqslant \theta(s^2 \limsup_{n \to \infty}(d(O\xi_{n_k}, Oz) + \varphi(O\xi_{n_k}) + \varphi(Oz)))$$

$$\leqslant \theta(\limsup_{n \to \infty}(\alpha(\eta_{n_k-1}, Rz)[d(O\xi_{n_k}, Oz) + \varphi(O\xi_{n_k}) + \varphi(Oz)]))$$

$$< \frac{1}{s}\theta(s(d(Oz, Rz) + \varphi(Oz))) + L\theta(s(d(Oz, Rz) + \varphi(Oz)))$$

$$< \theta(s(d(Oz, Rz) + \varphi(Oz))).$$

于是, $d(Oz, Rz) + \varphi(Oz) = 0$,这蕴含着 $Oz = Rz, \varphi(Oz) = 0$.

接下来证明 O 和 R 有唯一的重合值 ϖ. 假设不然,存在 $z, z' \in C(O, R)$,并且 $Oz \neq Oz'$. 由性质 (B_{s^p}),有

$$\alpha(Rz', Rz) \geqslant s^p.$$

在式(4.3.1)中取 $\xi = z', \eta = z$,得到

$$\theta(d(Oz', Oz) + \varphi(Oz') + \varphi(Oz))$$

$$\leqslant \theta(s^p[d(Oz', Oz) + \varphi(Oz') + \varphi(Oz)])$$

$$\leqslant \theta(\alpha(Rz', Rz)[d(Oz', Oz) + \varphi(Oz') + \varphi(Oz)])$$

$$\leqslant \beta(\theta(h(z', z, d, O, R, \varphi)))\theta(h(z', z, d, O, R, \varphi)) +$$

$$L\theta(q(z', z, d, O, R, \varphi)), \quad (4.3.27)$$

其中

$$h(z', z, d, O, R, \varphi) = \max\left\{ d(Oz', Oz) + \varphi(Oz') + \varphi(Oz), \right.$$

$$\frac{d(Oz, Rz) + \varphi(Oz) + \varphi(Rz)}{1 + d(Oz', Rz') + \varphi(Oz') + \varphi(Rz')} \cdot$$

$$[d(Rz', Rz) + \varphi(Rz') + \varphi(Rz)], \frac{1}{2}[d(Oz', Oz) +$$

$$\left. \varphi(Oz') + \varphi(Oz) + d(Rz', Rz) + \varphi(Rz') + \varphi(Rz)] \right\}$$

$$\leqslant d(Rz', Rz) + \varphi(Rz'),$$

$$q(z', z, d, O, R, \varphi) = \frac{1}{2}\min\{d(Oz', Oz) + \varphi(Oz') + \varphi(Oz), d(Rz', Rz) + \varphi(Rz') + \varphi(Rz)\}$$

$$< d(Rz', Rz) + \varphi(Rz').$$

根据式(4.3.27),计算得

$$\theta(d(Rz',Rz) + \varphi(Rz')) < \frac{1}{s}\theta(d(Rz',Rz) + \varphi(Rz')) + L\theta(d(Rz',Rz) + \varphi(Rz'))$$
$$< \theta(d(Rz',Rz) + \varphi(Rz')).$$

因此,可以得到 $d(Rz',Rz)+\varphi(Rz')=0$,也就是说,$Rz=Rz'=\varpi$ 并且 $\varphi(Rz')=0$. 于是,ϖ 是 O 和 R 的唯一重合值. 此外,如果 O 和 R 是弱相容的,那么容易证得 O 和 R 有唯一的公共不动点 ϖ.

例 4.3.1 设 $X=A\cup B$,其中 $A=\left\{\frac{1}{2},\frac{1}{3},\frac{1}{4},\frac{1}{5}\right\}$,$B=[1,2]$. 映射 $d:X\times X\to [0,+\infty)$ 定义为:对于所有的 $\xi,\eta\in X,d(\xi,\eta)=d(\eta,\xi)$,并且

$$d\left(\frac{1}{2},\frac{1}{3}\right) = d\left(\frac{1}{3},\frac{1}{4}\right) = d\left(\frac{1}{4},\frac{1}{5}\right) = 0.05;$$
$$d\left(\frac{1}{2},\frac{1}{4}\right) = d\left(\frac{1}{3},\frac{1}{5}\right) = 0.08;$$
$$d\left(\frac{1}{2},\frac{1}{5}\right) = 0.6;$$
$$d(\xi,\eta) = |\xi - \eta|,其他.$$

通过计算,不难得出 (X,d) 是一个系数 $s=4$ 的矩形 b-度量空间. 定义映射 $O,R:X\to X$ 为

$$O\xi = \begin{cases} \frac{1}{5}, \xi\in A, \\ \frac{1}{3}, \xi\in B. \end{cases} \qquad R\xi = \begin{cases} \frac{1}{5}, \xi=\frac{1}{5}, \\ \frac{1}{3}, \xi=\frac{1}{4}, \\ \frac{1}{2}, \xi=\frac{1}{3}, \\ 1, \xi=\left\{\frac{1}{2}\right\}\cup B. \end{cases}$$

定义映射 $\alpha:X\times X\to[0,+\infty)$ 为

$$\alpha(\xi,\eta) = \begin{cases} s^p, \xi,\eta\in\left\{\frac{1}{5},\frac{1}{4},\frac{1}{3},\frac{1}{2}\right\}且\xi\neq\eta,或\xi=\eta=\frac{1}{5},或\xi=\eta=1,或\xi=\eta=\frac{1}{3}, \\ 0,其他. \end{cases}$$

定义 $\theta:[0,+\infty)\to[0,+\infty)$,$\varphi:X\to[0,+\infty)$ 如下:

$$\theta(\xi) = \frac{\xi}{2},$$

$$\varphi(\xi) = \begin{cases} 0, \xi \in \left[0, \dfrac{1}{5}\right], \\ 0.15\xi - 0.03, \xi \in \left(\dfrac{1}{5}, \dfrac{1}{3}\right], \\ 11.97\xi - 3.97, \xi \in \left(\dfrac{1}{3}, +\infty\right) \end{cases}$$

定义 $\beta(\xi) = \dfrac{1}{5}, \forall \xi \geqslant 0,$ 那么 $\beta \in \Omega.$ 可以得出 $O(X) \subset R(X), R(X)$ 是闭的. 对于

使得 $\alpha(R\xi, R\eta) \geqslant s^p$ 成立的 $\xi, \eta \in X$ 有 $R\xi, R\eta \in \left\{\dfrac{1}{5}, \dfrac{1}{4}, \dfrac{1}{3}, \dfrac{1}{2}\right\}$ 且 $R\xi \neq R\eta,$ 或

$R\xi = R\eta = \dfrac{1}{5},$ 或 $R\xi = R\eta = 1,$ 或 $\xi = \eta = \dfrac{1}{3}.$ 这意味着 $\xi, \eta \in \left\{\dfrac{1}{5}, \dfrac{1}{4}, \dfrac{1}{3}\right\}, \xi \neq \eta,$ 或

$\xi = \eta = \dfrac{1}{5},$ 或 $\xi = \eta = \dfrac{1}{4},$ 或 $\xi, \eta \in \left\{\dfrac{1}{2}\right\} \cup B.$ 因此得到 $O\xi, O\eta \in \left\{\dfrac{1}{5}, \dfrac{1}{3}\right\}$ 并且 α

$(O\xi, O\eta) \geqslant s^p.$ 结合条件 $d(O\xi, O\eta) + \varphi(O\xi) + \varphi(O\eta) \neq 0,$ 考虑下面的两种情形:

情形 $1: \xi = \dfrac{1}{2}, \eta \in B\left(\text{或} \ \eta = \dfrac{1}{2}, \xi \in B\right).$ 此时有

$$\theta(\alpha(R\xi, R\eta)[d(O\xi, O\eta) + \varphi(O\xi) + \varphi(O\eta)])$$

$$= \frac{1}{2} \cdot 16 \cdot \left[d\left(\frac{1}{5}, \frac{1}{3}\right) + \varphi\left(\frac{1}{5}\right) + \varphi\left(\frac{1}{3}\right)\right] = 0.8,$$

$$\beta(\theta(h(\xi, \eta, d, O, R, \varphi)))\theta(h(\xi, \eta, d, O, R, \varphi)) + L\theta(q(\xi, \eta, d, O, R, \varphi))$$

$$\geqslant \beta(\theta(h(\xi, \eta, d, O, R, \varphi)))\theta(h(\xi, \eta, d, O, R, \varphi))$$

$$\geqslant \frac{1}{5} \cdot \frac{1}{2} \cdot \frac{1}{2}\left\{d\left(\frac{1}{5}, \frac{1}{2}\right) + \varphi\left(\frac{1}{5}\right) + \varphi\left(\frac{1}{3}\right) + d(1, 1) + \varphi(1) + \varphi(1)\right\}$$

$$= \frac{1}{20} \cdot (0.1 + 8 + 8) > 0.8.$$

根据上面的不等式, 容易得出当 $L \geqslant 0, \dfrac{1}{s} + L < 1, s = 4, p = 2$ 时,

$$\theta(\alpha(R\xi, R\eta)[d(O\xi, O\eta) + \varphi(O\xi) + \varphi(O\eta)])$$

$$\leqslant \beta(\theta(h(\xi, \eta, d, O, R, \varphi)))\theta(h(\xi, \eta, d, O, R, \varphi)) + L\theta(q(\xi, \eta, d, O, R, \varphi)).$$

情形 $2: \xi, \eta \in B.$ 经过计算可得

$$\theta(\alpha(R\xi, R\eta)[d(O\xi, O\eta) + \varphi(O\xi) + \varphi(O\eta)])$$

$$= \frac{1}{2} \cdot 16 \cdot \left[d\left(\frac{1}{3}, \frac{1}{3}\right) + \varphi\left(\frac{1}{3}\right) + \varphi\left(\frac{1}{3}\right)\right] = 0.32,$$

$$\beta(\theta(h(\xi,\eta,d,O,R,\varphi)))\theta(h(\xi,\eta,d,O,R,\varphi)) + L\theta(q(\xi,\eta,d,O,R,\varphi))$$
$$\geq \beta(\theta(h(\xi,\eta,d,O,R,\varphi)))\theta(h(\xi,\eta,d,O,R,\varphi))$$
$$\geq \frac{1}{5} \cdot \frac{1}{2} \cdot \frac{1}{2}\left\{d\left(\frac{1}{3},\frac{1}{3}\right) + \varphi\left(\frac{1}{3}\right) + \varphi\left(\frac{1}{3}\right) + d(1,1) + \varphi(1) + \varphi(1)\right\}$$
$$=\frac{1}{20} \cdot (0.04 + 8 + 8) > 0.32.$$

也就是说,对于任意的 $\xi,\eta \in B$,当 $L\geq 0, \frac{1}{s}+L<1, s=4, p=2$ 时,

$$\theta(\alpha(R\xi,R\eta)\left[d(O\xi,O\eta) + \varphi(O\xi) + \varphi(O\eta)\right])$$
$$\leq \beta(\theta(h(\xi,\eta,d,O,R,\varphi)))\theta(h(\xi,\eta,d,O,R,\varphi)) + L\theta(q(\xi,\eta,d,O,R,\varphi)).$$

综上,定理 4.3.1 的所有条件都成立. O 和 R 有唯一的公共不动点 $\frac{1}{5}$.

在定理 4.3.1 中,令 $\varphi=0$,可以得到下面的结果.

推论 4.3.1　设 (X,d) 是一个系数 $s\geq 1$ 的完备矩形 b-度量空间. 设 $\alpha:X\times X\to[0,+\infty)$ 和 $O,R:X\to X$ 是给定映射,满足 $O(X)\subset R(X)$,并且 $R(X)$ 是闭的. 设 $p\geq 2$ 是任意的常数. 如果

(1) O 是一个 $R-\alpha_{s^p}$-可容许映射;

(2) 对于使得 $\alpha(R\xi,R\eta)\geq s^p$ 和 $d(O\xi,O\eta)\neq 0$ 成立的 $\xi,\eta\in X$,存在 $\theta\in\Theta$, $\beta\in\Omega, L\geq 0, \frac{1}{s}+L<1$,满足

$$\theta(\alpha(R\xi,R\eta)d(O\xi,O\eta))$$
$$\leq \beta(\theta(m(\xi,\eta,d,O,R)))\theta(m(\xi,\eta,d,O,R)) + L\theta(n(\xi,\eta,d,O,R)),$$
其中

$$m(\xi,\eta,d,O,R) = \max\left\{d(O\xi,O\eta),\frac{d(O\eta,R\eta)}{1+d(O\xi,R\xi)}\cdot d(R\xi,R\eta),\right.$$
$$\left.\frac{1}{2}(d(O\xi,R\eta) + d(R\xi,R\eta))\right\},$$
$$n(\xi,\eta,d,O,R) = \min\{d(O\xi,O\eta),d(R\xi,R\eta)\};$$

(3) 存在 $\xi_0\in X$,使得 $\alpha(R\xi_0,O\xi_0)\geq s^p$ 成立;

(4) 性质 (A_{s^p}) 和 (B_{s^p}) 成立;

(5) α 满足传递性,即对于任意的 $\xi,\eta,z\in X$ 有

$$\alpha(\xi,\eta)\geq s^p,\alpha(\eta,z)\geq s^p\Rightarrow\alpha(\xi,z)\geq s^p,$$

那么 O 和 R 有唯一的重合值. 进一步地,如果 O 和 R 是弱相容的,那么 O 和 R

在 X 中有唯一的公共不动点.

如果在定理 4.3.1 中取 $\varphi=0,R=I,L=0$,我们得到下面的结果.

推论 4.3.2 设 (X,d) 是一个系数 $s\geq2$ 的完备矩形 b-度量空间,并且 X 是闭的. 设 $\alpha:X\times X\to[0,+\infty)$ 和 $O:X\to X$ 是给定映射,$p\geq2$ 是任意的常数. 如果

(1)O 是一个 α_{s^p}-可容许映射;

(2)对于使得 $\alpha(\xi,\eta)\geq s^p$ 和 $d(O\xi,O\eta)\neq0$ 成立的 $\xi,\eta\in X$,存在 $\theta\in\Theta$,满足

$$\theta(\alpha(\xi,\eta)d(O\xi,O\eta))\leq\beta\theta(m^*(\xi,\eta,d,O)),$$

其中 $\beta\in\left(0,\dfrac{1}{s}\right)$ 是一个常数,并且

$$m^*(\xi,\eta,d,O)=\max\left\{d(O\xi,O\eta),\frac{d(O\eta,\eta)}{1+d(O\xi,\xi)}\cdot d(\xi,\eta),\frac{1}{2}(d(O\xi,\eta)+d(\xi,\eta))\right\};$$

(3)存在 $\xi_0\in X$,使得 $\alpha(\xi_0,O\xi_0)\geq s^p$ 成立;

(4)当 $R=I$ 时,性质 (A_{s^p}) 和 (B_{s^p}) 成立;

(5)α 满足传递性,即对于任意的 $\xi,\eta,z\in X$ 有

$$\alpha(\xi,\eta)\geq s^p,\alpha(\eta,z)\geq s^p\Rightarrow\alpha(\xi,z)\geq s^p,$$

那么 O 有唯一的不动点.

设 (X,d) 是一个系数 $s\geq1$ 的矩形 b-度量空间,$\alpha_s:X\times X\to[0,+\infty)$ 是一个给定映射. 我们给出下面的定义和引理.

定义 4.3.3 如果映射 $O,R:X\to X$ 满足下面的条件:

$$\alpha_s(\xi,O\xi)\geq s^p,\alpha_s(\xi,R\xi)\geq s^p\Rightarrow\alpha_s(O\xi,RO\xi)\geq s^p,\alpha_s(R\xi,OR\xi)\geq s^p,$$

其中,$p\geq3$ 是一个常数,那么称 (O,R) 是一个 α_s 轨道可容许映射对.

定义 4.3.4 设 $O,R:X\to X$ 是两个映射,$p\geq3$ 是一个实数. 如果

(1)(O,R) 是一个 α_s 轨道可容许映射对;

(2)$\alpha_s(\xi,\eta)\geq s^p,\alpha_s(\eta,O\eta)\geq s^p$ 和 $\alpha_s(\eta,R\eta)\geq s^p$ 蕴含着 $\alpha_s(\xi,O\eta)\geq s^p$,$\alpha_s(\xi,R\eta)\geq s^p$,那么称 (O,R) 是一个三角 α_s 轨道可容许映射对.

引理 4.3.1 设 $O,R:X\to X$ 是两个映射,满足 (O,R) 是一个三角 α_s 轨道可容许映射对. 设存在 $\xi_0\in X$,使得 $\alpha_s(R\xi_0,O\xi_0)\geq s^p$ 成立. 定义 X 中的序列 $\{\xi_n\}$ 为 $\xi_{2i+1}=O\xi_{2i},\xi_{2i+2}=R\xi_{2i+1}$,其中 $i=0,1,2,\cdots$. 那么对于满足条件 $m>n$ 的 $m,n\in\mathbf{N}_0$,有 $\alpha_s(\xi_n,\xi_m)\geq s^p$.

证明:因为 $\alpha_s(\xi_0,O\xi_0)=\alpha_s(\xi_0,\xi_1)\geq s^p$,并且映射对 (O,R) 是 α_s 轨道可容

许的,所以

$$\alpha_s(\xi_0,O\xi_0) \geqslant s^p \text{ 蕴含着 } \alpha_s(O\xi_0,RO\xi_0) = \alpha_s(\xi_1,R\xi_1) = \alpha_s(\xi_1,\xi_2) \geqslant s^p,$$

$$\alpha_s(\xi_1,R\xi_1) \geqslant s^p \text{ 蕴含着 } \alpha_s(R\xi_1,OR\xi_1) = \alpha_s(\xi_2,O\xi_2) = \alpha_s(\xi_2,\xi_3) \geqslant s^p,$$

$$\alpha_s(\xi_2,O\xi_2) \geqslant s^p \text{ 蕴含着 } \alpha_s(O\xi_2,RO\xi_2) = \alpha_s(\xi_3,R\xi_3) = \alpha_s(\xi_3,\xi_4) \geqslant s^p.$$

重复上述过程,可以得到,对于所有的 $n \in \mathbf{N}_0$,都有 $\alpha_s(\xi_n,\xi_{n+1}) \geqslant s^p$. 因为 (O,R) 是三角 α_s 轨道可容许的,所以对于所有的 $m,n \in \mathbf{N}_0$,其中 $m>n$,都有 $\alpha_s(\xi_n,\xi_m) \geqslant s^p$.

定义 4.3.5　设 (X,d) 是一个系数 $s \geqslant 1$ 的矩形 b-度量空间,$O,R:X \to X$ 是两个给定映射. 设 $\alpha_s:X \times X \to [0,+\infty)$,并且 $\varphi:X \to [0,+\infty)$ 是一个下半连续函数,$p \geqslant 3$ 是一个任意的常数. 如果对于所有满足 $\alpha_s(\xi,\eta) \geqslant s^p$ 和 $d(O\xi,R\eta)+\varphi(O\xi)+\varphi(R\eta) \neq 0$ 的 $\xi,\eta \in X$,存在 $\theta \in \Theta,\beta,L \geqslant 0$ 和 $\beta+L<1,0<\lambda<\dfrac{1}{4}$,使得

$$\alpha_s(\xi,\eta)[d(O\xi,R\eta) + \varphi(O\xi) + \varphi(R\eta)] \leqslant \beta\theta(r(\xi,\eta,d,O,R,\varphi)) + L\theta(t(\xi,\eta,d,O,\varphi)),$$

$$(4.3.28)$$

其中

$$r(\xi,\eta,d,O,R,\varphi) = \lambda \max \left\{ d(\xi,\eta) + \varphi(\xi) + \varphi(\eta), \right.$$

$$\frac{1 + d(\xi,O\xi) + \varphi(\xi) + \varphi(O\xi)}{1 + d(\xi,\eta) + \varphi(\xi) + \varphi(\eta)} \cdot [d(O\xi,R\eta) + \varphi(O\xi) + \varphi(R\eta)],$$

$$\left. \frac{d(\eta,R\eta) + \varphi(\eta) + \varphi(R\eta)}{1 + d(\xi,\eta) + \varphi(\xi) + \varphi(\eta)} \cdot [d(\xi,O\xi) + \varphi(\xi) + \varphi(O\xi)] \right\},$$

$$t(\xi,\eta,d,O,\varphi) = \lambda \min\{d(\xi,O\xi) + \varphi(\xi) + \varphi(O\xi),d(\eta,O\xi) + \varphi(\eta) + \varphi(O\xi)\}.$$

称 O,R 是一个广义 α_s-θ-Geraghty 压缩映射对.

设 $\alpha_s:X \times X \to [0,+\infty)$ 是给定的映射. 性质 (C_{s^p}) 和 (D_{s^p}) 分别表示:

(C_{s^p}) 对于所有的 $\xi^* \in X$,有 $\alpha_s(\xi^*,\xi^*) \geqslant s^p$.

(D_{s^p}) 对于任意的 $x,y \in C(O,R)$,有 $\alpha_s(x,y) \geqslant s^p$ 或 $\alpha_s(y,x) \geqslant s^p$.

定理 4.3.2　设 (X,d) 是一个系数 $s \geqslant 1$ 的完备矩形 b-度量空间. 设 $O,R:X \to X$ 是一个广义 α_s-θ-Geraghty 压缩映射对,并且 O 和 R 之一是连续的. 如果

(1)(O,R) 是一个三角 α_s 轨道可容许映射对;

(2)存在 $\xi_0 \in X$,使得 $\alpha_s(\xi_0,O\xi_0) \geqslant s^p$ 成立;

(3)性质 (C_{s^p}) 和 (D_{s^p}) 成立,

那么 O 和 R 在 X 有唯一的公共不动点.

证明：对于任意的 $\xi_0 \in X$，定义序列 $\{\xi_n\}$ 为 $\xi_{2j+1} = O\xi_{2j}$，$\xi_{2j+2} = R\xi_{2j+1}$，$j = 0,1,2,$ …. 首先证明 O 和 R 至多有一个公共不动点. 假设 $v \neq w$ 是两个公共不动点，那么 $R(v) = O(v) = v \neq w = R(w) = O(w)$. 因此，$d(O(v),R(w)) = d(v,w) > 0$. 由性质 (D_{sp}) 可知，$\alpha_s(v,w) \geq s^p$ 或 $\alpha_s(w,v) \geq s^p$. 不失一般性，设 $\alpha_s(v,w) \geq s^p$. 在式 (4.3.28) 中令 $\xi = v$，$\eta = w$，得到

$$d(v,w) + \varphi(v) + \varphi(w) \leq s^p[d(Ov,Rw) + \varphi(Ov) + \varphi(Rw)]$$
$$\leq \alpha_s(v,w)[d(Ov,Rw) + \varphi(Ov) + \varphi(Rw)]$$
$$\leq \beta\theta(r(v,w,d,O,R,\varphi)) + L\theta(t(v,w,d,O,\varphi)),$$
$$\text{(4.3.29)}$$

其中

$$r(v,w,d,O,R,\varphi) = \lambda \max\left\{ d(v,w) + \varphi(v) + \varphi(w), \right.$$
$$\frac{1 + d(v,Ov) + \varphi(v) + \varphi(Ov)}{1 + d(v,w) + \varphi(v) + \varphi(w)} \cdot [d(Ov,Rw) + \varphi(Ov) + \varphi(Rw)],$$
$$\frac{d(w,Rw) + \varphi(w) + \varphi(Rw)}{1 + d(v,w) + \varphi(v) + \varphi(w)} \cdot [d(v,Ov) + \varphi(v) + \varphi(Ov)] \left.\right\}$$
$$< \frac{1}{4}\max\{d(v,w) + \varphi(v) + \varphi(w), 2[d(v,w) + \varphi(v) + \varphi(w)],$$
$$4[d(v,w) + \varphi(v) + \varphi(w)]\}$$
$$= d(v,w) + \varphi(v) + \varphi(w),$$
$$t(v,w,d,O,\varphi) = \lambda \min\{d(v,Ov) + \varphi(v) + \varphi(Ov), d(w,Ov) + \varphi(w) + \varphi(Ov)\}$$
$$< \frac{1}{4}\min\{d(v,v) + \varphi(v) + \varphi(v), d(w,v) + \varphi(w) + \varphi(v)\}$$
$$< d(v,w) + \varphi(w) + \varphi(v).$$

根据不等式 (4.3.29)，可以得到

$$d(v,w) + \varphi(v) + \varphi(w) < \theta(d(v,w) + \varphi(v) + \varphi(w))$$
$$< d(v,w) + \varphi(v) + \varphi(w).$$

这意味着 $d(v,w) + \varphi(v) + \varphi(w) = 0$. 也就是说，$v = w$，$\varphi(v) = 0$. 因此，$O$ 和 R 至多有一个公共不动点.

现在假设 $d(\xi_n, \xi_{n+1}) > 0$，$n \in \mathbf{N}_0$. 否则，存在某一 k，有 $\xi_{2k} = \xi_{2k+1}$ 或 $\xi_{2k+1} = \xi_{2k+2}$. 若 $\xi_{2k} = \xi_{2k+1}$，由条件 (2) 和引理 4.3.1 知，$\alpha_s(\xi_{2k}, \xi_{2k+1}) \geq s^p$. 根据条件 (4.3.28)，如果 $\xi_{2k+1} \neq \xi_{2k+2}$，可以得出

$$d(\xi_{2k+1}, \xi_{2k+2}) + \varphi(\xi_{2k+1}) + \varphi(\xi_{2k+2})$$

$$\leqslant s^p\big[d(O\xi_{2k},R\xi_{2k+1})+\varphi(O\xi_{2k})+\varphi(R\xi_{2k+1})\big]$$

$$\leqslant \alpha_s(\xi_{2k},\xi_{2k+1})\big[d(O\xi_{2k},R\xi_{2k+1})+\varphi(O\xi_{2k})+\varphi(R\xi_{2k+1})\big]$$

$$\leqslant \beta\theta(r(\xi_{2k},\xi_{2k+1},d,O,R,\varphi))+L\theta(t(\xi_{2k},\xi_{2k+1},d,O,\varphi)),\quad(4.3.30)$$

其中

$$r(\xi_{2k},\xi_{2k+1}d,O,R,\varphi)$$

$$=\lambda\,\max\Big\{d(\xi_{2k},\xi_{2k+1})+\varphi(\xi_{2k})+\varphi(\xi_{2k+1}),$$

$$\frac{1+d(\xi_{2k},O\xi_{2k})+\varphi(\xi_{2k})+\varphi(O\xi_{2k})}{1+d(\xi_{2k},\xi_{2k+1})+\varphi(\xi_{2k})+\varphi(\xi_{2k+1})}\cdot[d(O\xi_{2k},R\xi_{2k+1})+\varphi(O\xi_{2k})+\varphi(R\xi_{2k+1})],$$

$$\frac{d(\xi_{2k+1},R\xi_{2k+1})+\varphi(\xi_{2k+1})+\varphi(R\xi_{2k+1})}{1+d(\xi_{2k},\xi_{2k+1})+\varphi(\xi_{2k})+\varphi(\xi_{2k+1})}\cdot[d(\xi_{2k},O\xi_{2k})+\varphi(\xi_{2k})+\varphi(O\xi_{2k})]\Big\}$$

$$<\frac{1}{4}\max\Big\{d(\xi_{2k},\xi_{2k+1})+\varphi(\xi_{2k})+\varphi(\xi_{2k+1}),$$

$$\frac{1+d(\xi_{2k},\xi_{2k+1})+\varphi(\xi_{2k})+\varphi(\xi_{2k+1})}{1+d(\xi_{2k},\xi_{2k+1})+\varphi(\xi_{2k})+\varphi(\xi_{2k+1})}\cdot[d(\xi_{2k+1},\xi_{2k+2})+\varphi(\xi_{2k+1})+\varphi(\xi_{2k+2})],$$

$$\frac{d(\xi_{2k+1},\xi_{2k+2})+\varphi(\xi_{2k+1})+\varphi(\xi_{2k+2})}{1+d(\xi_{2k},\xi_{2k+1})+\varphi(\xi_{2k})+\varphi(\xi_{2k+1})}\cdot[d(\xi_{2k},\xi_{2k+1})+\varphi(\xi_{2k})+\varphi(\xi_{2k+1})]\Big\}$$

$$\leqslant d(\xi_{2k+1},\xi_{2k+2})+\varphi(\xi_{2k+1})+\varphi(\xi_{2k+2}),$$

$$t(\xi_{2k},\xi_{2k+1},d,O,\varphi)$$

$$=\lambda\,\min\{d(\xi_{2k},O\xi_{2k})+\varphi(\xi_{2k})+\varphi(O\xi_{2k}),d(\xi_{2k+1},O\xi_{2k})+\varphi(\xi_{2k+1})+\varphi(O\xi_{2k})\}$$

$$<\frac{1}{4}\min\{d(\xi_{2k},\xi_{2k+1})+\varphi(\xi_{2k})+\varphi(\xi_{2k+1}),d(\xi_{2k+1},\xi_{2k+1})+\varphi(\xi_{2k+1})+\varphi(\xi_{2k+1})\}$$

$$\leqslant d(\xi_{2k+1},\xi_{2k+2})+\varphi(\xi_{2k+1})+\varphi(\xi_{2k+2}).$$

由上述不等式和式(4.3.30)知

$$d(\xi_{2k+1},\xi_{2k+2})+\varphi(\xi_{2k+1})+\varphi(\xi_{2k+2})$$

$$\leqslant \beta\theta(r(\xi_{2k},\xi_{2k+1},d,O,R,\varphi))+L\theta(t(\xi_{2k},\xi_{2k+1},d,O,\varphi))$$

$$<\theta(d(\xi_{2k+1},\xi_{2k+2})+\varphi(\xi_{2k+1})+\varphi(\xi_{2k+2}))$$

$$<d(\xi_{2k+1},\xi_{2k+2})+\varphi(\xi_{2k+1})+\varphi(\xi_{2k+2}).$$

这表明 $d(\xi_{2k+1},\xi_{2k+2})+\varphi(\xi_{2k+1})+\varphi(\xi_{2k+2})=0.$ 于是 $\xi_{2k+1}=\xi_{2k+2}$. 因此,ξ_{2k} 是 O 和 R 的一个公共不动点. 相似地,可以证明当 $\xi_{2k+1}=\xi_{2k+2}$ 时,ξ_{2k+1} 是 O 和 R 的一个公共不动点.

在式(4.3.28)中,令 $\xi=\xi_{2n},\eta=\xi_{2n+1}$,得到

$$s(d(\xi_{2n+1},\xi_{2n+2}) + \varphi(\xi_{2n+1}) + \varphi(\xi_{2n+2}))$$
$$\leqslant \beta\theta(r(\xi_{2n},\xi_{2n+1},d,O,R,\varphi)) + L\theta(t(\xi_{2n},\xi_{2n+1},d,O,\varphi)), \quad (4.3.31)$$

其中

$$r(\xi_{2n},\xi_{2n+1},d,O,R,\varphi)$$

$$= \lambda \max\Big\{ d(\xi_{2n},\xi_{2n+1}) + \varphi(\xi_{2n}) + \varphi(\xi_{2n+1}),$$

$$\frac{1 + d(\xi_{2n},\xi_{2n+1}) + \varphi(\xi_{2n}) + \varphi(\xi_{2n+1})}{1 + d(\xi_{2n},\xi_{2n+1}) + \varphi(\xi_{2n}) + \varphi(\xi_{2n+1})} \cdot [d(\xi_{2n+1},\xi_{2n+2}) + \varphi(\xi_{2n+1}) + \varphi(\xi_{2n+2})],$$

$$\frac{d(\xi_{2n+1},\xi_{2n+2}) + \varphi(\xi_{2n+1}) + \varphi(\xi_{2n+2})}{1 + d(\xi_{2n},\xi_{2n+1}) + \varphi(\xi_{2n}) + \varphi(\xi_{2n+1})} \cdot [d(\xi_{2n},\xi_{2n+1}) + \varphi(\xi_{2n}) + \varphi(\xi_{2n+1})] \Big\}$$

$$< \frac{1}{4}\max\{d(\xi_{2n},\xi_{2n+1}) + \varphi(\xi_{2n}) + \varphi(\xi_{2n+1}), d(\xi_{2n+1},\xi_{2n+2}) + \varphi(\xi_{2n+1}) + \varphi(\xi_{2n+2})\},$$

$$(4.3.32)$$

$$t(\xi_{2n},\xi_{2n+1},d,O,\varphi) = \lambda \min\{d(\xi_{2n},\xi_{2n+1}) + \varphi(\xi_{2n}) + \varphi(\xi_{2n+1}),$$
$$d(\xi_{2n+1},\xi_{2n+1}) + \varphi(\xi_{2n+1}) + \varphi(\xi_{2n+1})\}$$
$$< d(\xi_{2n},\xi_{2n+1}) + \varphi(\xi_{2n}) + \varphi(\xi_{2n+1}). \quad (4.3.33)$$

如果对于某一 $n \in \mathbf{N}_0$ 有

$$d(\xi_{2n+1},\xi_{2n+2}) + \varphi(\xi_{2n+1}) + \varphi(\xi_{2n+2}) > d(\xi_{2n},\xi_{2n+1}) + \varphi(\xi_{2n}) + \varphi(\xi_{2n+1}),$$

那么根据不等式(4.3.31)、式(4.3.32)和式(4.3.33),可以得到

$$s(d(\xi_{2n+1},\xi_{2n+2}) + \varphi(\xi_{2n+1}) + \varphi(\xi_{2n+2}))$$
$$\leqslant \beta\theta(d(\xi_{2n+1},\xi_{2n+2}) + \varphi(\xi_{2n+1}) + \varphi(\xi_{2n+2})) +$$
$$L\theta(d(\xi_{2n+1},\xi_{2n+2}) + \varphi(\xi_{2n+1}) + \varphi(\xi_{2n+2}))$$
$$< \theta(d(\xi_{2n+1},\xi_{2n+2}) + \varphi(\xi_{2n+1}) + \varphi(\xi_{2n+2}))$$
$$< d(\xi_{2n+1},\xi_{2n+2}) + \varphi(\xi_{2n+1}) + \varphi(\xi_{2n+2}).$$

据此可知

$$d(\xi_{2n+1},\xi_{2n+2}) + \varphi(\xi_{2n+1}) + \varphi(\xi_{2n+2}) = 0,$$

也就是 $d(\xi_{2n+1},\xi_{2n+2}) = 0$,这是矛盾的. 因此

$$d(\xi_{2n+1},\xi_{2n+2}) + \varphi(\xi_{2n+1}) + \varphi(\xi_{2n+2}) \leqslant d(\xi_{2n},\xi_{2n+1}) + \varphi(\xi_{2n}) + \varphi(\xi_{2n+1}), n \in \mathbf{N}_0.$$
$$(4.3.34)$$

再由式(4.3.31)、式(4.3.32)和式(4.3.33),推出

$$s(d(\xi_{2n+1},\xi_{2n+2}) + \varphi(\xi_{2n+1}) + \varphi(\xi_{2n+2})) \leqslant d(\xi_{2n},\xi_{2n+1}) + \varphi(\xi_{2n}) + \varphi(\xi_{2n+1}).$$

用同样的方法可得

$$s(d(\xi_{2n+2},\xi_{2n+3}) + \varphi(\xi_{2n+2}) + \varphi(\xi_{2n+3})) \leqslant d(\xi_{2n+1},\xi_{2n+2}) + \varphi(\xi_{2n+1}) + \varphi(\xi_{2n+2}),$$

这意味着 $\{d(\xi_n,\xi_{n+1}) + \varphi(\xi_n) + \varphi(\xi_{n+1})\}$ 是一个递减列, 满足

$$s(d(\xi_{n+1},\xi_{n+2}) + \varphi(\xi_{n+1}) + \varphi(\xi_{n+2})) \leqslant d(\xi_n,\xi_{n+1}) + \varphi(\xi_n) + \varphi(\xi_{n+1}).$$

$$(4.3.35)$$

于是存在一个实数 $\ell \geqslant 0$, 使得

$$\lim_{n\to\infty}(d(\xi_n,\xi_{n+1}) + \varphi(\xi_n) + \varphi(\xi_{n+1})) = \ell.$$

假设 $\ell > 0$, 结合不等式 (4.3.31)—式 (4.3.34), 可以得出

$$d(\xi_{2n+1},\xi_{2n+2}) + \varphi(\xi_{2n+1}) + \varphi(\xi_{2n+2}) \leqslant \beta\theta(d(\xi_{2n},\xi_{2n+1}) + \varphi(\xi_{2n}) + \varphi(\xi_{2n+1})) +$$
$$L\theta(d(\xi_{2n},\xi_{2n+1}) + \varphi(\xi_{2n}) + \varphi(\xi_{2n+1})).$$

$$(4.3.36)$$

在式 (4.3.36) 中取 $n\to\infty$ 的极限, 得到

$$\begin{aligned}
\ell &= \lim_{n\to\infty}(d(\xi_{2n+1},\xi_{2n+2}) + \varphi(\xi_{2n+1}) + \varphi(\xi_{2n+2}))\\
&\leqslant \beta\lim_{n\to\infty}\theta(d(\xi_{2n},\xi_{2n+1}) + \varphi(\xi_{2n}) + \varphi(\xi_{2n+1})) +\\
&\quad L\lim_{n\to\infty}\theta(d(\xi_{2n},\xi_{2n+1}) + \varphi(\xi_{2n}) + \varphi(\xi_{2n+1}))\\
&< \lim_{n\to\infty}\theta(d(\xi_{2n+1},\xi_{2n+2}) + \varphi(\xi_{2n+1}) + \varphi(\xi_{2n+2}))\\
&= \theta(\ell) < \ell.
\end{aligned}$$

这是矛盾的. 于是

$$\lim_{n\to\infty}(d(\xi_n,\xi_{n+1}) + \varphi(\xi_n) + \varphi(\xi_{n+1})) = 0.$$

因此

$$\lim_{n\to\infty} d(\xi_n,\xi_{n+1}) = 0, \lim_{n\to\infty}\varphi(\xi_n) = 0.$$

下面证明 $\{\xi_n\}$ 是一个柯西列. 只需证明 $\{\xi_{3n}\}$, $\{\xi_{3n+1}\}$ 和 $\{\xi_{3n+2}\}$ 分别是柯西列即可. 首先来证明 $\{\xi_{3n}\}$ 是柯西列. 考虑下面几种情形:

情形 1: $k = 2m+1$, 其中 $m \geqslant 1$. 若 $3n$ 是一个奇数, 由三角不等式和式 (4.3.35), 可得

$$\begin{aligned}
d(\xi_{3n},\xi_{3n+3k}) &\leqslant s[d(\xi_{3n},\xi_{3n+1}) + d(\xi_{3n+1},\xi_{3n+2}) + d(\xi_{3n+2},\xi_{3n+3k})]\\
&\leqslant s[d(\xi_{3n},\xi_{3n+1}) + d(\xi_{3n+1},\xi_{3n+2})] + s^2[d(\xi_{3n+2},\xi_{3n+3}) +\\
&\quad d(\xi_{3n+3},\xi_{3n+4}) + d(\xi_{3n+4},\xi_{3n+3k})]\\
&\leqslant s[d(\xi_{3n},\xi_{3n+1}) + d(\xi_{3n+1},\xi_{3n+2})] + s^2[d(\xi_{3n+2},\xi_{3n+3}) +\\
&\quad d(\xi_{3n+3},\xi_{3n+4})] + s^3[d(\xi_{3n+4},\xi_{3n+5}) + d(\xi_{3n+5},\xi_{3n+6})] + \cdots +\\
&\quad s^{3m+1}[d(\xi_{3n+3(2m+1)-3},\xi_{3n+3(2m+1)-2}) + d(\xi_{3n+3(2m+1)-2},\xi_{3n+3(2m+1)-1}) +
\end{aligned}$$

$$d(\xi_{3n+3(2m+1)-1}, \xi_{3n+3(2m+1)})]$$

$$\leqslant \left[s\left(\left(\frac{1}{s}\right)^{3n} + \left(\frac{1}{s}\right)^{3n+1}\right) + s^2\left(\left(\frac{1}{s}\right)^{3n+2} + \left(\frac{1}{s}\right)^{3n+3}\right) + \cdots + \right.$$

$$\left. s \cdot s^{3m+1} \cdot \left(\frac{1}{s}\right)^{3n+6m+2} \right] \cdot (d(\xi_0, \xi_1) + \varphi(\xi_0) + \varphi(\xi_1))$$

$$\leqslant s\left(\frac{1}{s}\right)^{3n}\left[1 + \frac{1}{s} + \left(\frac{1}{s}\right)^2 + \cdots\right](d(\xi_0, \xi_1) + \varphi(\xi_0) + \varphi(\xi_1)) +$$

$$s\left(\frac{1}{s}\right)^{3n+1}\left[1 + \frac{1}{s} + \left(\frac{1}{s}\right)^2 + \cdots\right](d(\xi_0, \xi_1) + \varphi(\xi_0) + \varphi(\xi_1))$$

$$= \left(\frac{1}{s}\right)^{3n} \cdot \frac{1+s}{1-\frac{1}{s}}(d(\xi_0, \xi_1) + \varphi(\xi_0) + \varphi(\xi_1)) \to 0 (n \to \infty).$$

$3n$ 是偶数的情形与 $3n$ 是奇数的情形相似,可类似得出 $d(\xi_{3n}, \xi_{3n+3k})(n \to \infty)$.

情形 2: $k = 2m$,其中 $m \geqslant 1$. 若 $3n$ 是一个奇数,再根据三角不等式,可以推出

$$d(\xi_{3n}, \xi_{3n+3k}) \leqslant s[d(\xi_{3n}, \xi_{3n+1}) + d(\xi_{3n+1}, \xi_{3n+2}) + d(\xi_{3n+2}, \xi_{3n+3k})]$$

$$\leqslant s[d(\xi_{3n}, \xi_{3n+1}) + d(\xi_{3n+1}, \xi_{3n+2})] + s^2[d(\xi_{3n+2}, \xi_{3n+3}) +$$

$$d(\xi_{3n+3}, \xi_{3n+4}) + d(\xi_{3n+4}, \xi_{3n+3k})]$$

$$\leqslant s[d(\xi_{3n}, \xi_{3n+1}) + d(\xi_{3n+1}, \xi_{3n+2})] + s^2[d(\xi_{3n+2}, \xi_{3n+3}) +$$

$$d(\xi_{3n+3}, \xi_{3n+4})] + s^3[d(\xi_{3n+4}, \xi_{3n+5}) + d(\xi_{3n+5}, \xi_{3n+6})] + \cdots +$$

$$s^{3m}[d(\xi_{3n+6m-3}, \xi_{3n+6m-2}) + d(\xi_{3n+6m-2}, \xi_{3n+6m-1}) + d(\xi_{3n+6m-1}, \xi_{3n+6m})]$$

$$\leqslant \left[s\left(\left(\frac{1}{s}\right)^{3n} + \left(\frac{1}{s}\right)^{3n+1}\right) + s^2\left(\left(\frac{1}{s}\right)^{3n+2} + \left(\frac{1}{s}\right)^{3n+3}\right) + \cdots + \right.$$

$$\left. s \cdot s^{3m+1} \cdot \left(\frac{1}{s}\right)^{3n+6m+2} \right] \cdot (d(\xi_0, \xi_1) + \varphi(\xi_0) + \varphi(\xi_1))$$

$$\leqslant s\left(\frac{1}{s}\right)^{3n}\left[1 + \frac{1}{s} + \left(\frac{1}{s}\right)^2 + \cdots\right](d(\xi_0, \xi_1) + \varphi(\xi_0) + \varphi(\xi_1)) +$$

$$s\left(\frac{1}{s}\right)^{3n+1}\left[1 + \frac{1}{s} + \left(\frac{1}{s}\right)^2 + \cdots\right](d(\xi_0, \xi_1) + \varphi(\xi_0) + \varphi(\xi_1))$$

$$= \left(\frac{1}{s}\right)^{3n} \cdot \frac{1+s}{1-\frac{1}{s}}(d(\xi_0, \xi_1) + \varphi(\xi_0) + \varphi(\xi_1)) \to 0 (n \to \infty).$$

$3n$ 是偶数的情形可得出类似的结果.

因此, $\{\xi_{3n}\}$ 是一个柯西列. 相似地, $\{\xi_{3n+1}\}$ 和 $\{\xi_{3n+2}\}$ 也都是柯西列. 于是, $\{\xi_n\}$ 是一个柯西列. 根据 (X,d) 的完备性可知, 存在一个 $\xi^* \in X$ 使得

$$\lim_{n\to\infty} O\xi_{2n} = \lim_{n\to\infty} R\xi_{2n+1} = \xi^*. \tag{4.3.37}$$

由 φ 的定义可知

$$\varphi(\xi^*) \leqslant \liminf_{n\to\infty} \varphi(\xi_n) = 0.$$

接下来将证明 $O\xi^* = R\xi^* = \xi^*$. 不失一般性, 假设 O 是连续的. 由等式 (4.3.37) 可得

$$\xi^* = \lim_{n\to\infty} O\xi_{2n} = O(\lim_{n\to\infty} \xi_{2n}) = O\xi^*.$$

即 ξ^* 是 O 的一个不动点.

由性质 (C_{s^p}), 可得 $\alpha_s(\xi^*,\xi^*) \geqslant s^p$. 如果 $\xi^* \neq R\xi^*$, 由条件 (4.3.28), 有

$$
\begin{aligned}
d(\xi^*,R\xi^*) + \varphi(\xi^*) + \varphi(R\xi^*) &\leqslant s[d(O\xi^*,R\xi^*) + \varphi(O\xi^*) + \varphi(R\xi^*)] \\
&\leqslant \alpha_s(\xi^*,\xi^*)[d(O\xi^*,R\xi^*) + \varphi(O\xi^*) + \varphi(R\xi^*)] \\
&\leqslant \beta\theta(r(\xi^*,\xi^*,d,O,R,\varphi)) + L\theta(t(\xi^*,\xi^*,d,O,\varphi)),
\end{aligned}
\tag{4.3.38}
$$

其中

$$
\begin{aligned}
r(\xi^*,\xi^*,d,O,R,\varphi) = \lambda \max\Big\{ &d(\xi^*,\xi^*) + \varphi(\xi^*) + \varphi(\xi^*), \\
&\frac{1 + d(\xi^*,O\xi^*) + \varphi(\xi^*) + \varphi(O\xi^*)}{1 + d(\xi^*,\xi^*) + \varphi(\xi^*) + \varphi(\xi^*)} \cdot \\
&[d(O\xi^*,R\xi^*) + \varphi(O\xi^*) + \varphi(R\xi^*)], \\
&\frac{d(\xi^*,R\xi^*) + \varphi(\xi^*) + \varphi(R\xi^*)}{1 + d(\xi^*,\xi^*) + \varphi(\xi^*) + \varphi(\xi^*)} \cdot \\
&[d(\xi^*,O\xi^*) + \varphi(\xi^*) + \varphi(O\xi^*)]\Big\} \\
< \;&d(\xi^*,R\xi^*) + \varphi(R\xi^*), \\
t(\xi^*,\xi^*,d,O,\varphi) = 0 \leqslant \;&d(\xi^*,R\xi^*) + \varphi(R\xi^*).
\end{aligned}
$$

由式 (4.3.38) 可得

$$
\begin{aligned}
d(\xi^*,R\xi^*) + \varphi(R\xi^*) &\leqslant \beta\theta(d(\xi^*,R\xi^*) + \varphi(R\xi^*)) + \\
&\quad L\theta(d(\xi^*,R\xi^*) + \varphi(R\xi^*)) \\
&< \theta(d(\xi^*,R\xi^*) + \varphi(R\xi^*)) \\
&< d(\xi^*,R\xi^*) + \varphi(R\xi^*),
\end{aligned}
$$

这意味着 $d(\xi^*, R\xi^*) + \varphi(R\xi^*) = 0$，即 $\xi^* = R\xi^*$，$\varphi(R\xi^*) = 0$. 于是 O 和 R 有唯一的公共不动点 ξ^*.

例 4.3.2　设 $X = [0, +\infty)$. 定义 $d(\xi, \eta) = (\xi - \eta)^2$. 映射 $O, R: X \to X$ 定义为

$$O\xi = \frac{\xi}{72}, R\xi = \frac{\xi}{63}.$$

定义映射 $\alpha_s: X \times X \to [0, +\infty)$ 为

$$\alpha_s(\xi, \eta) = s^3.$$

定义 $\theta: [0, +\infty) \to [0, +\infty)$，$\varphi: X \to [0, +\infty)$ 为 $\theta(\xi) = \dfrac{\xi}{2}$，$\varphi(\xi) = \xi^2$. 设 $\beta = \dfrac{1}{3}$，$\lambda = \dfrac{1}{6}$.

对于使得 $\alpha_s(\xi, \eta) \geqslant s^3$ 成立的 $\xi, \eta \in X$，有 $\xi, \eta \in [0, +\infty)$ 且 $\xi \neq 0$ 或 $\eta \neq 0$，

$$\alpha_s(\xi, \eta)[d(O\xi, R\eta) + \varphi(O\xi) + \varphi(R\eta)] = 3^3\left[\left(\frac{\xi}{72} - \frac{\eta}{63}\right)^2 + \left(\frac{\xi}{72}\right)^2 + \left(\frac{\eta}{63}\right)^2\right]$$

$$= 27 \cdot \frac{1}{81} \cdot \frac{3}{49}\left(\frac{49\xi^2}{64} + \eta^2\right)$$

$$\leqslant \frac{1}{49}(\xi^2 + \eta^2),$$

$$\beta\theta(r(\xi, \eta, d, O, R, \varphi)) + L\theta(t(\xi, \eta, d, O, \varphi))$$

$$\geqslant \beta\theta(r(\xi, \eta, d, O, R, \varphi))$$

$$\geqslant \frac{1}{3} \cdot \frac{1}{2} \cdot \frac{1}{6}[(d(\xi, \eta) + \varphi(\xi) + \varphi(\eta)]$$

$$= \frac{1}{36}[(\xi - \eta)^2 + \xi^2 + \eta^2]$$

$$\geqslant \frac{1}{36}(\xi^2 + \eta^2).$$

根据上面的不等式，可以推出：当 $p = 3$，$s = 3$，$L < \dfrac{3}{2}$ 时，对于所有使得 $\alpha_s(\xi, \eta) \geqslant s^p$ 和 $d(O\xi, O\eta) + \varphi(O\xi) + \varphi(R\eta) \neq 0$ 成立的 $\xi, \eta \in X$，有

$$\alpha_s(\xi, \eta)[d(O\xi, O\eta) + \varphi(O\xi) + \varphi(R\eta)] \leqslant \beta\theta(r(\xi, \eta, d, O, R, \varphi)) + L\theta(t(\xi, \eta, d, R, \varphi)).$$

因此，定理 4.3.2 的所有条件都成立. 于是，O 和 R 有唯一的公共不动点. 显然 0 就是它们的公共不动点.

第 5 章　偏度量空间·G-度量空间· S-度量空间

本章将主要介绍近年来学者关注度较高的三类广义度量空间：偏度量空间、G-度量空间、S-度量空间. 我们仅给出三种空间的基本概念和一些具有代表性的成果，为读者后期开展研究提供必要的理论基础和基本的研究思路.

5.1　偏度量空间中的不动点定理

偏度量空间（PMS）的概念由 Matthews[71] 于 1992 年提出. 偏度量是标准度量的推广，其中最具代表的特征为 $d(x,x)$ 不再一定为零. 最近，许多学者关注了偏度量空间及其拓扑性质，同时研究了其上的压缩型映射的不动点问题，见参考文献 [72]—[76]. 本节将主要给出偏度量空间的基本概念和一些具有代表性的不动点的结果，旨在为大家提供解决该类空间中不动点问题的一些基本思路.

定义 5.1.1　设 X 是一个非空集合. 对于所有的 $x,y,z\in X$，如果映射 $p:X\times X\to\mathbf{R}^+$ 满足下面四个条件：

（1）$p(x,y)=p(y,x)$；

（2）$p(x,x)=p(x,y)=p(y,y)\Leftrightarrow x=y$；

（3）$p(x,x)\leqslant p(x,y)$；

（4）$p(x,z)+p(y,y)\leqslant p(x,y)+p(y,z)$，

那么称 p 为集合 X 上的偏度量，(X,p) 称为偏度量空间.

注 5.1.1

（1）若 $p(x,y)=0$，则有 $x=y$. 但其逆命题不一定成立.

（2）对于 X 上的一个偏度量 p，定义函数 $d_p:X\times X\to\mathbf{R}^+$ 为

$$d_p(x,y)=2p(x,y)-p(x,x)-p(y,y).$$

容易证明，d_p 是 X 上的一个标准度量函数.

一般地,偏度量空间 X 上的每一个偏度量 p 都会生成一个以开球族 $\{B_p(x, \varepsilon):x \in X, \varepsilon > 0\}$ 为基的 X 上的 T_0 拓扑 τ_p,其中 $B_p(x,\varepsilon) = \{y \in X:p(x,y) < p(x,x) + \varepsilon\}$, $x \in X, \varepsilon > 0$.

例 5.1.1 设 $X = [0, +\infty)$. 对于任意的 $x,y \in X$,定义函数 $p:X \times X \to \mathbf{R}^+$ 为
$$p(x,y) = \max\{x,y\}.$$
不难证明,(X,p) 是一个偏度量空间. 进一步可知 d_p 是 X 上的 Euclidean 度量.

定义 5.1.2 设 (X,p) 是一个偏度量空间.

(1)(X,p) 中的一个序列 $\{x_n\}$ 被称为收敛到 $x \in X$ 当且仅当 $p(x,x) = \lim\limits_{n \to \infty} p(x,x_n)$.

(2)(X,p) 中的一个序列 $\{x_n\}$ 被称为柯西列当且仅当 $\lim\limits_{n,m \to \infty} p(x_n,x_m)$ 存在.

(3)如果 (X,p) 中的每一个柯西列 $\{x_n\}$ 关于拓扑 τ_p 收敛到一点 $x \in X$,那么称 (X,p) 是完备的.

(4)如果对于每一个 $\varepsilon > 0$,都存在 $\delta > 0$,使得 $f(B(x_0,\delta)) \subset B(f(x_0),\varepsilon)$,那么称映射 $f:X \to X$ 在 $x_0 \in X$ 点连续.

引理 5.1.1[71] 设 (X,p) 是一个偏度量空间.

(1)(X,p) 中的一个序列 $\{x_n\}$ 是柯西列当且仅当 $\{x_n\}$ 在度量空间 (X,d_P) 中是柯西列.

(2)(X,p) 是完备的当且仅当度量空间 (X,d_P) 是完备的. 进一步地,
$$\lim\limits_{n \to \infty} d_p(x,x_n) = 0 \Leftrightarrow p(x,x) = \lim\limits_{n \to \infty} p(x,x_n) = \lim\limits_{n,m \to \infty} p(x_n,x_m).$$

引理 5.1.2 设 (X,p) 是一个偏度量空间. 如果序列 $\{x_n\}$ 收敛到 z,且有 $p(z,z) = 0$,那么
$$\lim\limits_{n \to \infty} p(x_n,y) = p(z,y).$$

证明:注意到 $\lim\limits_{n \to \infty} p(x_n,z) = p(z,z) = 0$,由三角不等式有
$$p(x_n,y) \leqslant p(x_n,z) + p(z,y) - p(z,z) = p(x_n,z) + p(z,y),$$
并且
$$p(z,y) \leqslant p(z,x_n) + p(x_n,y) - p(x_n,x_n) \leqslant p(x_n,z) + p(x_n,y).$$
因此
$$0 \leqslant |p(x_n,y) - p(z,y)| \leqslant p(x_n,z).$$
令 $n \to \infty$,即得结果.

Alber 和 Guerre-Delabriere 引入了弱 φ-压缩的概念. 如果 $\varphi:[0, +\infty) \to [0, +\infty)$ 是严格递增映射,$\varphi(0) = 0$,并且对于所有的 $x,y \in X$ 有
$$d(Tx,Ty) \leqslant d(x,y) - \varphi(d(x,y)),$$

那么称度量空间 (X,d) 上的自映射 T 是一个弱 φ-压缩映射.

受到上述概念的启发,下面我们给出广义弱 φ-压缩映射的定义.

定义 5.1.3 设 (X,p) 是一个偏度量空间,$S,T:X\rightarrow X$ 是两个给定的映射.
如果存在一个连续递增函数 $\varphi:[0,+\infty)\rightarrow[0,+\infty)$,$\forall t\in(0,+\infty)$,$\varphi(t)>0$,并
且 $\varphi(0)=0$,使得

$$p(Tx,Sy)\leqslant M(x,y)-\varphi(M(x,y)),\forall x,y\in X, \qquad (5.1.1)$$

其中 $M(x,y)=\max\left\{p(x,y),p(Tx,x),p(y,Sy),\dfrac{1}{2}[p(Tx,y)+p(x,Sy)]\right\}$,那么
称 S,T 是一个广义弱 φ-压缩映射对.

下面给出广义弱 φ-压缩映射对公共不动点的存在条件,结果来自参考文献
[75].

定理 5.1.1 设 (X,p) 是一个完备的偏度量空间. 如果 $S,T:X\rightarrow X$ 是一个广
义弱 φ-压缩映射对,那么 S,T 有唯一的公共不动点 $z\in X$.

证明: 注意到 $M(x,y)=0$ 当且仅当 $x=y$ 是 S,T 的一个公共不动点. 事实
上,如果 $x=y$ 是 S,T 的一个公共不动点,那么 $Ty=Tx=x=y=Sy=Sx$,并且

$$M(x,y)=\max\left\{p(x,y),p(Tx,x),p(y,Sy),\dfrac{1}{2}[p(Tx,y)+p(x,Sy)]\right\}=p(x,x).$$

由式(5.1.1)有

$$p(x,x)=p(Tx,Sy)\leqslant M(x,y)-\varphi(M(x,y))=p(x,x)-\varphi(p(x,x)).$$

这只有在 $p(x,x)=0$ 时才能成立. 因此 $M(x,y)=0$.

反过来,设 $M(x,y)=0$. 注意到

$$p(x,y)\leqslant M(x,y),p(Tx,x)\leqslant M(x,y),p(y,Sy)\leqslant M(x,y).$$

因此,$p(x,y)=0$,$p(Tx,x)=0$,$p(y,Sy)=0$. 由定义 5.1.1,容易证得 $p(x,x)=$
$p(x,y)=p(y,y)$,因此 $x=y$. 类似地,可以得到 $Tx=x$,$Sy=y$,即 $x=y$ 是 S,T 的一
个公共不动点.

设 $x_0\in X$. 定义序列 $\{x_n\}$ 为 $x_{2n+2}=Tx_{2n+1}$,$x_{2n+1}=Sx_{2n}$,$n=0,1,2,\cdots$. 利用上面
的结果得到,如果对于某一个 $n\geqslant 0$ 有 $x_n=x_{n+1}$,那么显然 S,T 有一个公共不动
点. 今后,假设对于所有的 $n\geqslant 0$,$x_n\neq x_{n+1}$.

如果 n 是奇数,由式(5.1.1)有

$$p(x_{n+1},x_{n+2})=p(Tx_n,Sx_{n+1})\leqslant M(x_n,x_{n+1})-\varphi(M(x_n,x_{n+1})),$$

其中

$$M(x_n,x_{n+1})=\max\left\{p(x_n,x_{n+1}),p(Tx_n,x_n),p(x_{n+1},Sx_{n+1}),\right.$$

$$\frac{1}{2}\big[p(Tx_n,x_{n+1}) + p(x_n,Sx_{n+1})\big]\Big\}$$

$$= \max\Big\{p(x_n,x_{n+1}),p(x_{n+1},x_{n+2}),\frac{1}{2}\big[p(x_{n+1},x_{n+1}) + p(x_n,x_{n+2})\big]\Big\}.$$

根据偏度量的三角不等式,有

$$\frac{1}{2}\big[p(x_{n+1},x_{n+1}) + p(x_n,x_{n+2})\big] \leqslant \frac{1}{2}\big[p(x_{n+1},x_n) + p(x_{n+1},x_{n+2})\big].$$

因此,

$$M(x_n,x_{n+1}) = \max\{p(x_n,x_{n+1}),p(x_{n+1},x_{n+2})\}.$$

如果 $M(x_n,x_{n+1}) = p(x_{n+1},x_{n+2})$,那么由广义弱 φ-压缩定义可得

$$p(x_{n+1},x_{n+2}) \leqslant p(x_{n+1},x_{n+2}) - \varphi(p(x_{n+1},x_{n+2})).$$

这是不可能的. 因此,$M(x_n,x_{n+1}) = p(x_n,x_{n+1})$. 结合广义弱 φ-压缩定义可知

$$p(x_{n+1},x_{n+2}) \leqslant p(x_n,x_{n+1}) - \varphi(p(x_n,x_{n+1})) \leqslant p(x_n,x_{n+1}).$$

于是 $p(x_{n+1},x_{n+2}) \leqslant p(x_n,x_{n+1})$.

如果 n 是偶数,类似地,可以推出

$$p(x_{n+1},x_{n+2}) \leqslant p(x_n,x_{n+1}).$$

定义 $t_n = p(x_n,x_{n+1})$. 于是 $\{t_n\}$ 是非负递减的数列. S,T 是一个广义弱 φ-压缩映射对意味着

$$t_{n+2} \leqslant t_{n+1} - \varphi(t_{n+1}) \leqslant t_{n+1}, \forall n \in \mathbf{N}_0. \qquad (5.1.2)$$

因此,$\{t_n\}$ 收敛到 L,其中 $L \geqslant 0$.

考虑两种情形:$L>0$ 或 $L=0$. 假设 $L>0$. 因为 φ 是递增的,所以 $0<\varphi(L) \leqslant \varphi(t_n)$. 再根据式(5.1.2),有

$$t_{n+1} \leqslant t_n - \varphi(t_n) \leqslant t_n - \varphi(L).$$

据此得到

$$t_{n+2} \leqslant t_{n+1} - \varphi(t_{n+1}) \leqslant t_n - \varphi(t_n) - \varphi(t_{n+1}) \leqslant t_n - 2\varphi(L).$$

利用归纳法可得

$$t_{n+k} \leqslant t_n - k\varphi(L),$$

这对于足够大的 $k \in \mathbf{N}$ 是矛盾的. 因此,$L=0$. 于是 $\lim\limits_{n \to \infty} p(x_{n+1},x_n) = 0$.

现在来证明 $\{x_n\}$ 是 (X,p) 中的一个柯西列. 因为 $\{p(x_n,x_{n+1})\}$ 单调递减收敛于 0,从而只需证明其子列 $\{x_{2n}\}$ 是一个柯西列即可. 假设 $\{x_{2n}\}$ 不是柯西列,则类似于第一章定理 1.6.2 的证明,可以得到存在 $\varepsilon>0$ 以及 $\{m_k\},\{n_k\}$ 满足

$$\{p(x_{2m_k},x_{2n_k})\},\{p(x_{2m_k},x_{2n_k+1})\},\{p(x_{2m_k-1},x_{2n_k})\},\{p(x_{2m_k-1},x_{2n_k+1})\}$$

四个数列当 $k \to \infty$ 时均收敛于 ε. 于是

$$p(x_{2m_k}, x_{2n_k+1}) = p(Tx_{2m_k-1}, Sx_{2n_k})$$
$$\leqslant M(x_{2m_k-1}, x_{2n_k}) - \varphi(M(x_{2m_k-1}, x_{2n_k})), \qquad (5.1.3)$$

其中,

$$M(x_{2m_k-1}, x_{2n_k}) = \max\{p(x_{2m_k-1}, x_{2n_k}), p(x_{2m_k}, x_{2m_k-1}),$$

$$p(x_{2n_k}, x_{2n_k+1}), \frac{1}{2}[p(x_{2m_k}, x_{2n_k+1}) + p(x_{2m_k-1}, x_{2n_k+1})]\}.$$

在式(5.1.3)两端取 $k\to\infty$ 的极限,结合 φ 的连续性可以推出

$$\varepsilon \leqslant \varepsilon - \varphi(\varepsilon).$$

这是矛盾的. 所以 $\{x_n\}$ 是 (X,p) 中的一个柯西列,同时也是 (X,d_p) 中的一个柯西列.

因为 (X,p) 是完备的,由引理 5.1.1 可知 (X,d_p) 也是完备的. 因此,序列 $\{x_n\}$ 在 X 中收敛,记 $x_n\to z(n\to\infty)$. 进一步地,$x_{2n}\to z(n\to\infty)$,$x_{2n+1}\to z(n\to\infty)$. 由引理 5.1.1,

$$p(z,z) = \lim_{n\to\infty} p(x_n,z) = \lim_{n,m\to\infty} p(x_n,x_m). \qquad (5.1.4)$$

因为 $\lim\limits_{n\to\infty} p(x_n,x_n) = 0$,于是式(5.1.4)表明 $p(z,z) = 0$. 可以断言 $Tz = z = Sz$. 否则,假设 $Tz \neq z$,那么 $\varepsilon = p(z,Tz) > 0$. 因此,对于这个 ε,存在 $N_0 \in \mathbf{N}$,使得对于任意的 $n \geqslant N_0$,

$$p(x_{2n+1}, z) < \frac{\varepsilon}{2},$$

$$p(x_{2n}, z) < \frac{\varepsilon}{2},$$

$$p(x_{2n+1}, x_{2n}) < \frac{\varepsilon}{2}.$$

于是

$$\varepsilon = p(z,Tz) \leqslant M(z,x_{2n})$$

$$= \max\{p(z,x_{2n}), p(z,Tz), p(x_{2n},x_{2n+1}), \frac{1}{2}[p(z,x_{2n+1}) + p(x_{2n},Tz)]\}$$

$$\leqslant \max\{\frac{\varepsilon}{2}, \varepsilon, \frac{\varepsilon}{2}, \frac{1}{2}[\frac{\varepsilon}{2} + \frac{\varepsilon}{2} + \varepsilon]\} = \varepsilon.$$

因此,$M(z,x_{2n}) = p(z,Tz) = \varepsilon$. 由式(5.1.1)可知

$$p(Tz, x_{2n+1}) = p(Tz, Sx_{2n}) \leqslant M(z,x_{2n}) - \varphi(M(z,x_{2n})). \qquad (5.1.5)$$

在式(5.1.5)中令 $n\to\infty$,并考虑 φ 的连续性,可得

$$\varepsilon = p(Tz,z) \leqslant p(Tz,z) - \varphi(p(Tz,z)).$$

因此，$\varepsilon = p(Tz,z) = 0$. 由偏度量的定义，易得 $Tz = z$. 类似地，$Sz = z$. 因此，z 是 S 和 T 的一个公共不动点.

最后证明 z 是 S 和 T 的唯一公共不动点. 假设不然，即存在 $w \in X$，使得 $z \neq w$，$w = Tw$. 注意到

$$p(z,w) = p(Tz,Sw) \leqslant M(z,w) - \varphi(M(z,w)), \qquad (5.1.6)$$

其中

$$M(z,w) = \max\left\{ p(z,w), p(z,Tz), p(Sw,w), \frac{1}{2}\left[p(Tw,z) + p(Sz,w) \right] \right\}$$

$$= \max\left\{ p(z,w), p(z,z), p(w,w), \frac{1}{2}\left[p(w,z) + p(z,w) \right] \right\}$$

$$= p(z,w).$$

于是，不等式 $(5.1.6)$ 蕴含着一个矛盾. 所以 z 是 S 和 T 的唯一公共不动点.

如果在定理 5.1.1 中令 $\varphi(t) = t - \Phi(t)$，并且 $S = T$，那么可以容易得到下面的一些结果.

推论 5.1.1 设 (X,p) 是一个完备的偏度量空间，$T:X \to X$ 是一个映射满足
$$p(Tx,Ty) \leqslant \Phi(p(x,y)), \quad \forall x,y \in X,$$
其中 $\Phi(t):[0,+\infty) \to [0,+\infty)$ 是一个连续递增函数，满足 $\forall t > 0$，$\Phi(t) < t$，那么，T 在 X 中有唯一的不动点.

如果令 $\Phi(t) = kt$，可以得到偏度量空间中的 Banach 压缩映像原理.

推论 5.1.2 设 (X,p) 是一个完备的偏度量空间，$T:X \to X$ 是一个映射满足
$$p(Tx,Ty) \leqslant kp(x,y), \quad \forall x,y \in X,$$
其中 $k \in [0,1)$，那么，T 在 X 中有唯一的不动点.

例 5.1.2 设 (X,p) 是例 5.1.1 给出的完备偏度量空间. 设 $T,S:X \to X$，$Sx = Tx = \dfrac{x^2}{1+x}$，$x \in X$，并且 $\varphi:[0,+\infty) \to [0,+\infty)$ 为 $\varphi(t) = \dfrac{t}{1+t}$. 不失一般性，假设 $x \geqslant y$. 那么

$$p(Tx,Ty) = \max\left\{ \frac{x^2}{1+x}, \frac{y^2}{1+y} \right\} = \frac{x^2}{1+x} \leqslant x - \frac{x}{1+x}.$$

因此，定理 5.1.1 的所有条件都成立. 于是 T 有唯一的不动点. 事实上 $x = 0$ 就是不动点.

5.2　G-度量空间中的不动点定理

在 2006 年,Mustafa 和 Sims[77]引入了一个新的广义度量空间的概念,称之为 G-度量空间,从那以后,诸多学者展开了对该类空间的性质和其上的不动点理论的研究,也取得了许多优秀的成果,见参考文献[78]—[82]. 本节我们将主要介绍该类空间的一些基本性质和几个不动点及公共不动点的结果. 主要结论来自参考文献[81]和[82].

定义 5.2.1　设 X 是一个非空集合,$G:X \times X \times X \rightarrow \mathbf{R}^+$ 为一函数,满足以下条件:

(1)$x=y=z \Rightarrow G(x,y,z)=0$;

(2)$G(x,x,y)>0$,$\forall x,y \in X$ 且 $x \neq y$;

(3)$G(x,x,y) \leqslant G(x,y,z)$,$\forall x,y,z \in X$ 且 $z \neq y$;

(4)$G(x,y,z)=G(x,z,y)=G(y,z,x)=\cdots$,$\forall x,y,z \in X$;

(5)$G(x,y,z) \leqslant G(x,a,a)+G(a,y,z)$,$\forall x,y,z,a \in X$,

则称函数 G 是 X 上的一个 G-度量,并称(X,G)是一个 G-度量空间.

如果 $\forall x,y \in X, G(x,x,y)=G(y,y,x)$,则称 G-度量空间(X,G)是对称的.

例 5.2.1　设(X,d)是一个度量空间. 定义

(1)$G_1(x,y,z)=\max\{d(x,y),d(x,z),d(y,z)\}$;

(2)$G_2(x,y,z)=d(x,y)+d(x,z)+d(y,z)$,

则(X,G_1),(X,G_2)都是对称的 G-度量空间.

定义 5.2.2　设(X,G)是一个 G-度量空间,$\{x_n\}$ 为 X 中的一个序列,$x \in X$.

(1)如果 $\lim\limits_{n \rightarrow \infty} G(x_n,x,x)=0$,则称序列$\{x_n\}$ G-收敛到 x;

(2)如果对于任意给定的 $\varepsilon>0$,存在 $n_0 \in \mathbf{N}$,使得对于所有的 $n,m,l \geqslant n_0$,有 $G(x_n,x_m,x_l)<\varepsilon$,则称序列$\{x_n\}$为一个 G-柯西列;

(3)如果每个 G-柯西列都 G-收敛到 X 中的点,则称(X,G)是 G-完备的.

命题 5.2.1[77]　设(X,G)是一个 G-度量空间. 那么下面结果是等价的:

(1)当 $n \rightarrow \infty$,序列$\{x_n\}$ G-收敛到 x;

(2)当 $n \rightarrow \infty$,$G(x_n,x_n,x) \rightarrow 0$;

(3)当 $n,m \rightarrow \infty$,$G(x,x_n,x_m) \rightarrow 0$.

命题 5.2.2[77]　设(X,G)是一个 G-度量空间. 那么

(1) $\{x_n\}$ 是一个 G-柯西列,当且仅当 $\lim\limits_{m,n\to\infty} G(x_n,x_n,x_m)=0$;

(2) $G(x,x,y)\leq 2G(x,y,y)$.

定义 5.2.3　设 (X,G) 和 (X',G') 是两个 G-度量空间,函数 $f:X\to X'$. 称 f 在点 $a\in X$ 处是 G-连续的,如果对于任意的 $\varepsilon>0$,存在 $\delta>0$,使得对于所有的 $x,y\in X$,只要 $G(a,x,y)<\delta$,就有 $G'(f(a),f(x),f(y))<\varepsilon$. 如果 f 在 X 中的每一点处都是 G-连续的,则称 f 在 X 上是 G-连续的.

命题 5.2.3[77]　设 (X,G) 是一个 G-度量空间,则函数 $G(x,y,z)$ 关于 3 个变量连续.

命题 5.2.4[77]　设 (X,G) 和 (X',G') 是两个 G-度量空间. 那么 $f:X\to X'$ 在点 $x\in X$ 处 G-连续当且仅当 f 在 x 处是 G-序列连续的,即若 $\{x_n\}$ G-收敛到 x,那么 $\{f(x_n)\}$ G-收敛到 $f(x)$.

引理 5.2.1　设 (X,G) 是一个 G-度量空间,$T:X\to X$ 是一个 G-连续映射. 如果序列 $\{T^n x\}$ G-收敛到 $z\in X$,则 z 是 T 的一个不动点.

证明:由于 T 是 G-连续的,于是 $\lim\limits_{n\to\infty} G(T^{n+1}x,Tz,Tz)=0$. 同时,
$$\lim_{n\to\infty} G(T^{n+1}x,z,z)=0,$$
结合 G-度量空间极限的唯一性知 $Tz=z$.

定义 5.2.4　如果函数 $\varphi:\mathbf{R}^+\to\mathbf{R}^+$ 满足下列条件:

(1) $s<t\Rightarrow\varphi(s)\leq\varphi(t)$;

(2) 对所有的 $t>0$ 有 $\sum\limits_{n=1}^{\infty}\varphi^n(t)<+\infty$,其中 φ^n 是 φ 的 n 次迭代,

那么称函数 φ 是一个 c-比较函数.

定义 5.2.5　设 (X,G) 是一个 G-度量空间,$T:X\to X$ 是一个给定映射. 如果存在一个 c-比较函数 φ,使得对于所有的 $x,y\in X$ 有
$$G(Tx,Ty,T^2y)\leq\varphi(G(x,y,Ty)),$$
则称 T 是一个 $G\varphi$-压缩映射.

定义 5.2.6　设 (X,G) 是一个 G-度量空间,$T:X\to X$ 是一个给定映射. 如果存在一个 c-比较函数 φ,使得对于所有的 $x\in X$ 有
$$G(Tx,T^2x,T^3x)\leq\varphi(G(x,Tx,T^2x)), \tag{5.2.1}$$
则称 T 是一个弱 $G\varphi$-压缩映射.

用 $\Omega(X,G\varphi)$ 表示 $G\varphi$-压缩映射集,用 $\Omega(X,WG\varphi)$ 表示弱 $G\varphi$-压缩映射集. 显然有
$$\Omega(X,G\varphi)\subseteq\Omega(X,WG\varphi).$$

定理 5.2.1　设 (X,G) 是一个完备的 G-度量空间,映射 $T:X\to X$ 是一个 G-连续映射. 如果 T 是一个弱 $G\varphi$-压缩映射,则 T 至少存在一个不动点.

证明:设 $x_0\in X$. 定义迭代序列 $\{x_n\}$:

$$x_{n+1}=Tx_n=T^{n+1}x_0,n\in \mathbf{N}_0.$$

如果对某个 $n_0\in \mathbf{N}_0$ 有 $x_{n_0+1}=x_{n_0}$,则 x_{n_0} 是 T 的一个不动点,定理得证. 接下来假设对于所有的 $n\in \mathbf{N}_0$,有 $x_{n+1}\neq x_n$,即有 $G(x_{n+1},x_n,x_n)>0$. 在式 (5.2.1) 中取 $x=x_{n-1}$,由于 φ 是一个单调非减函数,于是对于所有的 $n\in \mathbf{N}_0$,有

$$G(x_n,x_{n+1},x_{n+2})\leqslant \varphi(x_{n-1},x_n,x_{n+1})\leqslant \cdots \leqslant \varphi^n(G(x_0,x_1,x_2)).$$

由于

$$G(x_n,x_n,x_{n+1})\leqslant G(x_n,x_{n+1},x_{n+2}),$$

且 $x_{n+1}\neq x_{n+2}$,于是

$$G(x_n,x_n,x_{n+1})\leqslant \varphi^n(G(x_0,x_1,x_2)).$$

对于所有的 $n,m\in \mathbf{N}_0,n<m$,有

$$G(x_n,x_n,x_m)\leqslant G(x_n,x_n,x_{n+1})+G(x_{n+1},x_{n+1},x_{n+2})+\cdots +G(x_{m-1},x_{m-1},x_m)$$
$$\leqslant (\varphi^n+\varphi^{n+1}+\cdots +\varphi^{m-1})(G(x_0,x_1,x_2))$$
$$=\sum_{k=n}^{m-1}\varphi^k(G(x_0,x_1,x_2)).$$

因为对于所有的 $t>0$,有 $\sum_{n=1}^{\infty}\varphi^n(t)<+\infty$,所以 $\lim_{n,m\to\infty}G(x_n,x_n,x_m)=0$. 从而 $\{x_n\}$ 是一个 G-柯西列. 由 G-度量空间 (X,G) 的完备性可知,存在 $z\in X$,使得 $\{x_n\}$ 收敛于 z. 因为 T 是 G-连续,故 z 是 T 的一个不动点.

由于 $\varphi(t)=kt(t\geqslant 0)$ 是一个 c-比较函数,其中 $k\in [0,1)$,于是有下面的推论.

推论 5.2.1　设 (X,G) 是一个完备的 G-度量空间,映射 $T:X\to X$ 是一个 G-连续映射. 如果存在 $0\leqslant k<1$,对于所有的 $x\in X$,有

$$G(Tx,T^2x,T^3x)\leqslant kG(x,Tx,T^2x),$$

则 T 至少存在一个不动点.

推论 5.2.2　设 (X,G) 是一个完备的 G-度量空间,映射 $T:X\to X$ 是一个 G-连续映射. 如果存在 $0\leqslant a<1$,对于所有的 $x,y\in X$,有

$$G(Tx,Ty,T^2y)\leqslant aG(x,y,Ty), \tag{5.2.2}$$

则 T 有唯一的不动点.

证明:令 $y=Tx$,可得 $G(Tx,T^2x,T^3x)\leqslant aG(x,Tx,T^2x)$,推论 5.2.1 的条件满足,故 T 至少存在一个不动点. 假设 T 有两个不同的不动点 u 和 v,由压缩条

件(5.2.2)有

$$G(Tu,Tv,T^2v) \leq aG(u,v,Tv) \Rightarrow G(u,v,v) \leq aG(u,v,v)$$
$$\Rightarrow (1-a)G(u,v,v) \leq 0$$
$$\Rightarrow G(u,v,v) = 0$$
$$\Rightarrow u = v.$$

矛盾,故不动点是唯一的.

推论5.2.3 设(X,G)是一个完备的G-度量空间,映射$T:X{\rightarrow}X$是一个G-连续映射. 如果存在$0 \leq a+b < 2$,对于所有的$x,y,z \in X$,有

$$G(Tx,T^2x,Ty) + G(Tx,T^2x,Tz) \leq aG(x,Tx,y) + bG(x,Tx,z),$$

则T至少存在一个不动点.

证明: 令$y=z=T^2x$,可得$G(Tx,T^2x,T^3x) \leq \frac{a+b}{2}G(x,Tx,T^2x)$. 则推论5.2.1的条件满足,故$T$至少存在一个不动点.

定理5.2.2 设(X,G)是一个完备的G-度量空间,映射$T:X{\rightarrow}X$是一个G-连续满射. 如果存在$a>1$,对于所有$x \in X$,有

$$G(Tx,T^2x,T^3x) \geq aG(x,Tx,T^2x), \tag{5.2.3}$$

则T至少存在一个不动点.

证明: 设$x_0 \in X$. 由于T是满射,所以存在$x_1 \in X$,使得$x_0 = Tx_1$. 继续下去,可得序列$\{x_n\}$,$x_n = Tx_{n+1}$,$n \in \mathbf{N}_0$. 如果有某个$n_0 \in \mathbf{N}_0$,使得$x_{n_0+1} = x_{n_0}$,则x_{n_0+1}是T的一个不动点. 下面假设对于所有的$n \in \mathbf{N}_0$,有$x_{n+1} \neq x_n$. 在式(5.2.3)中取$x = x_{n+1}$,得

$$G(x_n,x_{n-1},x_{n-2}) \geq aG(x_{n+1},x_n,x_{n-1}).$$

于是

$$G(x_{n+1},x_n,x_{n-1}) \leq hG(x_n,x_{n-1},x_{n-2}) \leq h^{n-1}G(x_2,x_1,x_0), n \in \mathbf{N},$$

其中$h = \frac{1}{a} < 1$. 易得$\{x_n\}$是一个G-柯西列. 又由于(X,G)是一个G-完备空间,则存在$w \in X$,使得$\{x_n\}$ G-收敛于w. 因为T是G-连续的,所以w是T的一个不动点.

定理5.2.3 设(X,G)是一个完备的G-度量空间,映射$T:X{\rightarrow}X$是一个G-连续映射. 如果存在$0 \leq a < \frac{1}{3}$,对于所有的$x \in X$,有

$$G(Tx,T^2x,T^2x) \leq aG(x,Tx,T^2x), \tag{5.2.4}$$

或

$$G(Tx,Tx,T^2x) \leqslant aG(x,Tx,T^2x),\qquad\qquad (5.2.5)$$

则 T 至少存在一个不动点.

证明: 在式(5.2.4)中取 $x=x_n$,可得

$$
\begin{aligned}
G(x_{n+1},x_{n+2},x_{n+2}) &\leqslant aG(x_n,x_{n+1},x_{n+2})\\
&\leqslant a(G(x_n,x_{n+1},x_{n+1})+G(x_{n+1},x_{n+1},x_{n+2}))\\
&\leqslant aG(x_n,x_{n+1},x_{n+1})+2aG(x_{n+1},x_{n+2},x_{n+2}),
\end{aligned}
$$

对于所有的 $n \in \mathbf{N}_0$ 成立. 于是

$$G(x_{n+1},x_{n+2},x_{n+2}) \leqslant \frac{a}{1-2a}G(x_n,x_{n+1},x_{n+1}) \leqslant \left(\frac{a}{1-2a}\right)^{n+1}+G(x_0,x_1,x_1).$$

显然 $\{x_n\}$ 是一个 G-柯西列. 由空间 (X,G) 的 G-完备性可知,存在 $z \in X$,使得 $\{x_n\}$ G-收敛于 z. 由于 T 是 G-连续的,因此 z 是 T 的不动点. 同理可证,当式(5.2.5)成立时,T 存在不动点.

定理 5.2.4　设 (X,G) 是一个完备的 G-度量空间,映射 $T:X{\to}X$ 是一个 G-连续映射. 如果存在 $a>0$,对于所有的 $x \in X$,有

$$G(Tx,T^2x,T^3x) \leqslant \frac{G(x,Tx,T^2x)+G(Tx,T^2x,T^3x)}{G(x,Tx,T^2x)+G(Tx,T^2x,T^3x)+a}G(x,Tx,T^2x),$$

$$(5.2.6)$$

则 T 至少存在一个不动点.

证明: 设 $x_0 \in X$. 定义迭代序列 $\{x_n\}$:

$$x_{n+1}=Tx_n=T^{n+1}x_0, n \in \mathbf{N}_0.$$

如果对于某个 $n_0 \in \mathbf{N}_0$,有 $x_{n_0+1}=x_{n_0}$,则 x_{n_0} 是 T 的一个不动点,结论得证. 接下来假设对于所有的 $n \in \mathbf{N}_0$,有 $x_{n+1}{\neq}x_n$,即有 $G(x_n,x_n,x_{n+1})>0$.

在式(5.2.6)中取 $x=x_n$,令 $d_n=G(x_n,x_{n+1},x_{n+2})$,$n \in \mathbf{N}_0$,可得

$$d_{n+1} \leqslant \frac{d_n+d_{n+1}}{d_n+d_{n+1}+a}d_n.$$

令 $a_n=\dfrac{d_n+d_{n+1}}{d_n+d_{n+1}+a}$. 于是

$$d_{n+1} \leqslant a_nd_n \leqslant a_na_{n-1}d_{n-1} \leqslant \cdots \leqslant a_na_{n-1}\cdots a_0d_0.$$

由于 $0<G(x_n,x_n,x_{n+1}) \leqslant G(x_n,x_{n+1},x_{n+2})=d_n$,所以 $0<a_n<1$. 由于 $d_{n+1}{\leqslant}a_nd_n<d_n$,于是 $\{d_n\}$ 是一个严格递减的序列,$\{a_n\}$ 也是一个严格递减的序列. 事实上,

$$d_n < d_{n-1}{\Rightarrow}d_n+d_{n+1} < d_{n-1}+d_n$$

$$\Rightarrow 1+\frac{a}{d_{n-1}+d_n} < 1+\frac{a}{d_n+d_{n+1}}$$

$$\Rightarrow \frac{d_{n-1} + d_n + a}{d_{n-1} + d_n} < \frac{d_n + d_{n+1} + a}{d_n + d_{n+1}}$$

$$\Rightarrow \frac{1}{a_{n-1}} < \frac{1}{a_n}$$

$$\Rightarrow a_n < a_{n-1}.$$

对于所有的 $n \in \mathbf{N}_0$,有

$$d_{n+1} < a_0^{n+1} d_0.$$

因为

$$G(x_n, x_n, x_{n+1}) \leqslant G(x_n, x_{n+1}, x_{n+2}) = d_n < a_0^n d_0,$$

所以 $\{x_n\}$ 是一个 G-柯西列. 由于 (X, G) 是一个 G-完备的空间,故存在 $z \in X$,使得 $\{x_n\}$ G-收敛于 z. 由 T 是 G-连续的,可得 z 是 T 的一个不动点.

注 5.2.1 改变定理 5.2.4 的压缩条件为

$$G(Tx, T^2 x, T^3 x) \leqslant \frac{\sum\limits_{i=0}^{k} G(T^i x, T^{i+1} x, T^{i+2} x)}{\sum\limits_{i=0}^{k} G(T^i x, T^{i+1} x, T^{i+2} x) + a} G(x, Tx, T^2 x),$$

其中 $k \in \mathbf{N}_0$,结论仍然正确.

例 5.2.2 设 $X = (0, 2)$,$G(x, y, z) = \max\{|x-y|, |x-z|, |y-z|\}$,

$$Tx = \begin{cases} 1, 0 < x < 1, \\ \dfrac{x}{2} + \dfrac{1}{2}, 1 \leqslant x < 2. \end{cases}$$

取 $\varphi(t) = \dfrac{t}{2}$,$t \geqslant 0$.

当 $0 < x < 1$ 时,$G(Tx, T^2 x, T^3 x) = 0 \leqslant \dfrac{1}{2} G(x, Tx, T^2 x) = \dfrac{1-x}{2}$.

当 $1 \leqslant x < 2$ 时,$\dfrac{x}{2} + \dfrac{1}{2} \geqslant 1$. $G(Tx, T^2 x, T^3 x) = \dfrac{3}{8}(x-1)$,$G(x, Tx, T^2 x) = \dfrac{3}{4}(x-1)$.

综上,$G(Tx, T^2 x, T^3 x) \leqslant \dfrac{1}{2} G(x, Tx, T^2 x)$. 于是推论 5.2.1 的条件满足,$T$ 有一个不动点. 显然,1 为 T 的一个不动点.

例 5.2.3 设 $X = [0, 1)$,$G(x, y, z) = \max\{|x-y|, |x-z|, |y-z|\}$,$T: X \rightarrow X$ 为

$$Tx = \frac{x}{1+x}.$$

取 $\varphi(t)=\dfrac{t}{1+t}, t>0$ 可得

$$G(Tx,T^2x,T^3x)=\left|\frac{x}{1+x}-\frac{x}{1+3x}\right|\leqslant\frac{2x^2}{(1+x)(1+3x)}\leqslant\frac{2x^2}{1+2x+2x^2}$$

$$\leqslant\frac{\dfrac{2x^2}{1+2x}}{1+\dfrac{2x^2}{1+2x}}\leqslant\varphi(G(x,Tx,T^2x)).$$

定理 5.2.1 的条件全部满足,故 T 有不动点. 显然,0 为 T 的一个不动点.

取 $x=0, z=\dfrac{1}{n}$,令 $x<y<z.$ $\dfrac{x}{1+x}$ 在 $[0,1)$ 是 x 的增函数,$G(x,y,z)=z-x$,$G(Tx,$

$Ty,Tz)=\dfrac{z-x}{(1+x)(1+z)}=\dfrac{z-x}{1+\dfrac{1}{n}}$,于是不存在 $k\in(0,1)$,使得 $G(Tx,Ty,Tz)<kG(x,$

$y,z)$. 因此该空间中 Banach 压缩映像原理不适用.

下面利用推论 5.2.1 来证明积分方程解的存在性. 设积分方程如下:

$$u(t)=\int_0^\beta\zeta(t,s)f(s,u(s))\mathrm{d}s, \tag{5.2.7}$$

其中 $t\in[0,\beta]$,$\beta>0$,$f:[0,\beta]\times\mathbf{R}\to\mathbf{R}$ 和 $\zeta:[0,\beta]\times[0,\beta]\to\mathbf{R}$ 是连续函数.

设 $X=C[0,\beta]$ 是 $[0,\beta]$ 上实连续函数的全体. 假设积分方程(5.2.7)满足:

(1) $\max\limits_{x\in[0,\beta]}\int_0^\beta|\zeta(x,s)|\mathrm{d}s\leqslant r$;

(2)对于任意的 $s\in[0,\beta]$ 和 $x,y\in\mathbf{R}$,有 $f(s,x)-f(s,y)\leqslant k(x-y)$;

(3) $0\leqslant|k|r<1$,

则积分方程(5.2.7)有解.

在 X 中定义 G-度量

$$G(u,v,w)=\max_{x\in[0,\beta]}\{|u(x)-v(x)|+|u(x)-w(x)|+|v(x)-w(x)|\}.$$

映射 $T:X\to X$ 定义为

$$Tu(x)=\int_0^\beta\zeta(x,s)f(s,u(s))\mathrm{d}s.$$

u^* 是积分方程(5.2.7)的一个解,当且仅当 u^* 是 T 的一个不动点. 于是

$G(Tu,T^2u,T^3u)$

$=\max\limits_{x\in[0,\beta]}|Tu(x)-T^2u(x)|+\max\limits_{x\in[0,\beta]}|Tu(x)-T^3u(x)|+\max\limits_{x\in[0,\beta]}|T^2u(x)-T^3u(x)|$

$=\max\limits_{x\in[0,\beta]}\left|\int_0^\beta\zeta(x,s)(f(s,u(s))-f(s,Tu(s)))\mathrm{d}s\right|+$

$$\max_{x \in [0,\beta]} \left| \int_0^\beta \zeta(x,s)(f(s,u(s)) - f(s,T^2u(s)))\mathrm{d}s \right| +$$

$$\max_{x \in [0,\beta]} \left| \int_0^\beta \zeta(x,s)(f(s,Tu(s)) - f(s,T^2u(s)))\mathrm{d}s \right|$$

$$\leq |k| \max_{x \in [0,\beta]} \left| \int_0^\beta \zeta(x,s)(|u(s) - Tu(s)| + |u(s) - T^2u(s)| + |Tu(s) - T^2u(s)|)\mathrm{d}s \right.$$

$$\leq |k| G(u,Tu,T^2u) \max_{x \in [0,\beta]} \left| \int_0^\beta |\zeta(x,s)|\mathrm{d}s \right.$$

$$\leq |k|rG(u,Tu,T^2u).$$

推论 5.2.1 的条件全部满足,于是 T 有一个不动点,即上述积分方程有解.

下面我们来讨论次相容压缩映射的公共不动点问题.

定义 5.2.7 G-度量空间 (X,G) 中的自映射对 f 与 g 称为是相容的,若对于任意的 $\{x_n\} \subset X$,只要 $\lim\limits_{n\to\infty} fx_n = \lim\limits_{n\to\infty} gx_n = t, t \in X$,就有

$$\lim_{n\to\infty} G(fgx_n, gfx_n, gfx_n) = 0, \lim_{n\to\infty} G(gfx_n, fgx_n, fgx_n) = 0.$$

下面我们把度量空间中映射对相对连续、次序列连续和次相容的概念引入 G-度量空间中,定义如下.

定义 5.2.8 G-度量空间 (X,G) 中的自映射对 f 与 g 称为是相对连续的,若对于任意的 $\{x_n\} \subset X$,只要 $\lim\limits_{n\to\infty} fx_n = \lim\limits_{n\to\infty} gx_n = t, t \in X$,就有 $\lim\limits_{n\to\infty} fgx_n = ft, \lim\limits_{n\to\infty} gfx_n = gt$.

定义 5.2.9 G-度量空间 (X,G) 中的自映射对 f 与 g 称为是次序列连续的,若存在 $\{x_n\} \subset X$,使得 $\lim\limits_{n\to\infty} fx_n = \lim\limits_{n\to\infty} gx_n = t, t \in X$,就有 $\lim\limits_{n\to\infty} fgx_n = ft, \lim\limits_{n\to\infty} gfx_n = gt$.

定义 5.2.10 G-度量空间 (X,G) 中的自映射对 f 与 g 称为是次相容的,若存在 $\{x_n\} \subset X$,使得 $\lim\limits_{n\to\infty} fx_n = \lim\limits_{n\to\infty} gx_n = t, t \in X$,有

$$\lim_{n\to\infty} G(fgx_n, gfx_n, gfx_n) = 0, \lim_{n\to\infty} G(gfx_n, fgx_n, fgx_n) = 0.$$

注 5.2.2 易知,连续的映射对一定是相对连续的,反之不真. 连续或者相对连续的映射对一定是次序列连续的,但是存在次序列连续的映射对既不是相对连续的,也不是连续的. 例子如下.

例 5.2.4 设 $X = [0, +\infty), G(x,y,z) = \max\{d(x,y), d(x,z), d(y,z)\}$,其中 $d(x,y) = |x-y|$,则 (X,G) 为一 G-度量空间. 定义映射 $f, g: X \to X$ 如下:

$$fx = \begin{cases} \dfrac{x}{2}, x \in [0,1], \\ 3x - 2, x \in (1 + \infty), \end{cases} \qquad gx = \begin{cases} \dfrac{x}{3}, x \in [0,1], \\ 2x - 1, x \in (1,\infty). \end{cases}$$

考虑 X 中的序列 $x_n=\dfrac{1}{n}$ 和 $y_n=1+\dfrac{1}{n}$，由定义得

$$\lim_{n\to\infty}f(x_n)=\lim_{n\to\infty}\frac{1}{2n}=0,\lim_{n\to\infty}g(x_n)=\lim_{n\to\infty}\frac{1}{3n}=0,$$

$$\lim_{n\to\infty}fg(x_n)=\lim_{n\to\infty}f\left(\frac{1}{3n}\right)=\lim_{n\to\infty}\frac{1}{6n}=0=f(0),$$

$$\lim_{n\to\infty}gf(x_n)=\lim_{n\to\infty}g\left(\frac{1}{2n}\right)=\lim_{n\to\infty}\frac{1}{6n}=0=g(0),$$

$$\lim_{n\to\infty}f(y_n)=\lim_{n\to\infty}\left(3+\frac{3}{n}-2\right)=1,\lim_{n\to\infty}g(y_n)=\lim_{n\to\infty}\left(2+\frac{2}{n}-1\right)=1,$$

$$\lim_{n\to\infty}fg(y_n)=\lim_{n\to\infty}f\left(1+\frac{2}{n}\right)=\lim_{n\to\infty}\left(3+\frac{6}{n}-2\right)=1\neq f(1),$$

$$\lim_{n\to\infty}gf(y_n)=\lim_{n\to\infty}g\left(1+\frac{3}{n}\right)=\lim_{n\to\infty}\left(2+\frac{6}{n}-1\right)=1\neq g(1),$$

由此可见映射对 f,g 是次序列连续的，但不是相对连续的，也不是连续的.

注 5.2.3　易知，相容的映射对一定是次相容的，反之不真. 反例如下.

例 5.2.5　设 $X=\mathbf{R},G(x,y,z)=\max\{d(x,y),d(x,z),d(y,z)\}$，其中 $d(x,y)=|x-y|$，则 (X,G) 为一个 G-度量空间. 定义映射 $f,g:X\to X$ 如下：

$$fx=\begin{cases}\dfrac{x}{2},x\in(-\infty,1),\\3x-2,x\in[1,+\infty).\end{cases}\qquad gx=\begin{cases}x+1,x\in(-\infty,1),\\2x-1,x\in[1,+\infty).\end{cases}$$

考虑 X 中的序列 $x_n=1+\dfrac{1}{n}$ 和 $y_n=\dfrac{1}{n}-2$. 由定义得

$$\lim_{n\to\infty}f(x_n)=\lim_{n\to\infty}\left(3+\frac{3}{n}-2\right)=1,\lim_{n\to\infty}g(x_n)=\lim_{n\to\infty}\left(2+\frac{2}{n}-1\right)=1,$$

$$\lim_{n\to\infty}fg(x_n)=\lim_{n\to\infty}f\left(1+\frac{2}{n}\right)=\lim_{n\to\infty}\left(3+\frac{6}{n}-2\right)=1=f(1),$$

$$\lim_{n\to\infty}gf(x_n)=\lim_{n\to\infty}g\left(1+\frac{3}{n}\right)=\lim_{n\to\infty}\left(2+\frac{6}{n}-1\right)=1=g(1),$$

$$\lim_{n\to\infty}G(fgx_n,gfx_n,gfx_n)=\lim_{n\to\infty}G\left(1+\frac{6}{n},1+\frac{6}{n},1+\frac{6}{n}\right)=0,$$

$$\lim_{n\to\infty}G(gfx_n,fgx_n,fgx_n)=\lim_{n\to\infty}G\left(1+\frac{6}{n},1+\frac{6}{n},1+\frac{6}{n}\right)=0.$$

$$\lim_{n\to\infty}f(y_n)=\lim_{n\to\infty}\left(\frac{1}{2n}-1\right)=-1,\lim_{n\to\infty}g(y_n)=\lim_{n\to\infty}\left(\frac{1}{n}-2+1\right)=-1,$$

$$\lim_{n\to\infty} fg(y_n) = \lim_{n\to\infty} f\left(\frac{1}{n}-1\right) = \lim_{n\to\infty}\left(\frac{1}{2n}-\frac{1}{2}\right) = -\frac{1}{2} = f(-1),$$

$$\lim_{n\to\infty} gf(y_n) = \lim_{n\to\infty} g\left(\frac{1}{2n}-1\right) = \lim_{n\to\infty}\left(\frac{1}{2n}-1+1\right) = 0 = g(-1),$$

$$\lim_{n\to\infty} G(fgx_n, gfx_n, gfx_n) = \lim_{n\to\infty} G\left(\frac{1}{2n}-\frac{1}{2}, \frac{1}{2n}, \frac{1}{2n}\right) \neq 0,$$

$$\lim_{n\to\infty} G(gfx_n, fgx_n, fgx_n) = \lim_{n\to\infty} G\left(\frac{1}{2n}, \frac{1}{2n}-\frac{1}{2}, \frac{1}{2n}-\frac{1}{2}\right) \neq 0.$$

这说明映射对 f 和 g 是次相容的,且是相对连续的,但不是相容的,也不是连续的.

为方便起见,假设

$\varphi: \mathbf{R}^{+6} \to \mathbf{R}$ 是一个下半连续函数,满足条件 (φ_1): $\forall u>0, \varphi(u,u,0,0,u,u)>0$;

$\gamma: \mathbf{R}^{+4} \to \mathbf{R}$ 是一个下半连续函数,满足条件 (γ_1): $\forall u>0, \gamma(u,u,u,u)>0$;

$F: \mathbf{R}^+ \to \mathbf{R}^+$ 是一个下半连续函数,满足条件: $\forall t>0, F(t)<t$.

定理 5.2.5 设 f, g, h 和 k 是 G-度量空间 (X,G) 上的四个自映射. 若映射对 (f,h) 和 (g,k) 是次相容和相对连续的,则

(1) f 和 h 有重合点;

(2) g 和 k 有重合点.

此外,如果 $\forall x,y \in X$,有以下不等式成立

$$\varphi(G(fx,gy,gy), G(hx,ky,ky), G(fx,hx,hx),$$
$$G(gy,ky,ky), G(hx,gy,gy), G(fx,ky,ky)) \leq 0, \qquad (5.2.8)$$

则 f, g, h 和 k 有唯一的公共不动点.

证明: 先证 f 和 h 有重合点,g 和 k 有重合点. 事实上,因为映射对 (f,h) 和 (g,k) 都是次相容和相对连续的,所以存在序列 $\{x_n\}, \{y_n\} \subset X, t, t' \in X$,使得

$$\lim_{n\to\infty} fx_n = \lim_{n\to\infty} hx_n = t, \lim_{n\to\infty} gy_n = \lim_{n\to\infty} ky_n = t', \qquad (5.2.9)$$

$$\lim_{n\to\infty} G(fhx_n, hfx_n, hfx_n) = G(ft, ht, ht) = 0,$$

$$\lim_{n\to\infty} G(gky_n, kgy_n, kgy_n) = G(gt', kt', kt') = 0.$$

因此,$ft=ht, gt'=kt'$,即 t 是 f 和 h 的重合点,t' 是 g 和 k 的重合点.

现在证明 $t=t'$. 由式 (5.2.8) 可得

$$\varphi(G(fx_n, gy_n, gy_n), G(hx_n, ky_n, ky_n), G(fx_n, hx_n, hx_n),$$
$$G(gy_n, ky_n, ky_n), G(hx_n, gy_n, gy_n), G(fx_n, ky_n, ky_n))$$
$$\leq 0.$$

在上式中令 $n\to\infty$,并使用 φ 的下半连续性,可以推出
$$\varphi(G(t,t',t'),G(t,t',t'),0,0,G(t,t',t'),G(t,t',t'))\leqslant 0. \quad (5.2.10)$$
若 $G(t,t',t')>0$,则式(5.2.10)与(φ_1)矛盾. 因此 $G(t,t',t')=0$,即 $t=t'$.

再证 $ft=t$. 由式(5.2.8)可得
$$\varphi(G(ft,gy_n,gy_n),G(ht,ky_n,ky_n),G(ft,ht,ht),$$
$$G(gy_n,ky_n,ky_n),G(ht,gy_n,gy_n),G(ft,ky_n,ky_n))$$
$$\leqslant 0.$$

在上式中令 $n\to\infty$,并使用 φ 的下半连续性,$ft=ht$ 以及 $t=t'$,有
$$\varphi(G(ft,t,t),G(ft,t,t),0,0,G(ft,t,t),G(ft,t,t))\leqslant 0. \quad (5.2.11)$$
若 $G(ft,t,t)>0$,则式(5.2.11)与(φ_1)矛盾. 因此,$G(ft,t,t)=0$,即 $ft=t$.

同理可证,$gt=t$. 所以 $t=ft=ht=gt=kt$,即 t 是映射 f,g,h 和 k 的公共不动点.

下证唯一性. 假设 z 是映射 f,g,h 和 k 的另一个公共不动点,则由式(5.2.8)可得
$$\varphi(G(ft,gz,gz),G(ht,kz,kz),G(ft,ht,ht),G(gz,kz,kz),G(ht,gz,gz),G(ft,kz,kz))$$
$$=\varphi(G(t,z,z),G(t,z,z),0,0,G(t,z,z),G(t,z,z))$$
$$\leqslant 0. \quad (5.2.12)$$
若 $G(t,z,z)>0$,则式(5.2.12)与(φ_1)矛盾. 因此 $G(t,z,z)=0$ 即 $t=z$.

综上,f,g,h 和 k 有唯一的公共不动点.

定理 5.2.6　设 h,k 和 $\{f_n\}_{n\in\mathbf{N}}$ 是 G-度量空间 (X,G) 上的自映射. 若映射对 (f_n,h) 和 (f_{n+1},k) 是次相容和相对连续的,则

(1)f_n 和 h 有重合点;

(2)f_{n+1} 和 k 有重合点.

此外,如果 $\forall x,y\in X,n\in\mathbf{N}$,有以下不等式成立
$$\varphi(G(f_nx,f_{n+1}y,f_{n+1}y),G(hx,ky,ky),G(f_nx,hx,hx),$$
$$G(f_{n+1}y,ky,ky),G(hx,f_{n+1}y,f_{n+1}y),G(f_nx,ky,ky))$$
$$\leqslant 0, \quad (5.2.13)$$
则 h,k 和 $\{f_n\}_{n\in\mathbf{N}}$ 有唯一的公共不动点.

证明:当 $n=1$ 时,由定理5.2.5可得 h,k,f_1 和 f_2 有唯一的公共不动点,设为 t ,则 t 是 h,k 和 f_1 的公共不动点,也是 h,k 和 f_2 的公共不动点.

下证唯一性. 假设 h,k 和 f_1 有另外一个公共不动点 z ,且 $t\neq z$,则由式(5.2.13)有

$$\varphi\left(G(f_1 z,f_2 t,f_2 t),G(hz,kt,kt),G(f_1 z,hz,hz),G(f_2 t,kt,kt),G(hz,f_2 t,f_2 t),G(f_1 z,kt,kt)\right)$$
$$=\varphi\left(G(z,t,t),G(z,t,t),0,0,G(z,t,t),G(z,t,t)\right)$$
$$\leqslant 0.$$

此结论与(φ_1)矛盾,所以 $t=z$. 于是 h,k 和 f_1 有唯一的公共不动点.

同理可证,h,k 和 f_2 有唯一的公共不动点.

当 $n=2$ 时,由定理 5.2.5 可得 h,k,f_2 和 f_3 有唯一的公共不动点,重复上面的方法可证得 h,k 和 f_3 有唯一的公共不动点. 以此重复下去,可证得 h,k 和 $\{f_n\}_{n\in\mathbf{N}}$ 有唯一的公共不动点.

定理 5.2.7 设 f,g,h 和 k 是 G-度量空间 (X,G) 上的四个自映射. 若映射对 (f,h) 和 (g,k) 是次相容和相对连续的,则

(a)f 和 h 有重合点;

(b)g 和 k 有重合点.

此外,如果 $\forall x,y\in X$,有以下不等式成立

$$\gamma\left(G(fx,gy,gy),G(hx,ky,ky),G(hx,gy,gy),G(fx,ky,ky)\right)\leqslant 0,$$
$$(5.2.14)$$

则 f,g,h 和 k 有唯一的公共不动点.

证明:首先,(a),(b) 的证明与定理 5.2.5 相同,即存在 $\{x_n\},\{y_n\}\subset X$, $t,t'\in X$,使得式 (5.2.9) 成立,并且 $ft=ht,gt'=kt'$. 现在证明 $t=t'$. 利用式(5.2.14),可得

$$\gamma\left(G(fx_n,gy_n,gy_n),G(hx_n,ky_n,ky_n),G(hx_n,gy_n,gy_n),G(fx_n,ky_n,ky_n)\right)\leqslant 0.$$

在上式中取 $n\to\infty$ 的极限,并使用 γ 的下半连续性,可以推出

$$\gamma\left(G(t,t',t'),G(t,t',t'),G(t,t',t'),G(t,t',t')\right)\leqslant 0. \quad (5.2.15)$$

若 $G(t,t',t')>0$,则式(5.2.15)与(γ_1)矛盾. 因此,,$G(t,t',t')=0$,即 $t=t'$.

再证 $ft=t$. 事实上,由式(5.2.14),可知

$$\gamma\left(G(ft,gy_n,gy_n),G(ht,ky_n,ky_n),G(ht,gy_n,gy_n),G(ft,ky_n,ky_n)\right)\leqslant 0.$$

在上式中令 $n\to\infty$,并结合 γ 的下半连续性以及 $ft=ht,t=t'$,可得

$$\gamma\left(G(ft,t,t),G(ft,t,t),G(ft,t,t),G(ft,t,t)\right)\leqslant 0. \quad (5.2.16)$$

若 $G(ft,t,t)>0$,则式(5.2.16)与(γ_1)矛盾. 因此,$G(ft,t,t)=0$,即 $ft=t$.

同理可证,$gt=t$. 所以 $t=ft=ht=gt=kt$,即 t 是映射 f,g,h 和 k 的公共不动点.

下证唯一性. 假设 f,g,h 和 k 有另一个公共不动点 z. 根据式(5.2.14),有

$$\gamma\left(G(ft,gz,gz),G(ht,kz,kz),G(ht,gz,gz),G(ft,kz,kz)\right)$$
$$=\gamma\left(G(t,z,z),G(t,z,z),G(t,z,z),G(t,z,z)\right)\leqslant 0. \quad (5.2.17)$$

若 $G(t,z,z)>0$,则式(5.2.17)与(γ_1)矛盾.因此,$G(t,z,z)=0$,即 $t=z$.

综上,f,g,h 和 k 有唯一的公共不动点.

定理 5.2.8　设 f,g,h 和 k 是 G-度量空间 (X,G) 上的四个自映射.若映射对 (f,h) 和 (g,k) 是次相容和相对连续的,则

(a)f 和 h 有重合点;

(b)g 和 k 有重合点.

此外,如果存在下半连续函数 $\varphi:[0,+\infty)\to[0,+\infty)$,满足 $\varphi(t)=0$ 当且仅当 $t=0$,且 $\forall x,y\in X$,有

$$\varphi(G(fx,gy,gy))$$
$$\leqslant a(G(hx,ky,ky))\varphi(G(hx,ky,ky))+$$
$$b(G(hx,ky,ky))\min\{\varphi(G(hx,gy,gy)),\varphi(G(fx,ky,ky))\},$$
$$(5.2.18)$$

其中 $a,b:[0,+\infty)\to[0,1)$ 是两个下半连续函数,且满足 $\forall t>0,a(t)+b(t)<1$,则 f,g,h 和 k 有唯一的公共不动点.

证明:首先,与定理 5.2.5 相应部分的证明完全相同,可得存在 $\{x_n\},\{y_n\}\subset X,t,t'\in X$,使得式(5.2.9)成立,并且 $ft=ht,gt'=kt'$.现在证明 $t=t'$.利用式(5.2.18)可知

$$\varphi(G(fx_n,gy_n,gy_n))$$
$$\leqslant a(G(hx_n,ky_n,ky_n))\varphi(G(hx_n,ky_n,ky_n))+$$
$$b(G(hx_n,ky_n,ky_n))\min\{\varphi(G(hx_n,gy_n,gy_n)),\varphi(G(fx_n,ky_n,ky_n))\}.$$

在上式中取 $n\to\infty$ 的极限,并使用函数 φ,a 和 b 的性质,可得

$$\varphi(G(t,t',t'))\leqslant[a(G(t,t',t'))+b(G(t,t',t'))]\varphi(G(t,t',t'))$$
$$<\varphi(G(t,t',t')).$$

此为矛盾,所以 $t=t'$.

再证 $ft=t$.假设 $ft\neq t$,则由式(5.2.18)可得

$$\varphi(G(ft,gy_n,gy_n))$$
$$\leqslant a(G(ht,ky_n,ky_n))\varphi(G(ht,ky_n,ky_n))+$$
$$b(G(ht,ky_n,ky_n))\min\{\varphi(G(ht,gy_n,gy_n)),\varphi(G(ft,ky_n,ky_n))\}.$$

在上式中令 $n\to\infty$,并考虑到函数 φ,a 和 b 的性质以及 $ft=ht$,可得 $\varphi(G(ft,t,t))\leqslant[a(G(ft,t,t))+b(G(ft,t,t))]\varphi(G(ft,t,t))<\varphi(G(ft,t,t))$,矛盾,故 $ft=t$.

同理可证,$gt=t$.所以 $t=ft=ht=gt=kt$,即 t 是映射 f,g,h 和 k 的公共不动点.

下证唯一性. 假设 f,g,h 和 k 有另一个公共不动点 z,且 $t \neq z$,则 $G(t,z,z) > 0$. 由式(5.2.18),可以推出

$$\varphi(G(ft,gz,gz))$$
$$\leqslant a(G(ht,kz,kz))\varphi(G(ht,kz,kz)) +$$
$$b(G(ht,kz,kz))\min\{\varphi(G(ht,gz,gz)),\varphi(G(ft,kz,kz))\}.$$

由于 t 和 z 都是 f,g,h 和 k 的公共不动点,故有

$$\varphi(G(t,z,z)) \leqslant [a(G(t,z,z)) + b(G(t,z,z))]\varphi(G(t,z,z)) < \varphi(G(ft,t,t)),$$

这是矛盾的. 因此,$t=z$.

综上可得,f,g,h 和 k 有唯一的公共不动点.

注 5.2.4 将定理 5.2.8 中的式(5.2.18)换成以下不等式(其中 $p \geqslant 1$),结论也是成立的.

$$\varphi(G(fx,gy,gy)) \leqslant a(G(hx,ky,ky))\varphi(G(hx,ky,ky)) +$$
$$b(G(hx,ky,ky))\left[\frac{\varphi^{\frac{1}{p}}(G(hx,gy,gy)),\varphi^{\frac{1}{p}}(G(fx,ky,ky))}{2}\right]^{p}.$$

注 5.2.5 在定理 5.2.5、定理 5.2.7 和定理 5.2.8 中,如果取:(1)$h=k,f=g=I$;(2)$h=k,f=g$;(3)$h=k=I$;(4)$h=k$,我们可以得到一些新的不动点和公共不动点定理,此处略去.

定理 5.2.9 设 h,k 和 $\{f_n\}_{n \in \mathbf{N}}$ 是 G-度量空间 (X,G) 上的自映射. 若映射对 (f_n,h) 和 (f_{n+1},k) 是次相容和相对连续的,则

(a)f_n 和 h 有重合点;

(b)f_{n+1} 和 k 有重合点.

此外,如果存在下半连续函数 $\varphi:[0,+\infty) \to [0,+\infty)$,满足 $\varphi(t)=0$ 当且仅当 $t=0$,且 $\forall x,y \in X,n \in \mathbf{N}$,有

$$\varphi(G(f_n x, f_{n+1} y, f_{n+1} y))$$
$$\leqslant a(G(hx,ky,ky))\varphi(G(hx,ky,ky)) +$$
$$b(G(hx,ky,ky))\min\{\varphi(G(hx,f_{n+1}y,f_{n+1}y)),\varphi(G(f_n x,ky,ky))\},$$
$$(5.2.19)$$

其中 $a,b:[0,+\infty) \to [0,1)$ 是两个下半连续函数,且满足条件 $\forall t > 0, a(t) + b(t) < 1$,则 h,k 和 $\{f_n\}_{n \in \mathbf{N}}$ 有唯一的公共不动点.

证明: 当 $n=1$ 时,由定理 5.2.8 可得 h,k,f_1 和 f_2 有唯一的公共不动点,设为 t,则 t 是 h,k 和 f_1 的公共不动点,也是 h,k 和 f_2 的公共不动点. 下证唯一性. 假设 h,k 和 f_1 有另外一个公共不动点 z,且 $t \neq z$,则由式(5.2.19)及 a,b 的性质,有

$$\varphi(\,G(z,t,t)\,)$$
$$=\varphi(\,G(f_1z,f_2t,f_2t)\,)$$
$$\leqslant a(\,G(hz,kt,kt)\,)\varphi(\,G(hz,kt,kt)\,)\,+$$
$$\qquad b(\,G(hz,kt,kt)\,)\min\{\varphi(\,G(hz,f_2t,f_2t)\,)\,,\varphi(\,G(f_1z,kt,kt)\,)\,\}$$
$$=[\,a(\,G(z,t,t)\,)\,+\,b(\,G(z,t,t)\,)\,]\varphi(\,G(z,t,t)\,)$$
$$<\varphi(\,G(z,t,t)\,)\,,$$

这是一个矛盾. 所以 $t=z$. 因此假设不成立,即 h,k 和 f_1 有唯一的公共不动点.

同理可证,h,k 和 f_2 有唯一的公共不动点.

当 $n=2$ 时,由定理 5.2.8 可得 h,k,f_2 和 f_3 有唯一的公共不动点,重复上面的方法可证得 h,k 和 f_3 有唯一的公共不动点. 以此重复下去,可证得 h,k 和 $\{f_n\}_{n\in\mathbf{N}}$ 有唯一的公共不动点.

定理 5.2.10　设 f,g,h 和 k 是 G-度量空间 (X,G) 上的四个自映射. 若映射对 (f,h) 和 (g,k) 是次相容和相对连续的,则

(a)f 和 h 有重合点；

(b)g 和 k 有重合点.

此外,如果 $\forall x,y\in X$,有下述不等式成立

$$G^p(fx,gy,gy)$$
$$\leqslant F\big(aG^p(hx,ky,ky)\,+\,(1-a)\max\{\alpha G^p(fx,hx,hx)\,,\beta G^p(gy,ky,ky)\,,$$
$$\qquad G^{\frac{p}{2}}(fx,hx,hx)\,G^{\frac{p}{2}}(fx,ky,ky)\,,G^{\frac{p}{2}}(fx,ky,ky)\,G^{\frac{p}{2}}(hx,gy,gy)\,,$$
$$\qquad \frac{1}{2}(\,G^p(fx,hx,hx)\,+\,G^p(gy,ky,ky)\,)\}\big)\,, \tag{5.2.20}$$

其中 $0<a<1$,$\{\alpha,\beta\}\subset(0,1\,]$,$p\in\mathbf{N}$,则 f,g,h 和 k 在 X 中有唯一的公共不动点.

证明:首先(a),(b)的证明与定理 5.2.5 相同,现在来证明 $t=t'$. 若不然,则有 $G^p(t,t',t')>0$. 根据式(5.2.20),可得

$$G^p(fx_n,gy_n,gy_n)$$
$$\leqslant F\Big(aG^p(hx_n,ky_n,ky_n)\,+\,(1-a)\max\Big\{\alpha G^p(fx_n,hx_n,hx_n)\,,\beta G^p(gy_n,ky_n,ky_n)\,,$$
$$\qquad G^{\frac{p}{2}}(fx_n,hx_n,hx_n)\,G^{\frac{p}{2}}(fx_n,ky_n,ky_n)\,,G^{\frac{p}{2}}(fx_n,ky_n,ky_n)\,G^{\frac{p}{2}}(hx_n,gy_n,gy_n)\,,$$
$$\qquad \frac{1}{2}(\,G^p(fx_n,hx_n,hx_n)\,+\,G^p(gy_n,ky_n,ky_n)\,)\Big\}\Big)\,.$$

令 $n\rightarrow\infty$,结合 F 的性质可知

$$G^p(t,t',t')\leqslant F(aG^p(t,t',t')\,+\,(1-a)\,G^p(t,t',t'))$$

$$= F(G^p(t,t',t'))$$
$$< G^p(t,t',t').$$

这是矛盾的,所以 $t=t'$.

再证 $ft=t$. 假设 $ft\neq t$,则 $G^p(ft,t,t)>0$. 借助于式(5.2.20),有

$G^p(ft,gy_n,gy_n)$

$$\leqslant F\Big(aG^p(ht,ky_n,ky_n) + (1-a)\max\Big\{\alpha G^p(ft,ht,ht),\beta G^p(gy_n,ky_n,ky_n),$$

$$G^{\frac{p}{2}}(ft,ht,ht)G^{\frac{p}{2}}(ft,ky_n,ky_n),G^{\frac{p}{2}}(ft,ky_n,ky_n)G^{\frac{p}{2}}(ht,gy_n,gy_n),$$

$$\frac{1}{2}\big(G^p(ft,ht,ht) + G^p(gy_n,ky_n,ky_n)\big)\Big\}\Big).$$

在上式中令 $n\to\infty$,根据 F 的性质可得

$$G^p(ft,t,t) \leqslant F(aG^p(ft,t,t) + (1-a)G^p(ft,t,t))$$
$$= F(G^p(ft,t,t))$$
$$< G^p(ft,t,t),$$

矛盾. 所以 $ft=t$.

同理可证,$gt=t$. 所以 $t=ft=ht=gt=kt$,即 t 是映射 f,g,h 和 k 的公共不动点.

下证唯一性. 假设 f,g,h 和 k 有另外一个公共不动点 z,且 $t\neq z$,则 $G^p(t,z,z)>0$. 由式(5.2.20),可以推出

$G^p(ft,gz,gz)$

$$\leqslant F\Big(aG^p(ht,kz,kz) + (1-a)\max\Big\{\alpha G^p(ft,ht,ht),\beta G^p(gz,kz,kz),$$

$$G^{\frac{p}{2}}(ft,ht,ht)G^{\frac{p}{2}}(ft,kz,kz),G^{\frac{p}{2}}(ft,kz,kz)G^{\frac{p}{2}}(ht,gz,gz),$$

$$\frac{1}{2}\big(G^p(ft,ht,ht) + G^p(gz,kz,ky_nz)\big)\Big\}\Big).$$

化简可得

$$G^p(t,z,z) \leqslant F(aG^p(t,z,z) + (1-a)G^p(t,z,z))$$
$$= F(G^p(t,z,z)) < G^p(t,z,z),$$

这是矛盾的,所以 f,g,h 和 k 有唯一的公共不动点.

定理 5.2.11 设 h,k 和 $\{f_n\}_{n\in\mathbf{N}}$ 是 G-度量空间 (X,G) 上的自映射. 若映射对 (f_n,h) 和 (f_{n+1},k) 是次相容和相对连续的,则

(a)f_n 和 h 有重合点;

(b)f_{n+1} 和 k 有重合点.

此外，如果 $\forall x,y \in X, n \in \mathbf{N}$，有

$$G^p(f_n x, f_{n+1} y, f_{n+1} y)$$

$$\leqslant F\Big(aG^p(hx,ky,ky) + (1-a)\max\Big\{ \alpha G^p(f_n x, hx, hx), \beta G^p(f_{n+1} y, ky, ky),$$

$$G^{\frac{p}{2}}(f_n x, hx, hx) G^{\frac{p}{2}}(f_n x, ky, ky), G^{\frac{p}{2}}(f_n x, ky, ky) G^{\frac{p}{2}}(hx, f_{n+1} y, f_{n+1} y),$$

$$\frac{1}{2}\big(G^p(f_n x, hx, hx) + G^p(f_{n+1} y, ky, ky) \big)\Big\}\Big), \tag{5.2.21}$$

其中 $0<a<1, \{\alpha,\beta\} \subset (0,1], p \in \mathbf{N}$，则 h,k 和 $\{f_n\}_{n \in \mathbf{N}}$ 在 X 中有唯一的公共不动点．

证明：当 $n=1$ 时，由定理 5.2.10 可得 h,k,f_1 和 f_2 有唯一的公共不动点，设为 t，则 t 是 h,k 和 f_1 的公共不动点，也是 h,k 和 f_2 的公共不动点．下证唯一性．假设 h,k 和 f_1 有另外一个公共不动点 z，且 $t \neq z$. 由式（5.2.21）及 F 的性质有

$$G^p(f_1 z, f_2 t, f_2 t)$$

$$\leqslant F\Big(aG^p(hz,kt,kt) + (1-a)\max\Big\{ \alpha G^p(f_1 z, hz, hz), \beta G^p(f_2 t, kt, kt),$$

$$G^{\frac{p}{2}}(f_1 z, hz, hz) G^{\frac{p}{2}}(f_1 z, kt, kt), G^{\frac{p}{2}}(f_1 z, kt, kt) G^{\frac{p}{2}}(hz, f_2 t, f_2 t),$$

$$\frac{1}{2}\big(G^p(f_1 z, hz, hz) + G^p(f_2 t, kt, kt) \big)\Big\}\Big)$$

$$= F\big(aG^p(z,t,t) + (1-a)G^p(z,t,t) \big)$$

$$= F\big(G^p(z,t,t) \big) < G^p(z,t,t),$$

矛盾．所以，$G^p(z,t,t)=0$，即 $t=z$. 因此假设不成立，即 h,k 和 f_1 有唯一的公共不动点．

同理可证，h,k 和 f_2 有唯一的公共不动点．

当 $n=2$ 时，由定理 5.2.10 可得 h,k,f_2 和 f_3 有唯一的公共不动点，重复上面的方法可证得 h,k 和 f_3 有唯一的公共不动点．以此重复下去，可证得 h,k 和 $\{f_n\}_{n \in \mathbf{N}}$ 有唯一的公共不动点．

5.3 S-度量空间中的不动点定理

2007 年，Sedghi[83] 等人给出了 D^*-度量的定义，并于 2012 年将 D^*-度量的概念进行了推广，在参考文献[84]引入了 S-度量的定义，随后有很多学者展开了对 S-度量空间的研究[85-91]. 本节将主要介绍该类空间的一些基本概念，Meir-

Keeler S-压缩映射和二次方型映射具有不动点及公共不动点的条件.

定义 5.3.1 设 X 是一个非空集合,映射 $S: X \times X \times X \to \mathbf{R}^+$ 满足下面两个条件:对于所有的 $x, y, z, a \in X$ 有

(1) $S(x, y, z) = 0$ 当且仅当 $x = y = z$;

(2) $S(x, y, z) \leqslant S(x, x, a) + S(y, y, a) + S(z, z, a)$,

则称 S 是 X 上的一个 S-度量,(X, S) 是一个 S-度量空间.

例 5.3.1 设 $X = \mathbf{R}$. 定义

$$S_1(x, y, z) = |x - z| + |y - z|, \quad S_2(x, y, z) = |x - z| + |y + z - 2x|,$$

则 S_1, S_2 都是 X 上的 S-度量.

例 5.3.2 设 (X, d) 是一个度量空间,则 $S(x, y, z) = d(x, z) + d(y, z)$ 是 X 上的一个 S-度量.

注 5.3.1 若 (X, S) 是一个 S-度量空间,则有 $S(x, x, y) = S(y, y, x)$.

注 5.3.2 (1) G-度量和 S-度量互不包含. 因为 $G(x, x, y)$ 和 $G(y, y, x)$ 不一定相等,而 $S(x, x, y) = S(y, y, x)$,所以 G-度量不包含于 S-度量. 当 $z \neq y$ 时,$G(x, x, y) \leqslant G(x, y, z)$,但是 $z \neq y$ 时,$S(x, x, y)$ 并不一定小于 $S(x, y, z)$,所以 S-度量不包含于 G-度量.

(2) 每个对称 G-度量空间一定是 S-度量空间,反之不真.

例 5.3.3 令 $X = \{a, b\}$,$G(a, a, a) = G(b, b, b) = 0$,$G(a, a, b) = G(a, b, a) = G(b, a, a) = 2$,$G(b, b, a) = G(b, a, b) = G(a, b, b) = 4$. 易知 G 是一个 G-度量,但是 $G(a, a, b) \neq G(b, b, a)$,所以 G 不是一个 S-度量.

例 5.3.4 设 $X = \{a, b, c\}$,

$$S(a, a, a) = S(b, b, b) = S(c, c, c) = 0,$$

$$S(a, a, b) = S(b, b, a) = 1, \quad S(a, a, c) = S(c, c, a) = 2,$$

$$S(b, b, c) = S(c, c, b) = 1, \quad S(a, b, c) = 1,$$

其他 S 的值通过假设三个变量对称来定义. 易知 S 是一个 S-度量,但 $S(a, b, c) < S(a, a, c)$,所以 S 不是一个 G-度量.

定义 5.3.2 设 (X, S) 是一个 S-度量空间,$\{x_n\}$ 是 X 中的序列.

(1) 如果 $\lim\limits_{n \to \infty} S(x_n, x_n, x) = 0$,即对于任意的 $\varepsilon > 0$,存在 $n_0 \in \mathbf{N}$ 和 $x \in X$,使得对于所有的 $n > n_0$,有 $S(x_n, x_n, x) < \varepsilon$,则称 $\{x_n\}$ 是 S-收敛到 x 的;

(2) 如果 $\lim\limits_{n \to \infty} S(x_n, x_n, x_m) = 0$,即对于任意的 $\varepsilon > 0$,存在 $n_0 \in \mathbf{N}$,使得对于所有的 $n, m > n_0$,有 $S(x_n, x_n, x_m) < \varepsilon$,则称 $\{x_n\}$ 是一个 S-柯西列;

(3) 如果每个 S-柯西列是 S-收敛的,则称 (X, S) 是 S-完备的.

注 5.3.3 $d(x,y)=S(x,x,y)$ 是一个 b-度量，且有 $d(x,y) \leqslant \dfrac{3}{2}(d(x,z)+d(z,y))$.

定义 5.3.3 设 (X,S) 是一个 S-度量空间，$T:X \rightarrow X$ 是一个给定映射. 如果对于每个收敛于 $x \in X$ 的序列 $\{x_n\}$ 有 $\{Tx_n\}$ 收敛于 Tx，则称 T 在 x 点处是 S-连续的.

定义 5.3.4 设 (X,S) 是一个 S-度量空间，$T:X \rightarrow X$ 是一个给定映射. 对于所有的 $x,z \in X$ 和 $n_i \in \mathbf{N}$，若

$$\lim_{i \to \infty} S(T^{n_i}x, T^{n_i}x, z) = 0$$

蕴含

$$\lim_{i \to \infty} S(TT^{n_i}x, TT^{n_i}x, Tz) = 0,$$

则称 T 是轨道 S-连续的.

引理 5.3.1[84] 设 (X,S) 是一个 S-度量空间. 如果 X 中的序列 $\{x_n\}$ S-收敛于 $x \in X$，则 x 是唯一的.

引理 5.3.2[88] 设 (X,S) 是一个 S-度量空间. 那么对于任意的 $x,y,z \in X$ 有
$$S(x,x,y) \leqslant 2S(x,x,z) + S(y,y,z);$$
$$\text{或 } S(x,x,y) \leqslant S(x,x,z) + 2S(y,y,z).$$

引理 5.3.3[84] 设 (X,S) 是一个 S-度量空间，$\{x_n\}$ 和 $\{y_n\}$ 是 X 中的两个序列，且存在 $x,y \in X$，使得 $\lim_{n \to \infty} x_n = x$，$\lim_{n \to \infty} y_n = y$. 那么，$\lim_{n \to \infty} S(x_n, x_n, y_n) = S(x,x,y)$. 特别地，$\forall u \in X$，有 $\lim_{n \to \infty} S(x_n, x_n, u) = S(x,x,u)$ 以及 $\lim_{n \to \infty} S(u,u,x_n) = S(u,u,x)$.

Meir-Keeler 压缩定理在 1969 年被提出，Mustafa 将其引入 G-度量空间中，下面我们给出 S-度量空间中的 Meir-Keeler 压缩映射的不动点定理，主要结果来自参考文献[91].

定义 5.3.5 设 (X,S) 是一个 S-度量空间，T 是 X 上的自映射. 如果对于任意的 $\varepsilon > 0$，存在 $\delta > 0$，使得

$$\varepsilon < M(x,y,z) < \varepsilon + \delta \Rightarrow S(Tx,Ty,Tz) \leqslant \varepsilon, \qquad (5.3.1)$$

其中

$$M(x,y,z) = \max \left\{ S(x,y,z), S(Tx,Tx,x), S(Ty,Ty,y), S(Tz,Tz,z), \right.$$

$$\frac{S(Tx,Tx,y) + S(Ty,Ty,x)}{3}, \frac{S(Tx,Tx,z) + S(Tz,Tz,x)}{3},$$

$$\left. \frac{S(Tz,Tz,y) + S(Ty,Ty,z)}{3} \right\},$$

则称 T 是一个 S-度量空间上的 Meir-Keeler S-型压缩映射.

注 5.3.4 如果 T 是一个 S-度量空间上的 Meir-Keeler S-型压缩映射且 $M(x,y,z)>0$,则有

$$S(Tx,Ty,Tz) < M(x,y,z).$$

命题 5.3.1 设 (X,S) 是一个 S-度量空间,$T:X\rightarrow X$ 是一个 Meir-Keeler S-型压缩映射. 那么对于所有的 $x\in X$,有

$$\lim_{n\rightarrow\infty} S(T^{n+1}x,T^{n+1}x,T^nx) = 0,$$

且

$$\lim_{n\rightarrow\infty} S(T^nx,T^nx,T^{n+1}x) = 0.$$

证明: 设 $x_0\in X$. 定义一个迭代序列 $x_n = Tx_{n-1} = T^nx_0$,$n\in\mathbf{N}$. 如果存在某个 $n_0\in\mathbf{N}_0$,使得 $x_{n_0+1}=x_{n_0}$,则 x_{n_0} 是 T 的不动点. 此时,当 $n\geq n_0$ 时,有

$$S(T^{n+1}x,T^{n+1}x,T^nx) = 0,$$

命题得证. 下面假设对于所有的 $n\in\mathbf{N}_0$,有 $x_{n+1}\neq x_n$. 于是对于每个 $n\in\mathbf{N}_0$,$M(x_{n+1},x_{n+1},x_n)>0$. 由注 5.3.4,可得

$S(x_{n+2},x_{n+2},x_{n+1})$

$= S(Tx_{n+1},Tx_{n+1},Tx_n) < M(x_{n+1},x_{n+1},x_n)$

$= \max\left\{ S(x_{n+1},x_{n+1},x_n)\},S(Tx_{n+1,},Tx_{n+1},x_{n+1}),S(Tx_n,Tx_n,x_n),S(Tx_n,Tx_n,x_n), \right.$

$\dfrac{S(Tx_{n+1},Tx_{n+1},x_n) + S(Tx_n,Tx_n,x_{n+1})}{3}, \dfrac{S(Tx_{n+1},Tx_{n+1},x_n) + S(Tx_n,Tx_n,x_{n+1})}{3},$

$\left. \dfrac{S(Tx_n,Tx_n,x_n) + S(Tx_n,Tx_n,x_n)}{3} \right\}$

$= \max\left\{ S(x_{n+1},x_{n+1},x_n),S(x_{n+2},x_{n+2},x_{n+1}),\dfrac{S(x_{n+2},x_{n+2},x_n)}{3} \right\}$

$\leq \max\left\{ S(x_{n+1},x_{n+1},x_n)\},S(x_{n+2},x_{n+2},x_{n+1}),\dfrac{2S(x_{n+2},x_{n+2},x_{n+1}) + S(x_{n+1},x_{n+1},x_n)}{3} \right\}$

$= \max\{ S(x_{n+1},x_{n+1},x_n)\} ,S(x_{n+2},x_{n+2},x_{n+1})\}.$

注意到 $\max\{ S(x_{n+1},x_{n+1},x_n),S(x_{n+2},x_{n+2},x_{n+1})\} = S(x_{n+2},x_{n+2},x_{n+1})$ 是不可能的. 于是对于每个 $n\in\mathbf{N}_0$,有

$$S(x_{n+2},x_{n+2},x_{n+1}) < M(x_{n+1},x_{n+1},x_n) = S(x_{n+1},x_{n+1},x_n).$$

故 $\{ S(x_{n+1},x_{n+1},x_n)\}_{n=0}^{\infty}$ 是一个严格递减有下界的序列. 所以它收敛于某

点 $\varepsilon \in [0,+\infty)$，即

$$\lim_{n\to\infty} S(x_{n+1},x_{n+1},x_n) = \varepsilon.$$

进一步地

$$\lim_{n\to\infty} M(x_{n+1},x_{n+1},x_n) = \varepsilon.$$

注意到 $\varepsilon = \inf\{S(x_{n+1},x_{n+1},x_n) : n\in \mathbf{N}_0\}$. 可以断定 $\varepsilon = 0$. 因为如果 $\varepsilon > 0$，由式 (5.3.1)，并根据 T 是一个 Meir-Keeler S-型压缩映射得到：对于这个 ε，存在 $\delta > 0$ 和正整数 m，使得

$$\varepsilon < M(x_{m+1},x_{m+1},x_m) < \varepsilon + \delta \Rightarrow S(Tx_{m+1},Tx_{m+1},Tx_m) = S(x_{m+2},x_{m+2},x_{m+1}) \leqslant \varepsilon,$$

这与 $\varepsilon = \inf\{S(x_{n+1},x_{n+1},x_n) : n\in \mathbf{N}_0\}$ 矛盾. 由于

$$S(x_n,x_n,x_{n+1}) = S(x_{n+1},x_{n+1},x_n),$$

因此 $\lim\limits_{n\to\infty} S(T^n x,T^n x,T^{n+1}x) = 0$.

定理 5.3.1　设 (X,S) 是一个完备的 S-度量空间. 如果 $T:X\to X$ 是一个 S-轨道连续和 Meir-Keeler S-型压缩映射，则 T 有唯一的不动点 $w\in X$，并且对于所有的 $x\in X$，有 $\lim\limits_{n\to\infty} S(T^n x,T^n x,w) = 0$.

证明：设 $x_0\in X$. 定义迭代序列 $\{x_n\}$：$x_n = Tx_{n-1} = T^n x_0, n\in \mathbf{N}$. 可以判定

$$\lim_{m,n\to\infty} S(x_n,x_n,x_m) = 0.$$

否则，存在一个 $\varepsilon > 0$ 和 $\{x_n\}$ 的子列 $\{x_{n(i)}\}$，使得

$$S(x_{n(i)},x_{n(i)},x_{n(i+1)}) > 2\varepsilon.$$

对于上面的 ε，存在 $\delta > 0$，使得 $\varepsilon < M(x,y,z) < \varepsilon + \delta$，它蕴含了 $S(Tx,Ty,Tz) \leqslant \varepsilon$. 令 $r = \min\{\varepsilon,\delta\}$. 根据命题 5.3.1，取一个正整数 n_0，使得

$$S(x_{n+1},x_{n+1},x_n) < \frac{r}{8}, S(x_n,x_n,x_{n+1}) < \frac{r}{8},$$

对于所有的 $n\geqslant n_0$ 成立. 令 $n(i)\geqslant n_0$. 由于

$$S(x_{n(i)},x_{n(i)},x_{n(i+1)-1}) \geqslant S(x_{n(i)},x_{n(i)},x_{n(i+1)}) - 2S(x_{n(i+1)-1},x_{n(i+1)-1},x_{n(i+1)})$$

$$\geqslant 2\varepsilon - \frac{r}{4} \geqslant 2\varepsilon - \frac{\varepsilon}{4} = \varepsilon + \frac{3\varepsilon}{4} > \varepsilon + \frac{\varepsilon}{2} \geqslant \varepsilon + \frac{r}{2},$$

和

$$S(x_{n(i)},x_{n(i)},x_{n(i)+1}) < \frac{r}{8} < \varepsilon + \frac{r}{2},$$

故可取最小的正整数 k，使得当 $n(i)+2 \leqslant k \leqslant n(i+1)-1$ 时，有

$$S(x_{n(i)},x_{n(i)},x_k) > \varepsilon + \frac{r}{2},$$

和

$$S(x_{n(i)}, x_{n(i)}, x_{k-1}) > \varepsilon + \frac{r}{2}.$$

于是

$$S(x_{n(i)}, x_{n(i)}, x_k) \leqslant S(x_{n(i)}, x_{n(i)}, x_{k-1}) + 2S(x_{k-1}, x_k, x_k) < \varepsilon + \frac{r}{2} + \frac{r}{4} = \varepsilon + \frac{3r}{4}.$$

进一步地

$$\varepsilon + \frac{r}{2} < S(x_{n(i)}, x_{n(i)}, x_k) < \varepsilon + \frac{3r}{4} < \varepsilon + r, \tag{5.3.2}$$

$$S(x_{n(i)+1}, x_{n(i)+1}, x_{n(i)}) < \frac{r}{8} < \varepsilon + r, \tag{5.3.3}$$

$$S(x_{k+1}, x_{k+1}, x_k) < \frac{r}{8} < \varepsilon + r, \tag{5.3.4}$$

和

$$\frac{S(x_{n(i)+1}, x_{n(i)+1}, x_k) + S(x_{k+1}, x_{k+1}, x_{n(i)})}{3}$$

$$\leqslant \frac{2S(x_{n(i)+1}, x_{n(i)+1}, x_{n(i)}) + S(x_{n(i)}, x_{n(i)}, x_k) + 2S(x_{k+1}, x_{k+1}, x_k) + S(x_{n(i)}, x_{n(i)}, x_k)}{3}$$

$$\leqslant \frac{r}{6} + \frac{2\varepsilon}{3} + \frac{r}{2}$$

$$\leqslant \varepsilon + r. \tag{5.3.5}$$

由不等式(5.3.2)—不等式(5.3.5),可得

$$\varepsilon < M(x_{n(i)}, x_{n(i)}, x_k) < \varepsilon + r.$$

由于 T 是一个 Meir-Keeler S-型压缩映射,所以 $S(x_{n(i)+1}, x_{n(i)+1}, x_{k+1}) \leqslant \varepsilon$. 但是

$$S(x_{n(i)+1}, x_{n(i)+1}, x_{k+1}) \geqslant S(x_{n(i)}, x_{n(i)}, x_k) -$$

$$2S(x_{n(i)}, x_{n(i)}, x_{n(i)+1}) - 2S(x_{k+1}, x_{k+1}, x_k)$$

$$> \varepsilon + \frac{r}{2} - \frac{r}{4} - \frac{r}{4} = \varepsilon,$$

矛盾. 这就说明 $\{x_n\}$ 是一个 S-柯西列. 因为 (X, S) 是 S-完备的,所以序列 $\{x_n\}$ 收敛于某个 $w \in X$,即

$$\lim_{n \to \infty} S(T^n x_0, T^n x_0, w) = \lim_{n \to \infty} S(w, w, T^n x_0) = 0.$$

又 T 是轨道连续的,于是

$$\lim_{n \to \infty} S(TT^n x_0, TT^n x_0, Tw) = 0,$$

即

$$\lim_{n\to\infty} S(T^{n+1}x_0, T^{n+1}x_0, Tw) = \lim_{n\to\infty} S(x_{n+1}, x_{n+1}, Tw) = 0.$$

于是 $\{x_{n+1}\}$ 收敛于 X 中的 Tw. 由极限的唯一性, 可得 $Tw = w$.

最后证明不动点的唯一性. 如果存在 $u \in X$, 使得 $Tu = u$ 和 $S(u,u,w) \neq 0$, 可得 $M(u,u,w) \geqslant S(u,u,w) \geqslant 0$. 由于 T 是一个 Meir-Keeler S-型压缩映射, 则有

$$0 < S(u,u,w) = S(Tu,Tu,Tw) < M(u,u,w)$$

$$= \max \left\{ S(u,u,w), S(Tu,Tu,u), S(Tw,Tw,w) \frac{S(Tu,Tu,w) + S(Tw,Tw,u)}{3} \right\}$$

$$= S(u,u,w),$$

矛盾. 于是 $S(u,u,w) = 0$, 故不动点是唯一的.

注 5.3.5　在定义 5.3.5 中, 如果令

$$M(x,y,z) = \max \left\{ S(x,y,z), S(x,x,Tx), S(y,y,Ty), S(z,z,Tz), \right.$$

$$\frac{S(Tx,Tx,y) + S(Ty,Ty,x)}{3}, \frac{S(Tx,Tx,z) + S(Tz,Tz,x)}{3},$$

$$\left. \frac{S(Tz,Tz,y) + S(Ty,Ty,z)}{3} \right\},$$

则定理 5.3.1 仍然正确.

例 5.3.5　设 $X = \{0,1,2\}$. 定义 $S: X \times X \times X \to \mathbf{R}^+$ 为

$$S(0,0,0) = S(1,1,1) = S(2,2,2) = 0, S(0,1,2) = 2, S(0,0,2) = S(2,2,0) = \frac{3}{2},$$

$$S(1,1,2) = S(2,2,1) = 2, S(0,0,1) = S(1,1,0) = 1,$$

并且 S 对三个变量对称. 由此可以得到 $S(x,y,z)$ 在所有点处的值. 现在改变 $S(1,0,1)$ 的值, 令 $S(1,0,1) = \frac{3}{2}$, 使得 S-度量对于三个元无对称性. 可以验证此时 S 是一个 S-度量. 定义映射 $T: X \to X$ 为

$$T0 = T1 = 0, T2 = 1.$$

下面分三种情形进行讨论:

情形 1: 当 $(x,y,z) \in \{(0,0,0), (1,1,1), (2,2,2), (0,0,1), (0,1,0),$
$(1,0,0), (1,1,0), (1,0,1), (0,1,1)\}$ 时, 可得

$$S(Tx, Ty, Tz) = 0.$$

情形 2: 当 $(x,y,z) \in \{(0,0,2), (0,2,0), (2,0,0), (0,2,2), (2,2,0),$
$(1,1,2), (1,2,1), (2,1,1), (1,2,2), (2,2,1),$

$$(0,1,2),(1,0,2),(1,2,0),(0,2,1),(2,0,1),(2,1,0)\}$$

时,有

$$S(Tx,Ty,Tz)=1,M(x,y,z)=2.$$

情形3:当$(x,y,z)\in\{(2,0,2),(2,1,2)\}$时,计算得

$$S(Tx,Ty,Tz)=\frac{3}{2},M(x,y,z)=2.$$

所以T是一个 Meir-Keeler S-型压缩映射,其中$\varepsilon>0$和$\delta=\dfrac{\varepsilon}{3}$.由定理5.3.1,$T$在$X$中有唯一的不动点$w=0$.

例5.3.6 设$X=[0,1]$,$S(x,y,z)=\max\{|x-y|,|x-z|\}$,$\forall x,y,z\in X$.映射$T:X\to X$定义为$Tx=\dfrac{x^2}{4}$.不难证明$(X,S)$是一个$S$-完备的$S$-度量空间.不失一般性,取$x\leqslant y\leqslant z$,可得

$$S(Tx,Ty,Tz)=\frac{z^2}{4}-\frac{x^2}{4},$$

和

$$M(x,y,z)=\max\left\{z-x,x-\frac{x^2}{4},y-\frac{y^2}{4},z-\frac{z^2}{4}\right\}.$$

取$\delta=\varepsilon$,有$z-x\leqslant M(x,y,z)<\varepsilon+\delta=2\varepsilon$.从而当$\varepsilon<M(x,y,z)<2\varepsilon$时,有

$$S(Tx,Ty,Tz)=\frac{(z-x)(z+x)}{4}\leqslant\frac{z-x}{2}<\varepsilon.$$

于是T是一个 Meir-Keeler S-型压缩映射.由定理5.3.1,T在X中有唯一的不动点$w=0$.

下列定理表明存在 Meir-Keeler S-型压缩映射,它虽然有不动点,但是它本身在不动点处却不连续.

定理5.3.2 设(X,S)是一个完备的S-度量空间.如果$T:X\to X$是一个 Meir-Keeler S-型压缩映射,且T^2是轨道连续的,则T在X中有唯一的不动点w,且对于所有的$x\in X$,有$\lim\limits_{n\to\infty}S(T^nx,T^nx,w)=0$.进一步有,$T$在$w$点处连续当且仅当$\lim\limits_{x\to w}M(x,x,w)=0$.

证明:由于T是一个 Meir-Keeler S-型压缩映射,命题5.3.1仍然适用.类似于定理5.3.1的证明,定义一个迭代序列$\{x_n=T^nx_0\}_{n=1}^{\infty}$,其中$x_0\in X$是任意一点.类似地,可证$\{x_n\}$是一个$S$-柯西列.由于$(X,S)$是$S$-完备的,故存在一点$w\in X$,使得$\lim\limits_{n\to\infty}S(T^nx_0,T^nx_0,w)=0$.同样有

$$\lim_{n\to\infty} S(T^2 T^n x_0, T^2 T^n x_0, w) = \lim_{n\to\infty} S(x_{n+2}, x_{n+2}, w) = 0.$$

由 T^2 的轨道连续性,可得 $\lim_{n\to\infty} S(T^2 T^n x_0, T^2 T^n x_0, T^2 w) = 0$. 由极限的唯一性,可得 $T^2 w = w$.

下面证明 $Tw = w$. 如果 $w \neq Tw$,则 $M(Tw, Tw, w) \geqslant S(Tw, Tw, w) > 0$. 于是

$$S(w, w, Tw) = S(T^2 w, T^2 w, Tw) < M(Tw, Tw, w)$$

$$= \max\left\{ S(Tw, Tw, w), S(T^2 w, T^2 w, Tw), S(Tw, Tw, w), \right.$$

$$\frac{S(T^2 w, T^2 w, w) + S(Tw, Tw, Tw)}{3},$$

$$\frac{S(T^2 w, T^2 w, w) + S(Tw, Tw, Tw)}{3},$$

$$\left. \frac{S(Tw, Tw, w) + S(Tw, Tw, Tw)}{3} \right\}$$

$$= \max\{ S(Tw, Tw, w), S(w, w, Tw) \}$$

$$= S(w, w, Tw),$$

矛盾. 从而 w 是 T 的一个不动点. 类似定理 5.3.1 的证明过程,可证不动点的唯一性.

如果 T 在 w 点处连续,$\{y_n\}$ 是 X 中的序列,满足 $\lim_{n\to\infty} S(y_n, y_n, w) = 0$,则

$$\lim_{n\to\infty} S(Ty_n, Ty_n, Tw) = 0,$$

且

$$M(y_n, y_n, w)$$

$$= \max\left\{ S(y_n, y_n, w), S(Ty_n, Ty_n, y_n), \frac{S(Ty_n, Ty_n, w) + S(Tw, Tw, y_n)}{3} \right\}$$

$$\leqslant \max\left\{ S(y_n, y_n, w), S(Ty_n, Ty_n, w) + S(w, w, y_n), \frac{S(Ty_n, Ty_n, Tw) + S(w, w, y_n)}{3} \right\},$$

可得 $\lim_{n\to\infty} M(y_n, y_n, w) = 0$.

另一方面,如果 $\lim_{n\to\infty} M(y_n, y_n, w) = 0$,可得

$$\frac{S(Ty_n, Ty_n, w)}{3} \leqslant M(y_n, y_n, w)$$

$$= \max\left\{ S(y_n, y_n, w), S(Ty_n, Ty_n, y_n), \frac{S(Ty_n, Ty_n, w) + S(Tw, Tw, y_n)}{3} \right\},$$

则 $\lim\limits_{n\to\infty} S(y_n, y_n, w) = \lim\limits_{n\to\infty} S(w, w, y_n) = 0$ 且 $\lim\limits_{n\to\infty} S(Ty_n, Ty_n, Tw) = 0$，即 T 在 w 点处连续.

例 5.3.7　设 $X = [0, 2]$，$S(x, y, z) = \max\{|x-y|, |x-z|\}$，$\forall x, y, z \in X$. 定义 $T:X \to X$ 如下：

$$T(x) = \begin{cases} 1, x \leqslant 1, \\ 0, x > 1. \end{cases}$$

下面证明 T 是一个 Meir-Keeler S-型压缩映射. 不失一般性，取 $z \leqslant y \leqslant x$. 考虑下面 4 种情形：

情形 1：$0 \leqslant z \leqslant y \leqslant x \leqslant 1$. 此时有 $S(Tx, Ty, Tz) = 0$ 和 $M(x, y, z) = 1-z$；

情形 2：$0 \leqslant z \leqslant y \leqslant 1$ 且 $1 < x \leqslant 2$. 计算可得 $S(Tx, Ty, Tz) = 1$ 且 $M(x, y, z) = x$；

情形 3：$0 \leqslant z \leqslant 1$ 且 $1 < y \leqslant x \leqslant 2$. 此时可以得到 $S(Tx, Ty, Tz) = 1$ 且 $M(x, y, z) = x$；

情形 4：$1 < z \leqslant y \leqslant x \leqslant 2$. 显然有 $S(Tx, Ty, Tz) = 0$ 且 $M(x, y, z) = x$.

综上，T 是一个 Meir-Keeler S-型压缩映射. 当 $\varepsilon \geqslant 1$ 时，取 $\delta(\varepsilon) = 1$，当 $\varepsilon < 1$ 时，取 $\delta(\varepsilon) = 1-\varepsilon$. 对于所有的 $x \in X$，有 $T^2(x) = 1$，故 T^2 连续. 于是 T 满足定理 5.3.2 的所有条件，有唯一的不动点 $x = 1$. 同时可看出 $\lim\limits_{x\to 1} M(1, x, x) \neq 0$，即 T 在不动点 $x = 1$ 处不连续.

本节最后，我们来研究二次方型压缩映射对具有公共不动点的条件. 主要结果来自参考文献[89].

定理 5.3.3　设 (X, S) 是一个完备的 S-度量空间. 如果两个映射 $T, G:X \to X$ 满足条件：

$$S^2(Tx, Tx, Gy) \leqslant hS(Tx, Tx, x)S(Gy, Gy, y), \forall x, y \in X, \quad (5.3.6)$$

其中 $h \in (0, 1)$，那么映射 T 和 G 有唯一的公共不动点 u，且映射 T 和 G 在点 u 处是 S-连续的.

证明：证明过程分两步来完成.

(1)证明 T 的不动点也是 G 的不动点.

事实上，设 $q \in X$，使得 $Tq = q$. 由式(5.3.6)，可得

$$S^2(Tq, Tq, Gq) \leqslant hS(Tq, Tq, q)S(Gq, Gq, q) = hS(q, q, q)S(Gq, Gq, q) = 0.$$

即 $S^2(Tq, Tq, Gq) = 0$，因此，$Gq = Tq = q$. 于是 q 也是 G 的一个不动点. 同理可证，G 的不动点也是 T 的不动点.

(2)证明 T 和 G 有唯一的公共不动点.

$\forall x_0 \in X$，定义序列 $\{x_n\}$ 为 $x_{2n+1} = Tx_{2n}$，$x_{2n+2} = Gx_{2n+1}$，$n \in \mathbf{N}_0$. 若对于某个 $n = 2m$ 有 $x_n = x_{n+1}$，则 $q = x_{2m}$ 是 T 的一个不动点，且由第 1 步，可得 q 是 T 和 G 的一个公共不动点. 同理可证，当 $n = 2m+1$ 时，$q = x_{2m+1}$ 是 T 和 G 的一个公共不动点. 不失一般性，可假设对于任给的 $n \in \mathbf{N}_0$，$x_n \neq x_{n+1}$.

下面证明 $\{x_n\}$ 是 X 中的一个 S-柯西列. 事实上, 由式 (5.3.6) 和注 5.3.1, 可得

$$S^2(x_{2n+1}, x_{2n+1}, x_{2n+2})$$
$$= S^2(Tx_{2n}, Tx_{2n}, Gx_{2n+1})$$
$$\leqslant hS(Tx_{2n}, Tx_{2n}, x_{2n})S(Gx_{2n+1}, Gx_{2n+1}, x_{2n+1})$$
$$= hS(x_{2n+1}, x_{2n+1}, x_{2n})S(x_{2n+2}, x_{2n+2}, x_{2n+1})$$
$$= hS(x_{2n}, x_{2n}, x_{2n+1})S(x_{2n+1}, x_{2n+1}, x_{2n+2}).$$

因此

$$S(x_{2n+1}, x_{2n+1}, x_{2n+2}) \leqslant hS(x_{2n}, x_{2n}, x_{2n+1}). \tag{5.3.7}$$

另一方面, 再由式 (5.3.7) 和注 5.3.1, 计算可得

$$S^2(x_{2n+2}, x_{2n+2}, x_{2n+3})$$
$$= S^2(Gx_{2n+1}, Gx_{2n+1}, Tx_{2n+2})$$
$$= S^2(Tx_{2n+2}, Tx_{2n+2}, Gx_{2n+1})$$
$$\leqslant hS(Tx_{2n+2}, Tx_{2n+2}, x_{2n+2})S(Gx_{2n+1}, Gx_{2n+1}, x_{2n+1})$$
$$= hS(x_{2n+3}, x_{2n+3}, x_{2n+2})S(x_{2n+2}, x_{2n+2}, x_{2n+1})$$
$$= hS(x_{2n+2}, x_{2n+2}, x_{2n+3})S(x_{2n+1}, x_{2n+1}, x_{2n+2}).$$

于是

$$S(x_{2n+2}, x_{2n+2}, x_{2n+3}) \leqslant hS(x_{2n+1}, x_{2n+1}, x_{2n+2}). \tag{5.3.8}$$

利用式 (5.3.7) 和式 (5.3.8), 可以推出, 对于任意的 $n \in \mathbf{N}_0$ 有

$$S(x_n, x_n, x_{n+1}) \leqslant hS(x_{n-1}, x_{n-1}, x_n). \tag{5.3.9}$$

从而有

$$S(x_n, x_n, x_{n+1}) \leqslant hS(x_{n-1}, x_{n-1}, x_n) \leqslant \cdots \leqslant h^n S(x_0, x_0, x_1). \tag{5.3.10}$$

根据引理 5.3.2 和式 (5.3.10), 对于任意的 $n, m \in \mathbf{N}_0, n < m$, 有

$$S(x_n, x_n, x_m) \leqslant 2S(x_n, x_n, x_{n+1}) + S(x_{n+1}, x_{n+1}, x_m)$$
$$\leqslant 2S(x_n, x_n, x_{n+1}) + 2S(x_{n+1}, x_{n+1}, x_{n+2}) + S(x_{n+2}, x_{n+2}, x_m)$$
$$\leqslant 2S(x_n, x_n, x_{n+1}) + \cdots + 2S(x_{m-2}, x_{m-2}, x_{m-1}) + S(x_{m-1}, x_{m-1}, x_m)$$
$$\leqslant [2(h^n + h^{n+1} + \cdots + h^{m-2}) + h^{m-1}]S(x_0, x_0, x_1)$$
$$\leqslant \frac{2h^n}{1-h}S(x_0, x_0, x_1).$$

因此 $S(x_n, x_n, x_m) \to 0 (n, m \to \infty)$, 故 $\{x_n\}$ 是 X 中的 S-柯西列. 由于 X 是 S-完备的, 于是存在 $u \in X$, 使得序列 $\{x_n\}$ S-收敛到 u.

下证 u 是 T 和 G 的一个公共不动点. 事实上, 由式 (5.3.6), 可得

$$S^2(Tu,Tu,x_{2n+2})$$
$$= S^2(Tu,Tu,Gx_{2n+1})$$
$$\leq hS(Tu,Tu,u)S(Gx_{2n+1},Gx_{2n+1},x_{2n+1})$$
$$= hS(Tu,Tu,u)S(x_{2n+2},x_{2n+2},x_{2n+1}).$$

在上式中令 $n\to\infty$，并根据引理5.3.3得

$$S^2(Tu,Tu,u) \leq hS(Tu,Tu,u)S(u,u,u) = 0.$$

即 $S^2(Tu,Tu,u)=0$，进而 $S(Tu,Tu,u)=0$. 于是 $Tu=u$，即 u 是 T 的一个不动点.

再由式(5.3.6)，可得

$$S^2(x_{2n+1},x_{2n+1},Gu) = S^2(Tx_{2n},Tx_{2n},Gu)$$
$$\leq hS(Tx_{2n},Tx_{2n},x_{2n})S(Gu,Gu,u)$$
$$= hS(x_{2n+1},x_{2n+1},x_{2n})S(Gu,Gu,u).$$

在上式两端取 $n\to\infty$ 的极限，再次根据引理5.3.3，计算得

$$S^2(u,u,Gu) \leq hS(u,u,u)S(Gu,Gu,u) = 0.$$

故 $S^2(u,u,Gu)=0$，即 $Gu=u$. 进而有，$u=Tu=Gu$，即 u 是 T 和 G 的一个公共不动点. 设 v 是 T 和 G 的另一个公共不动点，即 $v=Tv=Gv$. 由条件(5.3.6)，有

$$S^2(u,u,v) = S^2(Tu,Tu,Gv)$$
$$\leq hS(Tu,Tu,u)S(Gv,Gv,v)$$
$$= hS(u,u,u)S(v,v,v)$$
$$= 0.$$

从而有 $S^2(u,u,v)=0$，即 $u=v$，因此 u 是 T 和 G 的唯一公共不动点.

下证 T 在 u 点处是 S-连续的. 令 $\{y_n\}$ 是 X 中任意 S-收敛到 u 的序列. 对于任给的 $n\in\mathbf{N}_0$，由式(5.3.6)可知

$$S^2(Ty_n,Ty_n,u) = S^2(Ty_n,Ty_n,Gu)$$
$$\leq hS(Ty_n,Ty_n,y_n)S(Gu,Gu,u)$$
$$= hS(Ty_n,Ty_n,y_n)S(u,u,u).$$

这表明 $\lim\limits_{n\to\infty} S(Ty_n,Ty_n,u)=0$. 于是，序列 $\{Ty_n\}$ S-收敛到 $u=Tu$，即 T 在 u 点处是 S-连续的.

同理可证，G 在 u 点处是 S-连续的.

定理 5.3.4　设 (X,S) 是一个完备的 S-度量空间. 如果两个映射 $T,G:X\to X$ 满足条件：

$$S^2(T^px,T^px,G^sy) \leq hS(T^px,T^px,x)S(G^sy,G^sy,y),\ \forall x,y\in X,$$

$$(5.3.11)$$

其中 $h\in(0,1)$，$p,s\in\mathbf{N}$，那么映射 T 和 G 有唯一的公共不动点 u，且映射 T^p 和

G^s 在 u 点处是 S-连续的.

证明:由定理 5.3.3 可得,T^p 和 G^s 有唯一的公共不动点 u,即 $T^p u=u$,$G^s u=u$,且 T^p 和 G^s 在 u 点处是 S-连续的. 由于 $T^p Tu=T^{p+1}u=TT^p u=Tu$,则 Tu 也是 T^p 的一个不动点. 同理由 $G^s Gu=G^{s+1}u=GG^s u=Gu$,可得 Gu 也是 G^s 的一个不动点. 由式(5.3.11)可得

$$S^2(Tu,Tu,G^s Tu) = S^2(T^p Tu,T^p Tu,G^s Tu)$$
$$\leqslant hS(T^p Tu,T^p Tu,Tu)S(G^s Tu,G^s Tu,Tu)$$
$$\leqslant hS(Tu,Tu,Tu)S(G^s Tu,G^s Tu,Tu)$$
$$= 0.$$

于是 $S^2(Tu,Tu,G^s Tu)=0$,即 $Tu=G^s Tu$,也就是 Tu 是 T^p 和 G^s 的公共不动点. 因为 T^p 和 G^s 的公共不动点是唯一的,所以 $Tu=u$. 同理 $Gu=u$,从而 $u=Tu=Gu$.

设 v 是 T 和 G 的另一个公共不动点,即 $v=T^p v=G^s v$,再次利用式(5.3.11)可得

$$S^2(u,u,v) = S^2(T^p u,T^p u,G^s v)$$
$$\leqslant hS(T^p u,T^p u,u)S(G^s v,G^s v,v)$$
$$= hS(u,u,u)S(v,v,v)$$
$$= 0.$$

进而可得 $S^2(u,u,v)=0$,即 $u=v$. 所以,T 和 G 的公共不动点是唯一的.

推论 5.3.1　设 (X,S) 是一个完备的 S-度量空间. 如果映射 $T:X\to X$ 满足条件:

$$S^2(Tx,Tx,Ty) \leqslant hS(Tx,Tx,x)S(Ty,Ty,y), \forall x,y \in X,$$

其中 $h\in(0,1)$,那么映射 T 有唯一的不动点 u,且 T 在 u 点处是 S-连续的.

证明:在定理 5.3.3 中令 $G=T$,则推论 5.3.1 的结论成立.

推论 5.3.2　设 (X,S) 为一完备的 S-度量空间. 如果映射 $T:X\to X$ 满足条件:

$$S^2(T^p x,T^p x,T^s y) \leqslant hS(T^p x,T^p x,x)S(T^s y,T^s y,y), \forall x,y \in X,$$

其中 $h\in(0,1)$,$p,s\in\mathbf{N}$,那么映射 T 有唯一的不动点 u,且映射 T^p 在 u 点处是 S-连续的.

证明:在定理 5.3.4 中令 $G=T$,则推论 5.3.2 的结论成立.

参考文献

[1] 郑维行,王声望. 实变函数与泛函分析概要:第1册[M]. 5版. 北京:高等教育出版社,2019.

[2] 王声望,郑维行. 实变函数与泛函分析概要:第2册[M]. 5版. 北京:高等教育出版社,2019.

[3] 程其襄,张奠宙,胡善文,等. 实变函数与泛函分析基础[M]. 4版. 北京:高等教育出版社,2019.

[4] 郭懋正. 实变函数与泛函分析[M]. 北京:北京大学出版社,2005.

[5] 张石生. 不动点理论及应用[M]. 重庆:重庆出版社,1984.

[6] 张石生. 变分不等式和相补问题理论及应用[M]. 上海:上海科学技术文献出版社,1991.

[7] 郭大钧. 非线性泛函分析[M]. 3版. 北京:高等教育出版社,2015.

[8] 钟承奎,范先令,陈文塬. 非线性泛函分析引论[M]. 2版. 兰州:兰州大学出版社,2004.

[9] 谷峰,高伟,田巍. 不动点定理及非线性算子的迭代收敛性[M]. 哈尔滨:黑龙江科学技术出版社,2002.

[10] SEHGAL V M. On fixed and periodic points for a class of mapping[J]. J. London Math. Soc. ,1972,5(2):571- 576.

[11] RHOADES B E. A comparison of various definitions of contractive mappings [J]. Trans. Amer. Math. Soc. ,1977,226:257-290.

[12] ĆIRIĆ L B. A generalization of Banach's contraction principle[J]. Proc. Amer. Math. Soc. ,1974,45(2):267-273.

[13] TAYLOR L E. A contractive mapping without fixed points[J]. Notices Amer. Math. Soc. ,1977,24(A):649.

[14] RHOADES B E. Contractive definitions revisited, topological methods in nonlinear functional analysis[J]. Contemp. Math. Amer. Math. ,1983,21:190-205.

［15］ PARK S. On general contractive type conditions［J］. J. Korean Math. Soc. , 1980,17(1):131-140.

［16］ 张石生. 关于压缩型映象的一个未解决的问题及一个新的不动点定理［J］. 数学年刊 A 辑(中文版),1982,3(2):179-184.

［17］ CHANG S S. On Rhoades' open questions and some fixed point theorems for a class of mappings［J］. Proc. Amer. Math. Soc. ,1986,97(2):343-346.

［18］ 张石生,康世焜,魏勇. 关于几类映象的不动点定理［J］. 成都科技大学学报,1992,(3):7-13.

［19］ 仲跻春. 第(16)类压缩型映象的不动点定理［J］. 数学研究与评论,1987,7(4):555-558.

［20］ MEYERS P R. A converse to Banach's contraction theorem［J］. J. Res. Nat. Bur. Standards,1967,71(B):73-76.

［21］ FISHER B. Quasi-contractions on metric space［J］. Proc. Amer. Math. Soc. , 1979,75(2):321-325.

［22］ FISHER B. Results on common fixed points on complete metric spaces［J］. Glasgow Math. J. ,1980,21:165-167.

［23］ 张石生. 关于压缩映象的一个未解决问题［J］. 数学物理学报,1983,3(2): 197-200.

［24］ 杨亚东. 交换映射的不动点定理［J］. 西南师范学院学报,1984(1): 122-124.

［25］ HAO J B,GUAN H Y,KANG S M. Common coincidence point theorems in T_1 topological spaces with application to the solutions of functional equations in dynamic programming［J］. Int. J. Pure Appl. Math. ,2011,71(3):391-401.

［26］ KANG S M,GUAN H Y,LIU Z Q,et al. Common coincidence point theorems in T_1 topological spaces with application in dynamic programming［J］. Int. J. Pure Appl. Math. ,2004,15(4):529-540.

［27］ BELLMAN R,LEE E S. Functional equations in dynamic programming［J］. Aequations Math. ,1978,17(1):1-18.

［28］ BRANCIARI A. A fixed point theorem for mappings satisfying a general contractive condition of integral type［J］. Int. J. Math. Math. Sci. ,2002,29: 531-536.

［29］ RHOADES B E. Two fixed point theorems for mappings satisfying a general contractive condition of integral type［J］. Int. J. Math. Math. Sci. ,2003,63:

4007-4013.

[30] LIU Z Q, LI J L, KANG S M. Fixed point theorems of contractive mappings of integral type[J]. Fixed point theory Appl. ,2013,2013(1):300.

[31] WARDOWSKI D. Fixed points of new type of contractive mappings in complete metric spaces[J]. Fixed Point Theory Appl. ,2012,2012(1):1-6.

[32] PIRI H, KUMAM P. Some fixed point theorems concerning F-contraction in complete metric spaces[J]. Fixed Point Theory Appl. ,2014,2014(1):1-11.

[33] KHAN S U, ARSHAD M, HUSSAIN A, et al. Two new types of fixed point theorems for F-contraction[J]. J. Adv. Studies Topol. ,2016,7(4):251-260.

[34] CZERWIK S. Contraction mappings in b-metric spaces [J]. Acta. Math. Inform. Univ. Ostrav. ,1993,1(1):5-11.

[35] AYDI H, BOTA M, KARAPINAR E, et al. A common fixed points for weak φ-contractions on b-metric spaces [J]. Fixed Point Theory, 2012, 13 (2): 337-346.

[36] PACURAR M. A fixed point result for φ-contractions on b-metric spaces without the boundness assumption[J]. Fasc. Math. ,2010,43:127-137.

[37] ZADA M B, SARWAR M, KUMAM P. Fixed point results of rational type contraction in b-metric spaces[J]. Int. J. Anal. Appl. ,2018,16(6):904-920.

[38] HUSSAIN S, SARWAR M, TUNC C. Periodic fixed point theorems via rational type contraction in b-metric spaces[J]. J. Math. Anal. ,2019,10(3):61-67.

[39] HUSSAIN A, KANWAL T, MITROVIC Z, et al. Optimal solutions and applications to nonlinear matrix and integral equations via simulation function [J]. Filomat,2018,32(17):6087-6106.

[40] LAEL F, SALEEM N, ABBAS M. On the fixed points of multivalued mappings in b-metric spaces and their application to linear systems[J]. UPB Sci. Bull. , Series A,2020,82(4):121-130.

[41] ZADA M B, SARWAR M, TUNC C. Fixed point theorems in b-metric spaces and their applications to non-linear fractional differential and integral equations [J]. J Fixed Point Theory Appl. ,2018,20(1):1-19.

[42] MA Z H, NAZAM M, KHAN S U, et al. Fixed point theorems for generalized α_s-ψ-contractions with applications [J]. J. Funct. Space. , 2018, 2018:8368546.

[43] SHATANAWI W, PITEA A, LAZOVIĆ R. Contraction conditions using

comparison functions on b-metric spaces[J]. Fixed Point Theory Appl. ,2014,
2014(1):1-10.

[44] LI J J,GUAN H Y. Common fixed point results for generalized $(g\text{-}\alpha_{s^p},\psi,\varphi)$ contractive mappings with applications[J]. J. Funct. Space. ,2021,(3):1-13.

[45] LI J J,GUAN H Y. Common fixed point theorems of $(g\text{-}\alpha_{s^p},\psi,\varphi)$ contractive mappings with application [J]. Int. J. Math. And Appl. , 2021, 9 (2) : 231 -243.

[46] ROSHAN J R,SEDGHI S,SHOBKOLAEI N. Common fixed point of four maps in b-metric spaces[J]. Hacet. J. Math. Stat. ,2014,43(4):613-624.

[47] HUSSAIN S, SARWAR M, LI Y J. n-tupled fixed point results with rational type contraction in b-metric spaces [J]. Eur. J. Pure Appl. Math. ,2018,11 (1):331-351.

[48] HAO Y, GUAN H Y. On some common fixed point results for weakly contraction mappings with application[J]. J. Funct. Space. ,2021,2021:1-14.

[49] LANG C,GUAN H Y. Common fixed point and coincidence point results for generalized $\alpha\text{-}\varphi_E$-Geraghty contraction mappings in b-metric spaces[J]. AIMS Math. ,2022,7(8):14513-14531.

[50] ALQAHTANI B, FULGA A, KARAPINAR E. A short note on the common fixed points of the Geraghty contraction of type $E_{S,T}$[J]. Demonstr. Math. , 2018,51(1):233-240.

[51] AYDI H, FELHI A, KARAPINAR E, et al. Fixed points for $\alpha\text{-}\varphi_E$-Geraghty contractions on b-metric spaces and applications to matrix equations [J]. Filomat,2019,33(12):3737-3750.

[52] ALGHAMDI M A, HUSSAIN N, SALIMI P. Fixed point and coupled fixed point theorems on b-metric-like spaces [J]. J. Inequal. Appl. , 2013, 2013: 1-25.

[53] HUSSAIN N,ROSHAN J R,PARVANEH V, et al. Fixed points of contractive mappings in b-metric-like spaces[J]. Sci. World J. ,2014,2014:471827.

[54] AYDI H, FELHI A, SAHMIM S. On common fixed points for (α,ψ)-contractions and generalized cyclic contractions in b-metric-like spaces and consequences[J]. J. Nonlinear Sci. Appl. ,2016,9(5):2492-2510.

[55] NASHINE H K, KADELBURG Z. Existence of solutions of cantilever beam problem via $\alpha\text{-}\beta\text{-}FG$-contractions in b-metric-like spaces[J]. Filomat,2017,31

(1):3057-3074.

[56] ZOTO K,RHOADES B E,RADENOVIĆ S. Some generalizatons for $(\alpha\text{-}\psi,\varphi)$ contractions in b-metric-like spaces and an application[J]. Fixed Point Theory Appl. ,2017(1):1-20.

[57] AYDI H,FELHI A,SAHMIM S. Common fixed points via implicit contractions on b-metric-like spaces[J]. J. Nonlinear Sci. Appl. ,2017,10(4):1524-1537.

[58] ZOTO K, RADENOVIĆ S, A. On some fixed point results for (s,p,α)-contractive mappings in b-metric-like spaces and applications to integral equations[J]. Open Math. ,2018,16(1):235-249.

[59] GUAN H Y, LI J J. Common fixed point theorems of generalized (ψ,φ)-weakly contractive mappings in b-metric spaces and application[J]. J Math-UK. ,2021(4):1-14.

[60] AMINI-HARANDI A. Metric – like spaces,partial metric spaces and fixed points[J]. Fixed Point Theory Appl. ,2012,2012(1):1-10.

[61] BRANCIARI A. A fixed point theorem of Banach-Caccioppoli type on a class of generalized metric spaces[J]. Publ. Math. ,2000,57(1/2):31-37.

[62] GEORGE R, RADENOVIC S, RESHMA K P , et al. Rectangular b-metric space and contraction principles[J]. J. Nonlinear Sci. Appl. ,2015,8(6): 1005-1013.

[63] KADELBURG Z,RADENOVIC S. Pata-type common fixed point results in b-metric and b-rectangular metric spaces[J]. J. Nonlinear Sci. Appl. ,2015,8 (6):944-954.

[64] SUKPRASERT P,KUMAM P,THONGTHA D,et al. Fixed point results on generalized$(\psi,\varphi)_s$-contractive mappings in rectangular b-metric spaces[J]. Commun. Math. Appl. 2016,7(3):207−216.

[65] ROSHAN J R,PARVANEH V,KADELBURG Z,et al. New fixed point results in b-rectangular metric spaces[J]. Nonlinear Anal-Model. ,2016,21(5): 614-634.

[66] MITROVIC Z. A note on a Banach's fixed point theorem in b-rectangular metric space and b-metric space[J]. Math. Slovaca,2018,68(5):1113-1116.

[67] YOUNIS M,SINGH D,GOYAL A. A novel approach of graphical rectangular b-metric spaces with an application to the vibrations of a vertical heavy hanging cable[J]. J. Fixed Point Theory A. ,2019,21(1):1-17.

［68］ GEORGE R,RESHMA K P. Common couple fixed points of some generalised *T*-contractions in rectangular *b*-metric space and application［J］. Adv. Fixed Point Theory,2020,10:Article ID 18.

［69］ ASIM M, IMDAD M, SHUKLA S. Fixed point results for Geraghty-weak contractions in ordered partial rectangular *b*-metric spaces［J］. Afr. Mat. , 2021,32(5/6):811-827.

［70］ GUAN H Y, LI J J, HAO Y. Common fixed point theorems for weakly contractions in rectangular *b*-metric spaces with supportive applications［J］. J. Funct. Space. ,2022:1-16.

［71］ MATTHEWS S G. Partial metric topology［J］. Ann. . N. Y. Acad. Sci. ,1994, 728:183-197.

［72］ OLTRA S,VALERO O. Banach's fixed point theorem for partial metric spaces ［J］. Rend. Istit. Mat. Univ. Trieste,2004,36(1-2):17-26.

［73］ VALERO O. On Banach fixed point theorems for partial metric spaces［J］. Appl. Gen. Topol. ,2005,6(2):229-240.

［74］ ALTUN I, SOLA F, SIMSEK H. Generalized contractions on partial metric spaces［J］. Topology Appl. ,2010,157(18):2778-2785.

［75］ ABDELJAWAD T, KARAPINAR E, TEŞ K. Existence and uniqueness of a common fixed point on partial metric spaces［J］. Appl. Math. Lett. ,2011,24 (11):1900-1904.

［76］ ROMAGUERA S. Fixed point theorems for generalized contractions on partial metric spaces［J］. Topology Appl. ,2012,159(1):194-199.

［77］ MUSTAFA Z,SIMS B. A new approach to generalized metric spaces［J］. J. Nonlinear Convex Anal. ,2006,7(2):289-297.

［78］ ABBAS M, HUSSAIN A, POPOVIC B Z, et al. Istratescu-Suzuki-Ćirić-type fixed points results in the framework of *G*-metric spaces［J］. J. Nonlinear Sci. Appl. ,2016,9(12):6077-6095.

［79］ ZADA A,SHAH R,LI T X. Integral type contraction and coupled coincidence fixed point theorems for two pairs in *G*-metric spaces［J］. Hacet. J. Math. Stat. ,2016,45(5):1475-1484.

［80］ GABA Y U. Fixed point theorems in G－metric spaces［J］. J. Math. Anal. Appl. ,2017,455(1):528-537.

［81］张倩雯,谷峰. *G*-度量空间中次相容映象对的公共不动点定理[J]. 纯粹数

学与应用数学, 2017,33(3):298-306.

[82] CHEN J,ZHU C X,ZHU L. A note on some fixed point theorems on g-metric spaces [J]. J. Appl. Anal. Comput. ,2021,11(1):101-112.

[83] SEDGHI S,TUKOULU D,SHOBE N,et al. Common fixed point theorems for six weakly compatible mappings in D^*-metric spaces [J]. Thai J. Math. , 2009,7(2):381-391.

[84] SEDGHI S,SHOBE N,ALIOUCHE A. A generalization of fixed point theorems in S-metric spaces [J]. Mat. Vesnik,2012,64(3):258-266.

[85] RAJ H,HOODA N. Coupled fixed point theorems S-metric spaces with mixed g-monotone property [J]. Int. J. Emerging Trends Eng. Dev. ,2014,14(4): 68-81.

[86] SEDGHI S,ALTUN I,SHOBE N,et al. Some properties of S-metric spaces and fixed point results [J]. Kyungpook Math. J. ,2014,54(1):113-122.

[87] SEDGHI S,VAN DUNG N. Fixed point theorems on S-metric spaces [J]. Mat. Vesnik. ,2014,66(1):113-124.

[88] AFRA J M. Fixed point type theorem for weak contraction in S-metric spaces [J]. Int. J. Res. Rev. Appl. Sci. ,2015,22(1):11-14.

[89] 张倩雯,谷峰. S-度量空间中二次方型压缩映象的公共不动点定理[J]. 杭州师范大学学报(自然科学版),2017,16(5):527-530.

[90] TAS N. Suzuki-Berinde type fixed-point and fixed-circle results on S-metric spaces [J]. J. Linear Topol. Algebra,2018,7(3):233-244.

[91] CHEN J, ZHU C X, CHEN C F, et al. Meir-Keeler S type contraction and contraction with F control functions on S-metric spaces [J]. Fixed Point Theory,2022,23(2):487-500.